江苏省高等学校重点教材（编号：2021-2-073）

# 现代办公混合式学习教程

宋 扬 薛以伟 编著

扫码获取更多资源

南京大学出版社

**图书在版编目(CIP)数据**

现代办公混合式学习教程 / 宋扬，薛以伟编著.
—南京：南京大学出版社，2022.1
ISBN 978-7-305-25633-2

Ⅰ.①现… Ⅱ.①宋… ②薛… Ⅲ.①办公自动化—应用软件—教材 Ⅳ.①TP317.1

中国版本图书馆 CIP 数据核字(2022)第 062633 号

出版发行 南京大学出版社
社　　址 南京市汉口路 22 号　　　邮　　编 210093
出 版 人 金鑫荣

**书　　名 现代办公混合式学习教程**
编　　著 宋　扬　薛以伟
责任编辑 王秉华　　　编辑热线 025-83595860

照　　排 南京开卷文化传媒有限公司
印　　刷 南京玉河印刷厂
开　　本 787×1092　1/16 开　印张 14　字数 320 千
版　　次 2022 年 1 月第 1 版　2022 年 1 月第 1 次印刷
ISBN 978-7-305-25633-2
定　　价 42.00 元

网　　址：http://www.njupco.com
官方微博：http://weibo.com/njupco
微信服务号：njuyuexue
销售咨询热线：(025)83594756

---

# 前　言

在信息技术蓬勃发展的时代，人们在处理各种办公文档、表格数据的过程中已经离不开现代办公技术的支持。现代办公技术逐渐成为各类从业人员必备的一项通用技术。现实工作中，许多工作人员在使用现代办公软件的过程经常遇到问题，导致了工作的停顿与工作效率的降低。现代办公知识逐渐成为办公人员亟须获取的一门专业知识，现代办公技能也成为他们亟须提高的一项实用技能。

在此背景下，许多高校开设了传授现代办公技术的课程。这类课程主要有两大类：一类是公共基础课。其内容体系的特点是广度大而深度小，现代办公软件的使用是其内容体系的一个组成部分，分配课时不多，以介绍入门知识为主；第二类是专业必修（或选修）课，如《办公自动化》。此类课程一般开设在行政管理学、秘书学、档案学等专业中，能够相对深入地介绍现代办公软件的使用技巧。

本教材定位于专业课教材，在内容体系的设计上力求与公共基础课有效衔接又避免重叠，同时在有限的课时内能让教学内容有一定的深度和挑战性，进一步凸显专业性。与公共课相比，本教材内容体系的特点为广度收窄而深度加大。鉴于此，本教材的内容集中在 Word 和 Excel 这两款最为常用的办公软件的使用技巧上，适当加深了学习的深度与难度，对于基础知识则不再涉及。

为适应混合式教学的需要，为线上和线下教学提供便利，教材编写团队在中国大学 MOOC 平台同步建设了《办公自动化》在线开放课程，本教材各章节全面覆盖在线课程的内容。教师可以将该在线课程导入为异步 SPOC 课程，为本校课程的混合式教学服务。同时，该在线课程还配有视频库、题库等教学辅助资源，为学生的线上学习提供便利。教材中创新性的设计了 20 个翻转课堂题目，可用于混合式教学中的线下教学环节。这些题目的知识点与线上教学内容紧密结合，同时又对线上课程的知识进行了一定程度的拓展，具有一定难度和挑战度，有助于学生内化线上学习获取的知识。全书内容包含三篇共 16 章。第一篇为学习准备篇，主要介绍当前主流办公软件和操作软件过程中需要注意的一些细节问题；第二篇为 Word 高级技巧篇，以专题的方式分别介绍了 Word 表格技巧、分节技巧、样式和 Word 域的使用，并将“毕业论文排版”作为长文档排版的典型案例贯穿于本篇的大部分翻转课堂题目中，当读者学完本篇后也同时掌握了长文档排版的一系列实用技巧；第三篇为 Excel 高级技巧篇，本篇将 Excel 的精髓之一——公式与函数作为重点内容加以介绍，学完本篇后，读者掌握的函数数量将被扩充到近60个，也接触到数组公式的经典用法。在此基础上进一步介绍自定义数字格式、条件格式和数据验证的高级技巧。

本书可作为高等院校非计算机专业相关课程的专业课教材，也可作为广大办公人员和现代办公技术爱好者的参考书。

由于时间仓促，也限于作者的业务水平，本书中一些错误和疏漏在所难免，恳请读者朋友批评指正，提出宝贵意见，并发至作者邮箱 imagener@xzit.edu.cn，我们将感激不尽。

宋扬　薛以伟

徐州工程学院

# 目　录

## 第一篇　学习准备篇



## 第二篇　Word 高级技巧

## 第三篇 Excel 高级技巧

# 第一篇

# 学习准备篇

# 现代办公软件简介

现在办公软件是指以现代计算机技术为基础，与日常办公业务紧密结合，并对日常办公事务发挥重要支撑作用的应用软件。在高度依赖信息技术的数字化办公时代，办公人员已经无法离开现代办公软件从事办公事务。现在办公软件的覆盖面很广，从涉及文字处理与排版、表格数据处理、演示文档制作、小型数据库处理等业务的通用软件到专业领域的专业办公系统，如教学部门的教务系统、税务部门的税务管理系统、财务部门的财务业务系统以及运行于整个公司各部门的协同 OA 系统等，都可理解为办公软件的范畴。本书所指的现代办公软件特指通用性较强的桌面办公软件。这类软件的典型代表是微软公司的 Microsoft Office 办公软件和金山公司的 WPS Office 办公软件。

Microsoft Office 是使用非常广泛的现代办公软件套装。其组件包括 Word、Excel、PowerPoint、Outlook、Access、InfoPath、OneNote、Publisher、Project、Visio 等。最为常用的有 Word、Excel 和 PowerPoint。Microsoft Office 自发布以来经历了多个年代版本，功能已经非常全面和完善。其横向版本又分桌面版本、订阅版本和网页版。截至目前，桌面版 Microsoft Office 的最新版本是 Office 2021。相比上一版本，其增加了夜间模式、Excel 动态数组、XLOOKUP 等新增函数，集成 Teams，强化了协作办公功能。订阅版本称为 Office 365，现已改名叫 Microsoft 365，是 Microsoft Office 最先进的版本。这个版本每月都会更新，一些特有的功能只有在 Microsoft 365 中才可以使用。比如 Excel 中一些最新推出的函数就会首先支持 Microsoft 365，一段时间之后才会集成到最新版的桌面版 Office 中。网页版 Office 使用户不用安装 Office 系列软件就可以在线使用 Office 的基本功能。最新的网页版 Office 强化了云办公功能，只要用户登录自己的微软账户，在不同的电脑上编辑的文件都可以在线同步。Microsoft Office 也支持跨平台应用，推出了多个平台的版本，如 Windows 版、MacOS 版、移动版（包括安卓版和 iOS 版）。Microsoft Office 支持 VBA 扩展，允许用户通过 VBA 编程，不断扩充 Microsoft Office 系列软件的功能。最近，微软又推出了基于云技术的 Power BI 商业分析工具，提供了从数据获取、数据清洗到数据可视化、大数据分析的一套完整的功能套件，并且与 Excel 无缝衔接，使 Microsoft Office 系列软件的功能进一步强化，处于业界领先的地位。

金山公司的 WPS Office 是功能强大的国产办公软件，是我们的“国货之光”。目前最新版本是 2021 年 12 月更新的版本。WPS Office 的使用界面和使用习惯与 Microsoft Office 比较接近，对于习惯使用 Microsoft Office 的用户，也可以快速适应 WPS Office 的相关操作。WPS Office 可以较好兼容 Microsoft Office 格式的文件，使用 WPS Office 打开 Microsoft Office 的文件失真度很低。近年来，WPS Office 在本地化方面取得的进展非常明显，与 Microsoft Office 相比对初级用户更加友好，一些在

Microsoft Office 中需要经过烦琐步骤才能实现的效果，在 WPS Office 中可以一键完成。例如，Excel 的筛选操作不支持合并过的单元格，WPS 表格可以支持；WPS 表格可以非常方便地填充合并单元格；WPS 表格可以一次性插入多行；WPS 表格内置了提取中国居民身份证的功能，而在 Excel 中就需要用户自己编写公式才能做到；WPS 表格中可以直接将财务金额数字转化为带货币单位的中文大写数字，在 Excel 中需要编写自定义格式代码才能实现；WPS 表格集成了比较并提取两个表格指定类型的数据功能，而 Excel 则需要用户自己编写公式等。对于在 Microsoft 365 中才能享用的一些功能和函数，WPS Office 则直接提供类似功能，比如 XLOOKUP 函数就可以直接在 WPS Office 中使用。WPS Office 也强化了云协同办公的功能。随着 WPS Office 功能的不断加强和完善，金山公司也成为北京 2022 年冬奥会官方协同办公软件的供应商。

当然，Microsoft Office 作为老牌办公软件，在 Power BI 的加入后功能更加强大和完善，运行也较为稳定。WPS Office 虽然有了很大的进步，由于内部数据处理机制的区别，在大数据量的处理速度和稳定性方面，以及 VBA 编程拓展和数据可视化等方面还存在些许差距。相信通过金山公司研发人员的不断努力，在不久的将来 WPS Office 一定会取得更加长足的进步。我们也要努力学习科学文化知识，振兴国产软件事业，让中国人都能用上自己开发的软件。

在选用合适的办公软件时，读者朋友可以根据两个软件的特点结合自己的需要自主选择。而且不论是 Microsoft Office 还是 WPS Office，其正版软件的价格已经非常实惠。应用软件的普及让我们的工作效率显著提高，这背后凝结了软件开发人员大量的付出和辛勤的汗水，作为终端用户，我们应该尊重他们的劳动，使用正版软件。

图 1　Microsoft Office(图片来自网络)

图 2　WPS Office(图片来自网络)

## 树立“长文档自动化维护”的办公理念

在日常办公过程中，相当一部分办公人员都是将现代办公软件当成最基本的录入和编辑软件来使用。比如，将 Word 当成一个高级的记事本软件，仅仅用其来进行一些简单的文字录入、编辑和排版工作，其提供的办公自动化功能基本没有用到。而且在编辑文档时，只追求达到眼前的排版效果，而不会去考虑当前的操作是否会为日后的文档维护和更新工作提供便利。

由于认识上的不足，很多人会认为采用办公自动化技术处理文档时，与其一贯使用的“传统”方法相比并不显得简便。比如，在为文档排版时需要设置字体和段落的格式。最常见的方法是直接用 Word 先设置一段文本的格式，再用格式刷将其他需要设置相同格式的文本刷一遍。其实我们也可以利用“样式”来实现同样的排版效果，先将所需格式定义为样式，再一一选中相应的文本对其应用样式。当我们初次设置文本格式时，两种方法的工作效率差不多，使用样式的方法与“传统”方法相比并不显得更快捷。但今后如果需要调整和更新文档格式，基于“样式”的方法优势就凸显出来了。我们只需要重新修改相关样式的定义，所有应用了该样式的文本格式就会全部自动更新。如果是用格式刷的方法设置的文本格式，那就只能一段一段地再刷一遍，如果文档的规模很大，这个效率就低多了。

再以硕博学位论文的参考文献编辑问题为例进行探讨。硕博学位论文的篇幅通常有一二百页，参考文献少说也有几十个。在修改论文的过程中会经常增删、调整一些参考文献。如果创建参考文献时采用了纯手工键入的方式，那么后期对参考文献格式和序号的维护将会非常麻烦。如果利用创建尾注的方法制作参考文献，在后期维护过程中文献序号的调整是自动完成的，基本不需要人为干预。而且利用尾注制作的参考文献，在文尾的参考文献列表和文中的参考文献引用标记之间自动建立了一种链接的关系，通过双击鼠标可以在二者间快速跳转，方便定位参考文献在文中的引用位置，在文中的参考文献引用标记上悬停鼠标可以查看该条参考文献的具体内容。这些操作都可以大幅提高办公效率。

由此可见，办公自动化技术的优势体现在两方面：一是体现在长文档的处理上。文档的规模越大，办公自动化技术的优势就越明显。对于小规模的文档，无论采用哪种方式，其优势都不会很明显。比如街头发送的广告单页，就是一张 A4 纸的规模。无论采用哪种方式制作，效率都不会相差太多。这就好比让一台经济型家用轿车和法拉利超级跑车进行一个 50 米的直线加速赛，比赛结束后法拉利超级跑车和家用轿车之间的差距也不会拉得太大，因为赛程总共才 50 米。如果是 5 公里的竞速赛，可能在比赛的中途家用轿车就只能看见法拉利跑车的尾灯了。

二是体现在文档的后期维护上。创建新文档，是从无到有的过程。在这个过程中使用自动化技术或“传统”方法，效率相差不会太大。但是在日后的文档维护和更新过程中，如果文档创建过程中运用了办公自动化技术，这个环节的工作就会变得很轻松。如果文档创建过程使用了“传统”方法，这个环节的工作往往就是重复性的劳动，不停地返工，相当于从头再做一遍，这个效率就太低了。对于两种方法工作效率相差不大的看法，完全是由于工作经验不足和工作场景不同而造成的认识误区。

鉴于以上两点，我们应树立“长文档自动化维护”的理念。这个理念的思想是：在首次创建一个长文档时，一定要考虑清楚在后期维护过程中可能会做哪些工作？现在采用什么样的技术，可以减少后期文档维护更新的工作量。即使在创建文档的过程中，采用这些技术会使操作过程略显烦琐，但能为后期的自动化维护和更新预留“后门”，这样做也是值得的。头脑里一定要有这样的意识，而不是接到任务打开电脑就开始闷头干，缺乏一个整体的规划。长文档的排版工作是一个长期的过程，不是一次性工作，一定要采取有效措施，保证在长文档排版的整个过程中高效的工作。

## 圆珠笔式按钮

在现代办公软件的界面中，有一种按钮和普通的 Windows 按钮不同。普通 Windows 按钮作为某一操作的载体，每点击一次按钮就会执行一遍该操作。如我们常见的“确定”和“取消”按钮，每点击一次，就会执行一次确认或取消的操作。普通 Windows 按钮一般具备两种状态，按下和弹起状态。两个状态随着鼠标的一次点击操作迅速切换往复。比如正常状态下按钮呈现弹起状态，点击按钮时随着按下鼠标的动作，按钮也呈现按下状态，一旦松开鼠标，按钮立刻回到弹起状态，这和电脑键盘上的实体按钮比较相似。

另一类按钮，虽然也有按下和弹起两个状态，但工作的模式不一样。每次点击这类按钮，会从当前的状态，切换到另一个状态；再次点击，会从另一个状态切换回之前的状态。比如某按钮当前状态下呈现的是弹起状态，点一下该按钮会切换到按下状态，再点一下又会从按下状态切换到弹起状态。这类按钮两个状态的切换，与按动式圆珠笔的按钮非常相似，因此我们称之为“圆珠笔式按钮”。日常使用的多功能插座(俗称电插排)上的开关按钮也属于这个类型。这类按钮的两个状态，代表的是两个模式，每次点击都会从一个模式切换到另一个模式。如 Word 中的“绘制表格”按钮，点一下该按钮，按钮呈现按下状态，Word 就进入到“绘制表格”模式，同时光标会切换到笔形光标，软件的操作界面会向着方便表格绘制的方向进行优化；再点一下，按钮呈现弹起状态，就退出“绘制表格”模式，回到“文本编辑”模式，光标也变成文本编辑光标，软件的操作界面会向着文本编辑的方向进行优化，方便文本的选取和调整。类似的还有表格的边框控制按钮，段落标记的显示与隐藏按钮等。对于这些不起眼的按钮，很多人没意识到圆珠笔式按钮状态切换的含义，导致了一些误操作，降低了办公的效率。

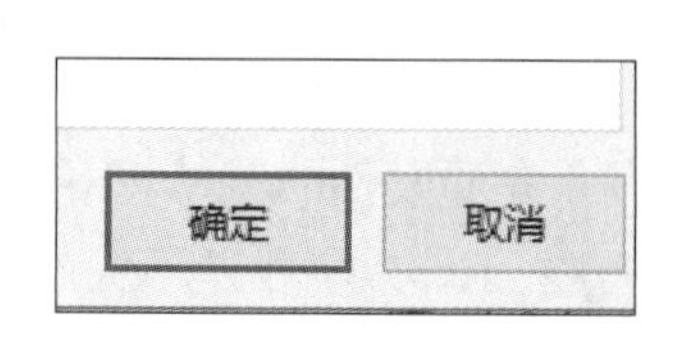

图 3　普通 Windows 按钮

图 4　圆珠笔式按钮的弹起状态

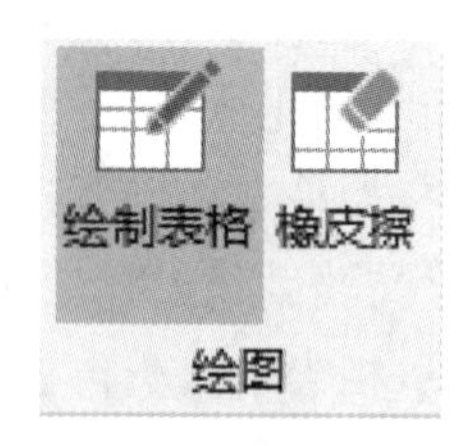

图 5　圆珠笔式按钮的按下状态

# 第二篇

# Word 高级技巧

# 第 1 章　表格技巧

在我们的日常排版和文档处理过程中，表格是我们经常要处理的页面元素。也是排版遇到问题比较集中的地方，很多人可以把普通文本的排版问题处理好，但是遇到表格往往就“卡壳”了，本章将就一些实用的表格技巧进行介绍。

## 1.1　插入表格

要在 Word 中处理表格，首先要学会在 Word 中插入表格，也即创建表格。创建表格的方法主要有 4 种，都集中在**插入**标签页下**表格**组的**表格**按钮下，如图 1-1 所示。

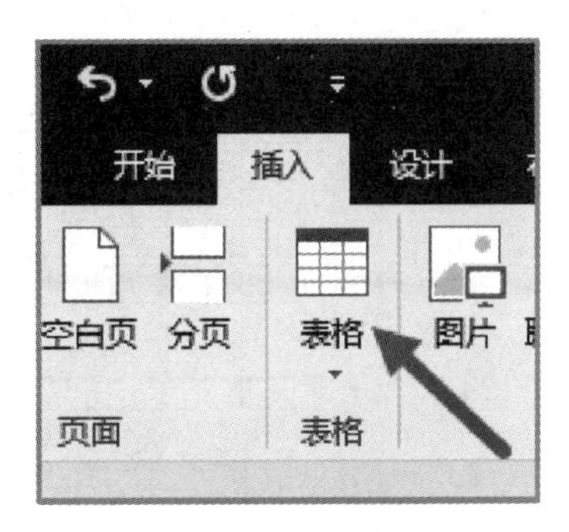


图 1-1　插入表格

### 1.1.1　使用表格网格插入表格

若要插入表格，点击**插入**-**表格**，将光标掠过表格网格，表格网格会突出显示所需的列数和行数，如图 1-2 所示。达到自己想要的行列数后点击鼠标左键，将在当前光标位置处创建一个表格。

使用此方法的好处是，可以快速创建一个表格。使用此方法需要注意两点：(1) 创建的表格行列数有限制，超过 10×8 的表格无法用此方法创建；(2) 创建的表格都是行列规整的表格，要想创建行列不规则的表格，还需要进一步处理。所谓行列规整的表格，是指表格中每个单元格的行高和列宽都是相同的。因此，插入行列规整的小型表格，用此方法最便捷。

图 1-2　表格网格

### 1.1.2　插入表格命令

点击**插入**-**表格**-**插入表格**，会弹出插入表格对话框，如图 1-3 所示。填入需要的行数和列数，**“自动调整”操作**部分可以暂时不动，点击**确定**按钮，即可插入一个表格。用这个方法插入的表格也是行列规整的表格，但是可以插入一个行列数较多的表格。因此，插入一个行列规整的大型表格，可以用此方法。

### 1.1.3 绘制表格命令

点击**插入-表格-绘制表格**，光标会变成一个笔的形状，此时在屏幕上按住鼠标左键进行拖拽，将会以点击鼠标左键的位置为表格的左上角创建表格。到达目标位置后松开鼠标左键，此时可以绘制一个表格的外框线。接着根据制作表格的需要，可以绘制横线或竖线作为表格的内框线。用这个方法可以绘制一个行列不规整的表格，如图1-4至图1-6所示。

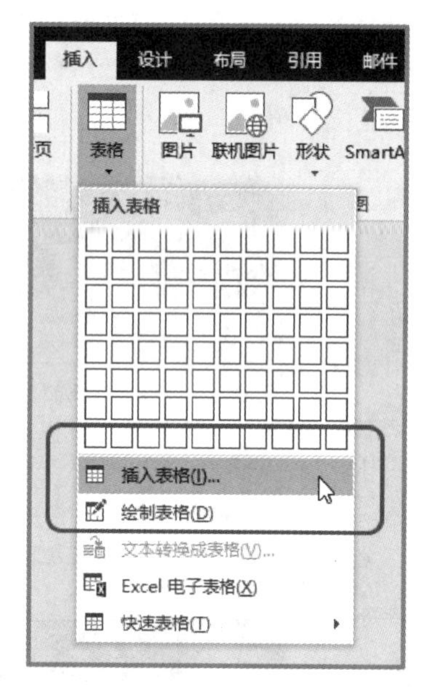


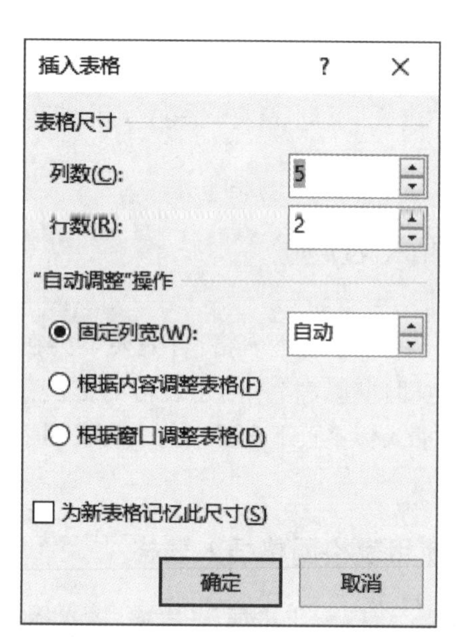


图1-3 插入表格命令

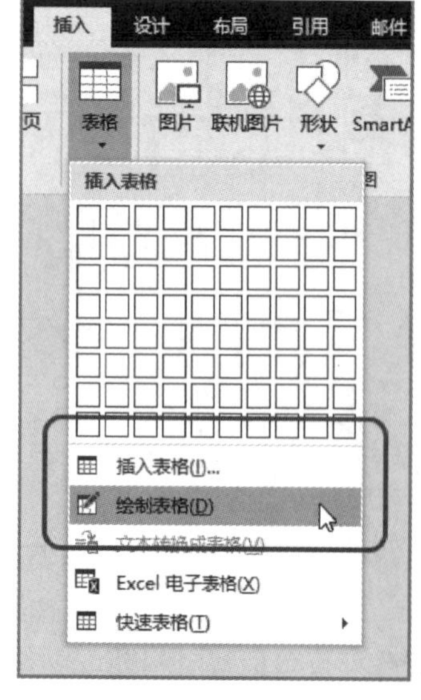


图1-4 绘制表格

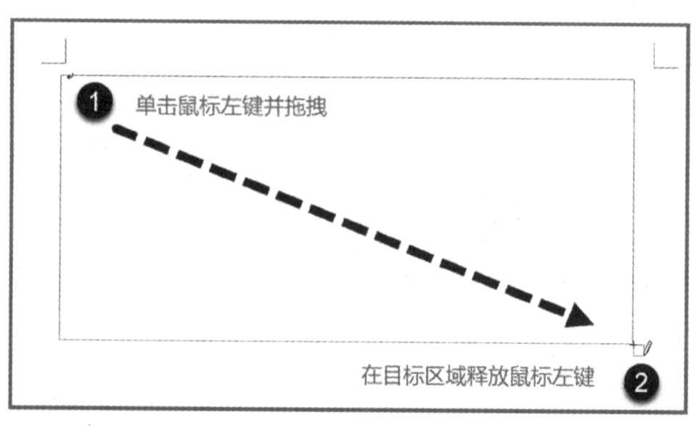


图1-5 绘制表格的步骤1

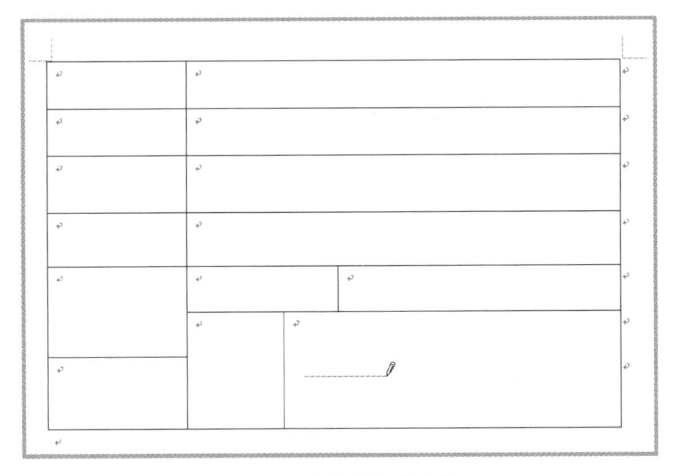

图 1－6　绘制表格的步骤 2

需要注意的是，当点击**插入－表格－绘制表格**按钮后，**表格工具－布局－绘图－绘制表格**按钮会高亮，表示当前进入到绘制表格模式，如图 1－7 所示。绘制表格按钮和旁边的橡皮擦按钮都属于圆珠笔式按钮。当我们绘制表格完成后，应点击绘制表格按钮退出绘制模式，回到文本编辑模式，以免给后续的操作带来不便。

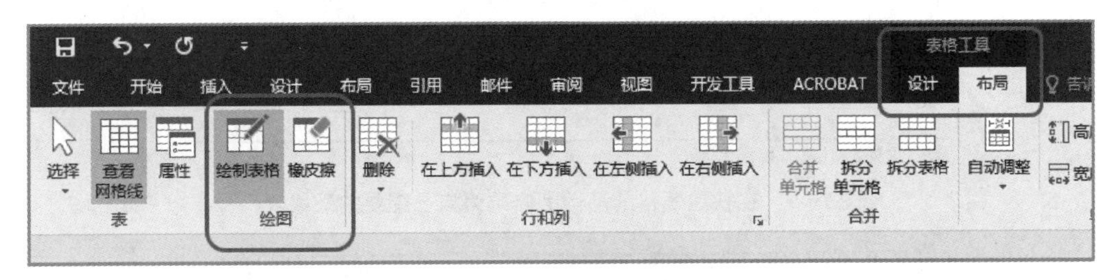


图 1－7　绘制表格按钮

## 1.1.4　快速表格命令

点击**插入－表格－快速表格**，在弹出的子菜单里选择一个与想要创建的表格样式最为接近的表格，点击鼠标即可在当前光标位置创建一个示例表格。可以在这个示例表格的基础上进行修改，将其内容和格式调整为自己的表格形式，完成表格的创建。例如我们在写学术论文时，展现数据需要创建三线表，我们就可以在表格库中选择一个最接近三线表的示例表格进行创建，如图 1－8 和 1－9 所示。

在**快速表格**子菜单的底部有一个**将所选内容保存到快速表格库**选项，可以将创建好的表格保存到快速表格库，以备后用。例如我们可以将前面创建的适用于学术论文格式的三线表，保存到快速表格库，以后需要三线表时就可以直接在快速表格库里调用之前保存的三线表样式，只需简单修改数据，就可以完成三线表的制作了。具体操作步骤是，先选中创建完成的三线表，再点击**插入－表格－快速表格－将所选内容保存到快速表格库**，如图 1－10 所示；在弹出的**新建构建基块**窗口中，将**名称**修改为“三线表”，点**确定**按钮，如图 1－11 所示。

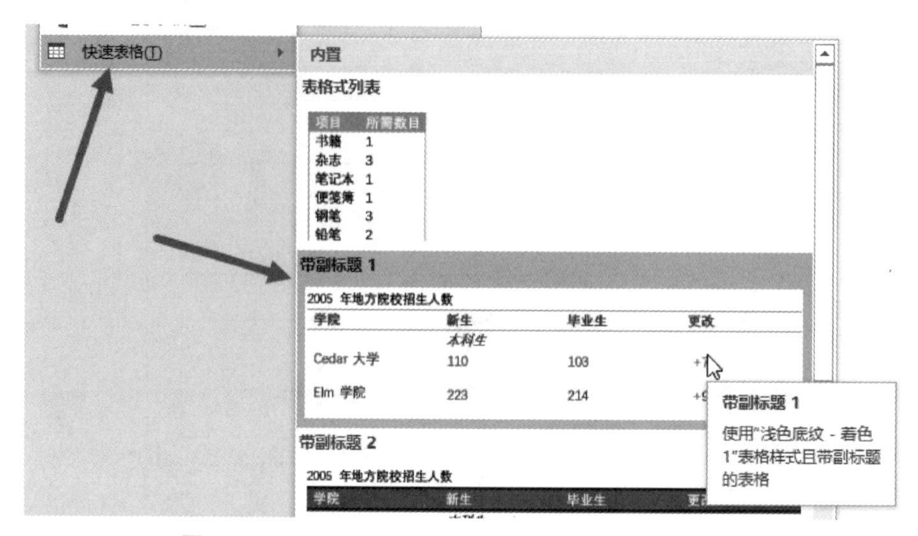


图 1－8　选择一个接近三线表的示例表格作为快速表格

| 实验名称 | 数据 1 | 数据 2 | 数据 3 |
|---|---|---|---|
| 实验 1 | 110 | 103 | +7 |
| 实验 2 | 223 | 214 | +9 |
| 实验 3 | 197 | 120 | +77 |
| **总计** | **998** | **908** | **90** |

*来源:* 虚构数据，仅作举例之用

图 1－9　在快速表格的基础上修改为自己想要的三线表

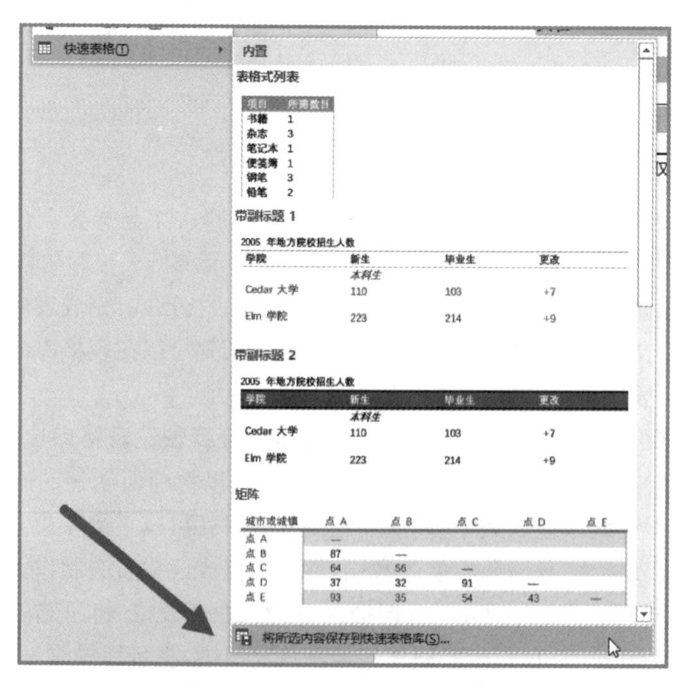


图 1－10　将自己的表格保存为快速表格 1

再次点击**插入-表格-快速表格**，可以看到我们自己创建的三线表样式已经存在于快速表格列表中了，可直接调用。

**图 1-11 将自己的表格保存为快速表格 2**

## 1.2 行列操作技巧

首先我们应该掌握最基本的行列和单元格操作，包括插入行、列、单元格和删除行、列、单元格等，如果对这些操作不熟悉，请参阅 Word 帮助文档或者是相关的基础性教程。在具备了这些基础后，我们来学习以下两个小技巧。

### 1.2.1 利用键盘直接插入一行

通常情况下，为表格插入一行的操作需要使用鼠标点选菜单项来完成。某些情况下，为了加快操作速度，可以利用键盘直接插入一个空行。比如我们在用键盘为表格录入数据时，发现当前表格少了一行，这时就可以直接操作键盘创建新行。我们可以将光标定位到当前行的最后一个段落标记处，如图 1-12 所示，按下回车键，可以直接在当前行下方插入一个新行。

| 实验名称 | 数据 1 | 数据 2 | 数据 3 |
|---|---|---|---|
| 实验 1 | 110 | 103 | +7 |
| 实验 2 | 223 | 214 | +9 |
| 实验 3 | 197 | 120 | +77 |
| 总计 | 998 | 908 | 90 |

来源：虚构数据，仅作举例之用

**图 1-12 利用键盘直接插入一行**

需要注意的是，用这种方法插入新行的，一次操作只能插入一行，不可以直接用连续按回车键的方法插入多行。当第二次按回车键的时候，Word 将会进行单元格内回车，导致单元格被撑大，而不是再插入第二个新行。

### 1.2.2 一次性插入多行

在 Word 常规的插入行操作中，不论是使用右键快捷菜单还是使用菜单命令，一次操作只能插入一行。如何实现一次操作插入多行？操作的基本思路是：要插入多少行就先选择多少行，然后按照常规的插入行的操作进行。Word 会把选中的这几行视为一个整体，并且在一次插入操作中复制相同数目的空行，如图 1-13 和 1-14 所示。

第1行
第2行
第3行
第4行
第5行
第6行
第7行
第8行
插入
删除
剪切(T)
复制(C)
粘贴选项:
汉字重选(V)
插入(I)
删除单元格(D)...
合并单元格(M)
边框样式(B)
文字方向(X)...
表格属性(R)...
新建批注(M)
在左侧插入列(L)
在右侧插入列(R)
在上方插入行(A)
在下方插入行(B)
插入单元格(E)...
若要在第1行下面插入5行，则需要先在第1行下选择5行，然后执行插入行的操作即可。

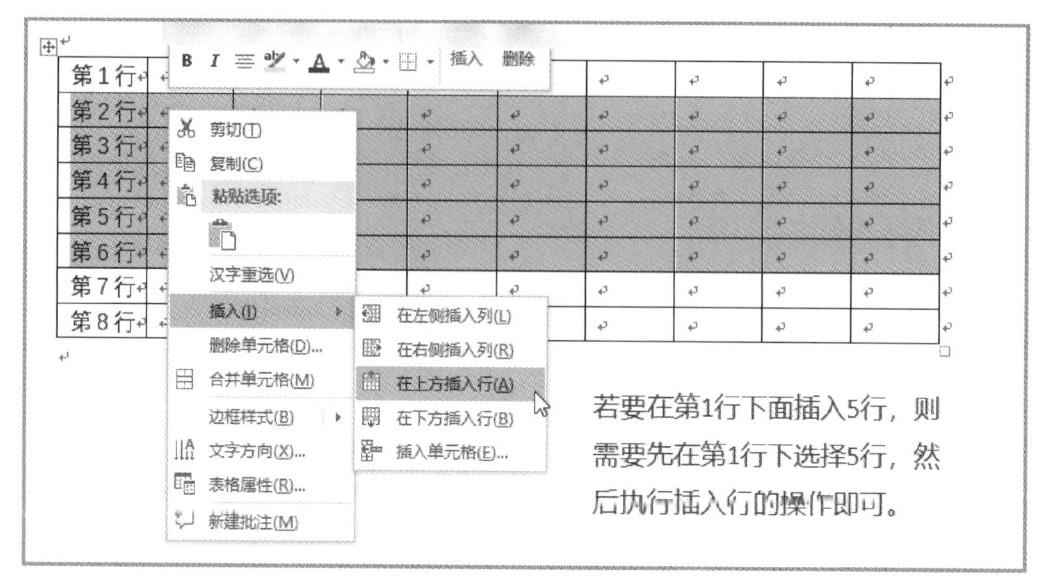

图 1－13　一次性插入多行 1

第1行
第2行
第3行
第4行
第5行
第6行
第7行
第8行
执行上述操作后，可以在第1行下面一次性的插入5行

图 1－14　一次性插入多行 2

需要注意以下几点：

(1) 这个方法比直接复制粘贴的方法要好。因为如果表格是一个非空表格，虽然复制粘贴也可以实现插入多行的效果，但是插入的新行是非空行，即复制出来的行带有被复制的单元格的原始内容。

(2) 这个操作也有一定的适用场景。当我们处理的表格比较大，行数比较多时，使用这个方法比较适合；如果行数比较少，使用这个方法会有局限性。因为表格比较小的情况下，可能没有足够的行让我们选定。举个简单的例子，当前表格一共有 10 行，现在

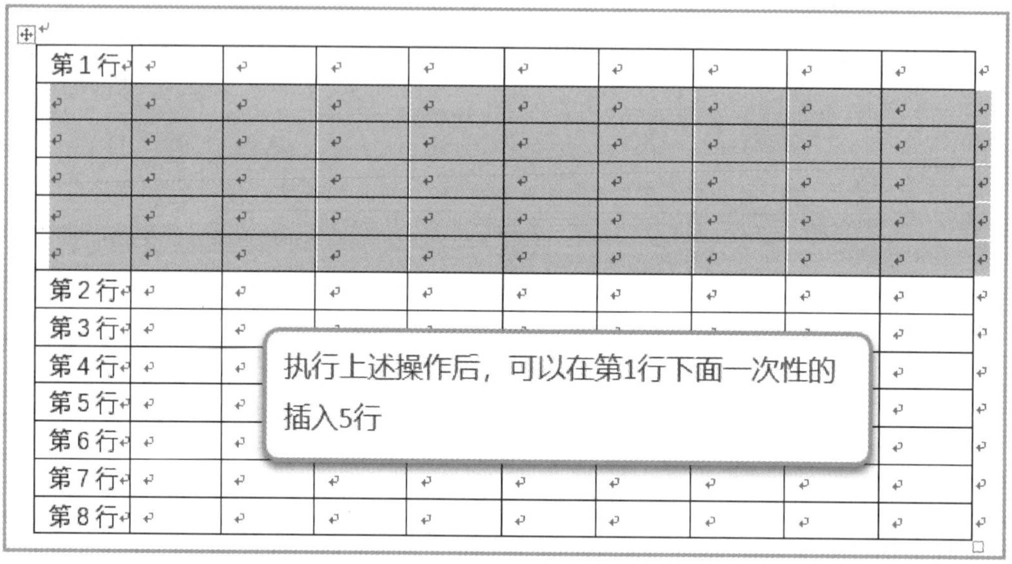

想一次插入20行，按照之前的介绍，应该先选择20行，然后再执行常规的插入行操作，但是这个表格没有20行可供选择，也就无法进行这样的操作了。只能先选10行，然后分两次操作。

## 1.3　拆分与合并技巧

表格及单元格的拆分与合并的方法，属于表格的基本操作，读者朋友如果对此操作不熟悉，可以阅读Microsoft Office帮助内容或参阅相关基础性书籍，本书对此操作不再赘述。下面介绍一些与拆分合并操作相关的技巧。

### 1.3.1　快速拆分表格

将表格一分为二，是拆分表格的操作。将光标定位于要拆分表格的某一行中，点击**表格工具-布局-拆分表格按钮**，即可将表格拆分，如图1-15所示。光标所在的行，将成为拆分后第二个表格的第一行。同时，我们可以使用快捷键Ctrl+Shift+Enter进行拆分表格的操作。将光标定位于要拆分的表格的某一行中，按下Ctrl+Shift+Enter，可以实现快速拆分表格的操作。

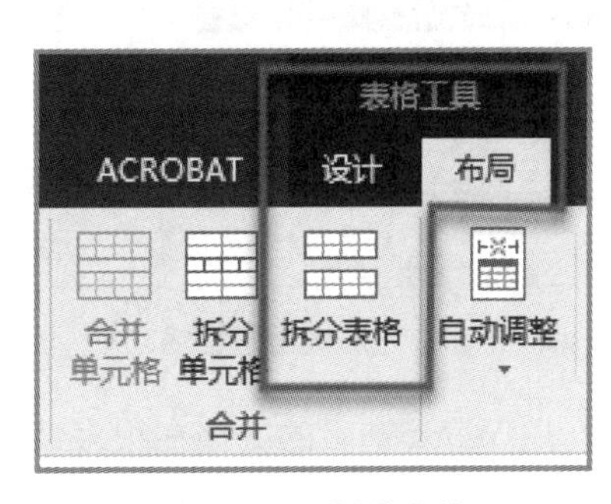

**图1-15　拆分表格**

提示：Ctrl+Shift+Enter在Word中是快速拆分表格的快捷键，在Excel中是数组公式的结束确认键，读者朋友可以将此联系起来记忆。

### 1.3.2　将表格拆分为两页

可以使用快捷键Ctrl+Enter将表格快速拆分到两页。具体的做法是，将光标定位到需要拆分的行中，按下Ctrl+Enter键即可。光标所在的行，将成为拆分后第2个表格的第1行，同时第2个表格被分到下一页。如果只需要打印表格中的某一部分，可将表格拆分到两页之后，在打印时选择只打印其中的某一页。

进行这个操作需要注意以下几点：

(1) 需要明确拆分的点。如上所述，拆分前光标所在的行将会是拆分后第2个表格的第1行，因此在拆分前，要考虑清楚在哪一行定位光标。

(2) 快捷键Ctrl+Enter其实不是拆分表格的“专属”快捷键，而是添加分页符的快捷键，因此在任何时候(即使没有表格的情况下)，需要在当前光标处添加分页符，都可以按这个快捷键。

### 1.3.3　无缝拼接单元格与合并单元格

选中多个单元格，点击**表格工具-布局-合并单元格**后产生的单元格，我们称之为合并单元格,它是由多个单元格合并而成的,是跨行或跨列的“大”单元格。合并单元格就是一个单元格,只是这个单元格的尺寸比其他普通单元格要大。

所谓无缝拼接单元格,是指通过将几个单元格的相邻边框线进行合理的隐藏,从而营造出与合并单元格相同视觉效果的一组单元格。我们在开启“查看网格线”功能的情况下,可以看到无缝拼接单元格的具体组成,如图 1－16 和 1－17 所示。

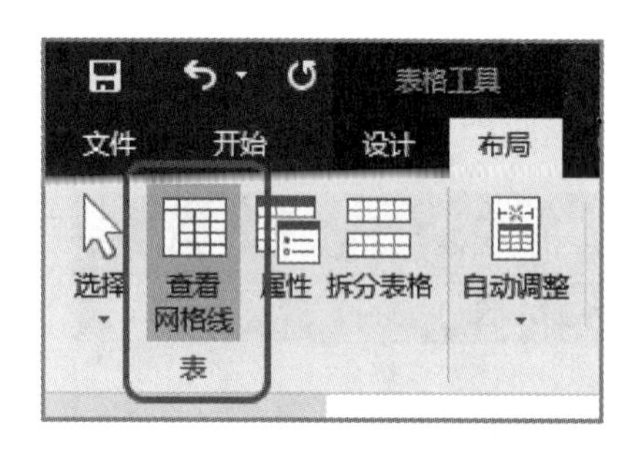


**图 1－16　开启查看网格线功能**

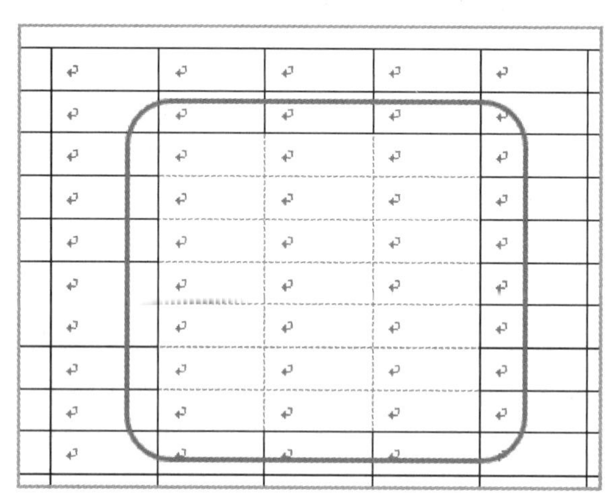

**图 1－17　无缝拼接单元格**

用 Word 排版的文档在很多情况下是需要打印输出的。因此很多情况下,我们追求的是一种打印后的纸面排版效果。无缝拼接单元格和合并单元格在打印之后,其纸面的排版效果是一样的。换句话说,一旦这个文档被打印在纸面上,我们是无法判断这个大单元格是通过合并单元格实现的,还是通过无缝拼接单元格实现的。关于二者在 Word 编辑模式下以及打印预览模式下的比较,请见图 1－18 和图 1－19。

无缝拼接单元格　　合并单元格

**图 1－18　无缝拼接单元格与合并单元格(编辑模式下)**

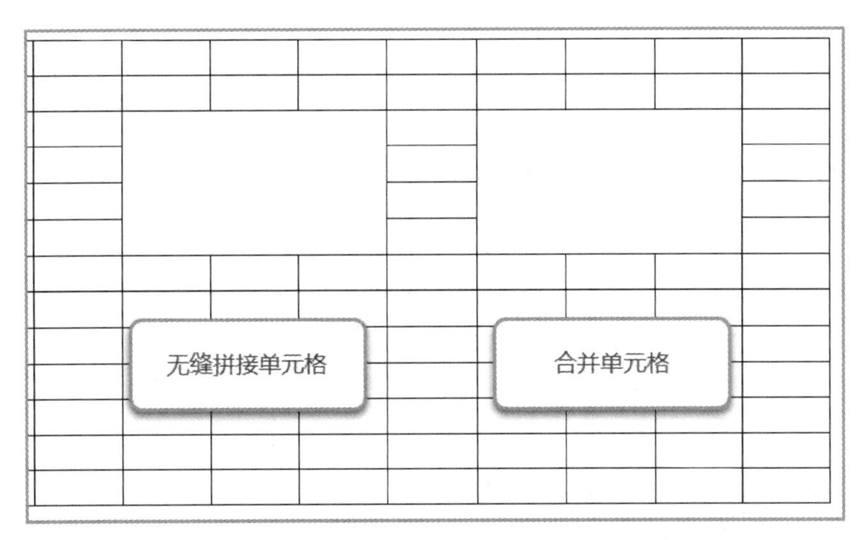


**图 1-19　无缝拼接单元格与合并单元格(打印预览模式下)**

什么场景下使用无缝拼接单元格？什么场景下使用合并单元格呢？我们通过下面的例子予以说明。

**例 1-1**　假设我们要制作如图 1-20 所示的菜谱配料表，对于表中的一些单元格，你能分清哪些是合并单元格，哪些是无缝拼接单元格吗？

| | 红烧排骨 | | 冬瓜排骨 | | 椒盐排骨 | |
|---|---|---|---|---|---|---|
| 主料 | 猪小排 | 500 克 | 猪大排 | 200 克 | 猪大排 | 500 克 |
| 配料 | 植物油 | 3 汤匙 | 食盐 | 少许 | 食盐 | 4 克 |
| | 料酒 | 2 汤匙 | 葱 | 1 段 | 姜 | 10 克 |
| | 姜 | 6 片 | 姜 | 少许 | 花椒 | 5 克 |
| | 生抽 | 2 汤匙 | 八角 | 1 个 | 生抽 | 5 克 |
| | 细香葱 | 1 根 | 花椒 | 10 粒 | 五香粉 | 4 克 |
| | 食盐 | 1/2 茶匙 | 香油 | 少许 | 白胡椒粉 | 4 克 |
| | 白砂糖 | 1 茶匙 | 香菜 | 1 小把 | 黑胡椒粉 | 3 克 |

**图 1-20　无缝拼接单元格示例**

我们启用表格的**查看网格线**功能，以显示被隐藏的边框线，如图 1-21 所示。

| | 红烧排骨 | | 冬瓜排骨 | | 椒盐排骨 | |
|---|---|---|---|---|---|---|
| 主料 | 猪小排 | 500 克 | 猪大排 | 200 克 | 猪大排 | 500 克 |
| 配料 | 植物油 | 3 汤匙 | 食盐 | 少许 | 食盐 | 4 克 |
| | 料酒 | 2 汤匙 | 葱 | 1 段 | 姜 | 10 克 |
| | 姜 | 6 片 | 姜 | 少许 | 花椒 | 5 克 |
| | 生抽 | 2 汤匙 | 八角 | 1 个 | 生抽 | 5 克 |
| | 细香葱 | 1 根 | 花椒 | 10 粒 | 五香粉 | 4 克 |
| | 食盐 | 1/2 茶匙 | 香油 | 少许 | 白胡椒粉 | 4 克 |
| | 白砂糖 | 1 茶匙 | 香菜 | 1 小把 | 黑胡椒粉 | 3 克 |

**图 1-21　无缝拼接单元格示例(开启网格线显示)**

可以看到，在“配料”这一行，除了“配料”单元格外，其他都是无缝拼接单元格。因为在反映配料内容“大”单元格中，有多行文本，且需要设置多种不同的对齐方式，如图 1－22 所示。

而“配料”单元格的内容比较单一，只有“配料”二字，且要求其在水平和垂直两个方向上都居中，因此使用合并单元格更加方便，如图 1－23 所示。

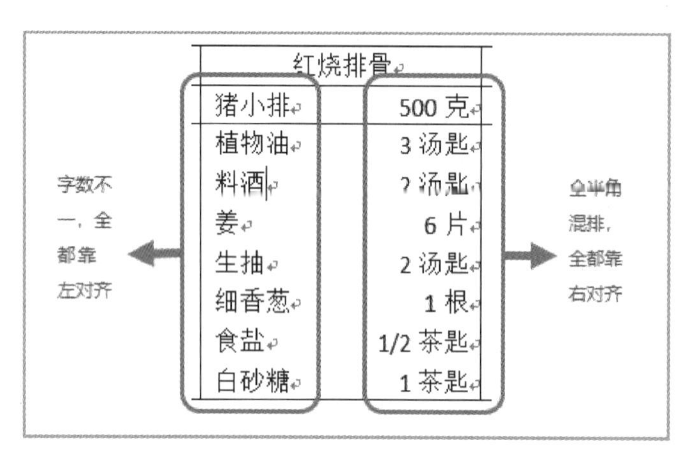


| 红烧排骨 | |
|---|---|
| 猪小排 | 500 克 |
| 植物油 | 3 汤匙 |
| 料酒 | 2 汤匙 |
| 姜 | 6 片 |
| 生抽 | 2 汤匙 |
| 细香葱 | 1 根 |
| 食盐 | 1/2 茶匙 |
| 白砂糖 | 1 茶匙 |

**图 1－22　无缝拼接单元格适用情况**

**图 1－23　合并单元格适用情况**

通过这个例子可以看出，当我们需要在一个“大”单元格内，实现多行文本以多种方式对齐时，可以使用无缝拼接单元格。因为无缝拼接单元格并没有真正地去合并单元格，原单元格的边框线对于多种对齐方式的排版具有很好的辅助和约束作用。合并单元格是一个独立的单元格，在这个单元格内要实现多行文本的不同对齐效果是比较困难的。同样如果要在一个“大”单元格内，实现少量文本按某种单一的对齐方式对齐，例如表头的标题文本，此时使用合并单元格就比较方便了。

通过这个简单的例子，我们也能明白一个道理，在现代办公过程中，要精益求精，仔细思考如何能把工作做得更好更细致。在设计表格时，要注重细节的设计，在细微处体现“工匠精神”。

## 1.4　绘制斜线表头

斜线表头分为简单斜线表头和复杂斜线表头。简单斜线表头一般只有一条斜线构成，如图 1－24 所示的课程表的表头。

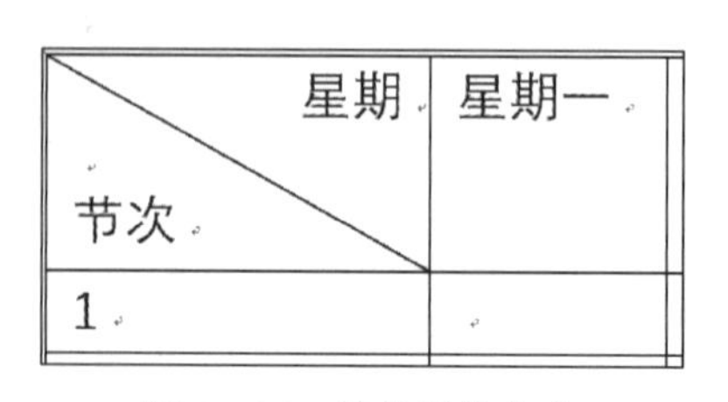

| 星期 / 节次 | 星期一 |
|---|---|
| 1 | |

**图 1－24　简单斜线表头**

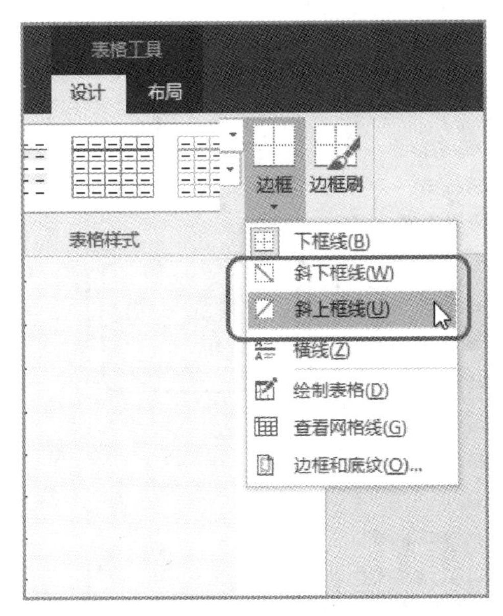


图 1－25　斜向框线

在绘制时，可以点击**表格工具-设计-边框-斜下框线**或**斜上框线**来创建这条斜线，如图 1－25 所示。

简单斜线表头中的文本可以直接在单元格中键入，也可以根据需要用文本框进行定位。

复杂斜线表头由多条斜线和文本组成，其构成根据表格设计的需要呈现多样化，如图 1－26 和图 1－27 所示。

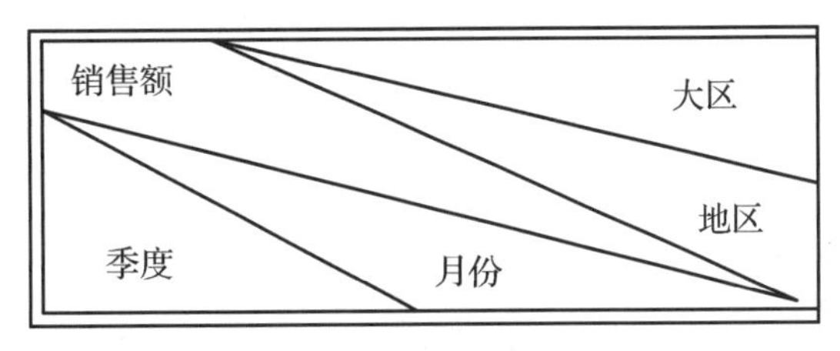


图 1－26　复杂斜线表头 1

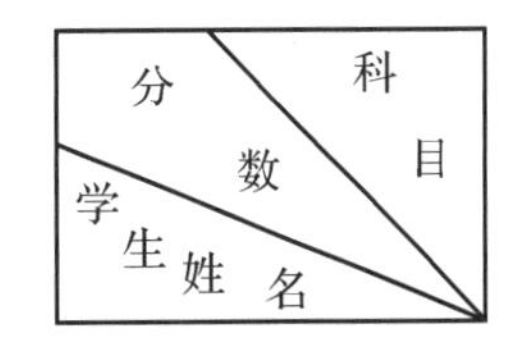


图 1－27　复杂斜线表头 2

在 Word 2007 及以下版本中，提供了“插入斜线表头”命令，可以一键制作斜线表头。但是从 Word 2010 开始取消了这项功能。因此在之后版本的 Word 中只能手动制作复杂斜线表头。复杂斜线表头的绘制一般是使用直线工具和文本框工具实现的。利用直线绘制表头中的斜线，利用文本框输入和定位文本。需要将文本框设置成无框线无底色的透明格式。

在**插入-形状**的下拉菜单中可以找到直线工具。点击**插入-文本框**按钮，在下拉菜单中选择**绘制文本框**来创建文本框。具体的绘制过程和绘制技巧请观看本书的配套视频。

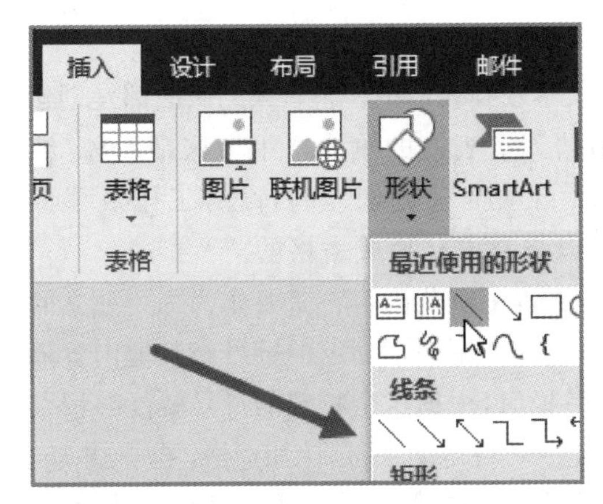


图 1－28　插入形状

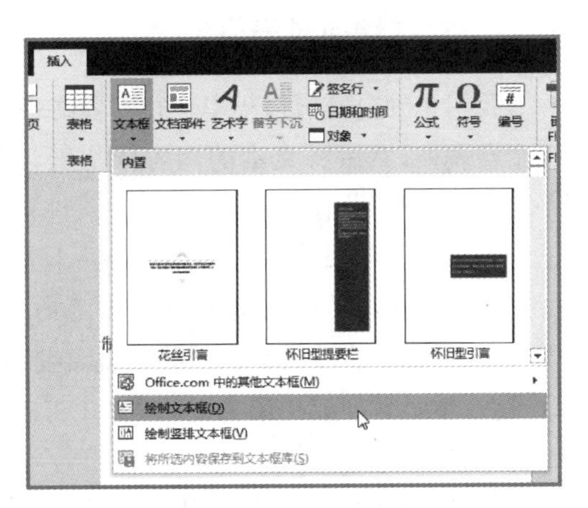


图 1－29　绘制文本框

绘制完成后，再将这些图形元素组合起来，形成一个完整的斜线表头，如图 1－30 所示。

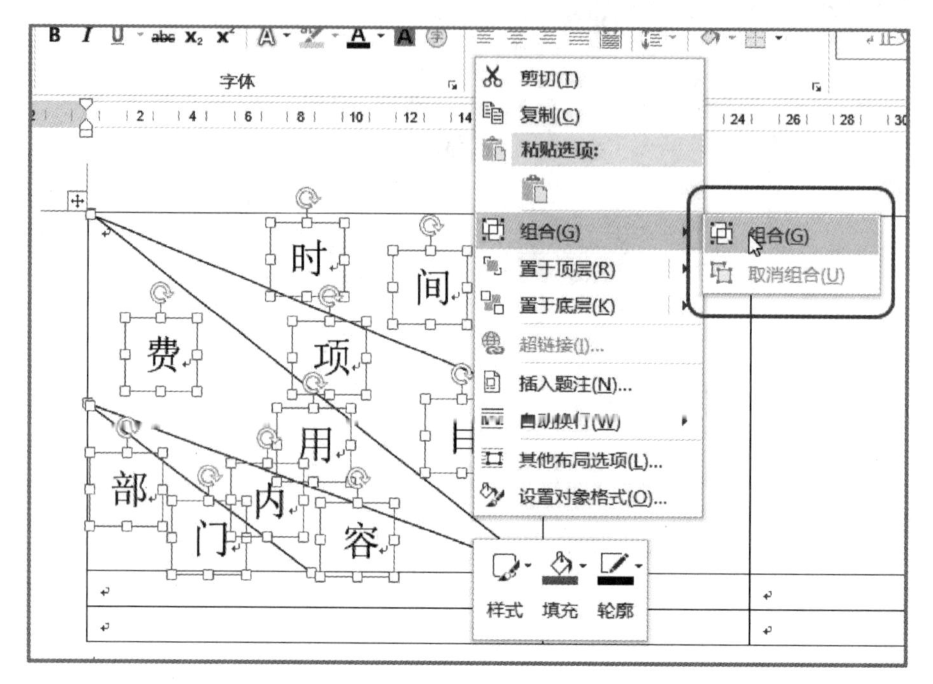


图 1－30　组合命令

## 1.5　表格与文本的互相转换

表格可以与文本互相转换。即在特定场景下表格可以转换成文本，文本也可以转换成表格。二者的互相转换需要满足一定的条件。

### 1.5.1　文本转换成表格

我们在办公排版过程中往往需要将一些文本放到表格中。很多人的做法都是创建一个空表格，然后将文本的内容依次剪切粘贴到空表格的单元格中。这是一种“纯手工”的做法，没有利用现代办公软件高效、自动批量化处理的特性，工作效率低下。其实在 Word 中，在特定的条件下是可以将文本转换成表格的。

想要将文本转换成表格，首先要考虑这些文本中哪些内容将来要作为一个独立的内容，放置到一个单元格内。我们就需要将这些内容用一个固定的符号与其他内容隔开，这一步是转换成功的关键。Word 在进行转换时，根据这个特定的符号就能够识别出一个单元格中的内容。这个分隔符号可以是一个特定的字符，比如空格、星号、井号、制表位等。如图 1－31 所示的文本是想要转换成表格的文本，我们事先已经将(转换后会被放到)各个单元格中的内容用统一的符号(空格)隔开。

姓名·语文·数学·英语↵
张三·96·98·93↵
李四·56·78·36↵
小华·63·89·86↵

图 1－31　文本转换成表格的操作步骤 1

姓名·语文·数学·英语↵
张三·96·98·93↵
李四·56·78·36↵
小华·63·89·86↵

图 1－32　文本转换成表格的操作步骤 2

以下演示文本转换成表格的操作步骤。

首先，全选需要转换为表格的文本，如图 1－32 所示。

选择**插入－表格－文本转换成表格命令**，如图 1－33 所示。

弹出“将文字转换成表格”设置窗口，Word 会自动判断转换后表格的行列数，若不正确可以手动调整，在**文字分隔位置**处选择“空格”，如图 1－34 所示点击**确定**按钮后，文本被转换成表格。转换后的表格如图 1－35 所示。

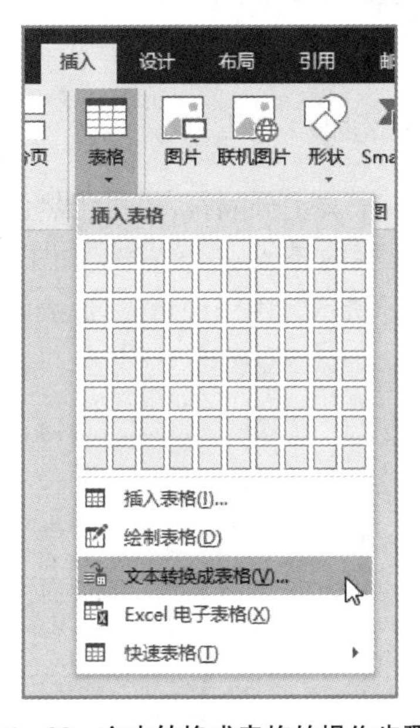


图 1－33　文本转换成表格的操作步骤 3

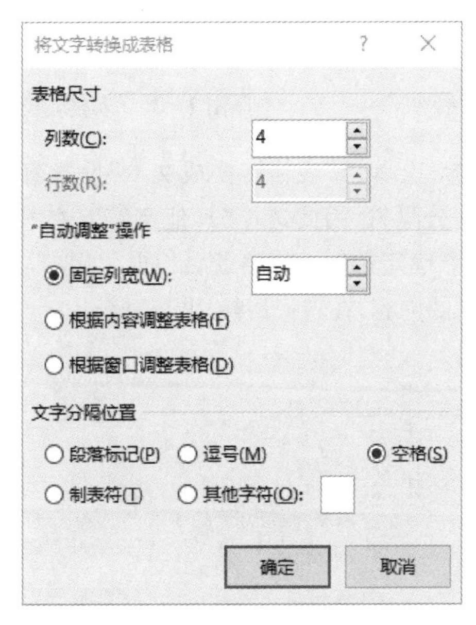


图 1－34　文本转换成表格的操作步骤 4

| 姓名 | 语文 | 数学 | 英语 |
|---|---|---|---|
| 张三 | 96 | 98 | 93 |
| 李四 | 56 | 78 | 36 |
| 小华 | 63 | 89 | 86 |

图 1－35　文本转换成表格的完成效果

### 1.5.2　表格转换成文本

有些情况下，我们需要将表格中的内容提取出来，放到普通的文本行中，去掉表格的边框。这就需要将表格转换成文本。转换前需要指定分隔符号，以便在转换后区别原表中各单元格的内容。分隔符号可以使用 Word 提供的符号，也可以是自定义符号，具体的操作步骤如下。

首先，将光标定位于待转换表格的任意单元格中，选择**表格工具-布局-数据-转换为文本**，如图 1-36 所示。

**图 1-36　表格转换成文本的操作步骤 1**

之后会弹出“表格转换成文本”设置窗口，选择一个文字分隔符，这里仍然使用空格作为分隔符，因此选择“其他字符”，在其后的输入框内键入一个空格，如图 1-37 所示，点**确定**按钮。表格就转换成了文本，如图 1-38 所示。由图中可见，原表格各单元格中的内容，在转换后被用空格隔开。

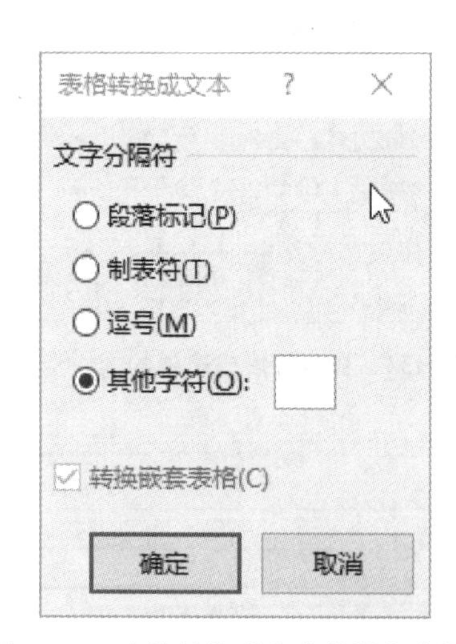


**图 1-37　表格转换成文本的操作步骤 2**

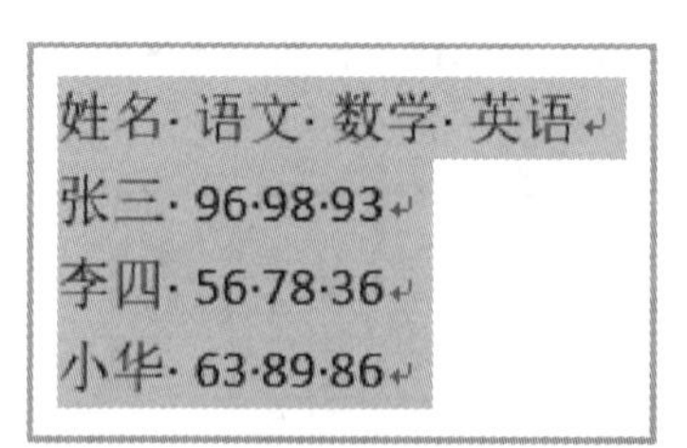


**图 1-38　表格转换成文本的完成效果**

## 1.6　表格的计算

Word 作为一个强大的排版工具，其数据计算能力较弱。但是 Word 的表格仍然具有一定的计算能力，虽然它的计算能力远不如 Excel 强大，但应付一般的日常计算是完全没问题的。

要使用 Word 的计算功能，需要点击**表格工具-布局-数据-公式**按钮，通过插入一个公式来计算表格中的数据。下面我们将通过一个简单的示例来演示表格计算的操作步骤。

**例 1-2**　图 1-39 所示为一个简单的学生成绩表。假设需要计算每一个学生三科考试的总分，可以这样操作：将光标定位到待计算结果的单元格中，如"张三"的"总分"单元格，将出现动态标签**表格工具**。如图 1-40 所示，点击**表格工具-布局-数据-公式**按钮，将弹出的**公式**窗口。一般情况下，Word 会自动识别需要计算的数据范围，自动在公式栏中填入公式，如图 1-41 所示。

| 姓名 | 语文 | 数学 | 英语 | 总分 |
|---|---|---|---|---|
| 张三 | 96 | 98 | 93 | |
| 李四 | 56 | 78 | 36 | |
| 小华 | 63 | 89 | 86 | |

**图 1-39　待计算的表格**

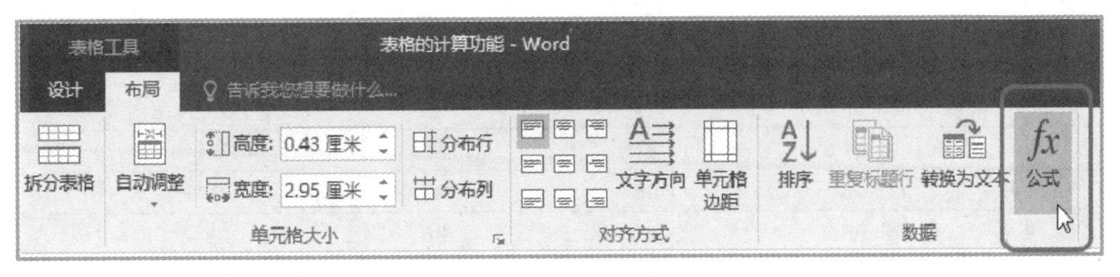


**图 1-40　插入公式命令**

公式
公式(F):
=SUM(LEFT)
编号格式(N):
粘贴函数(U):
粘贴书签(B):
确定
取消

**图 1-41　插入公式设置窗口**

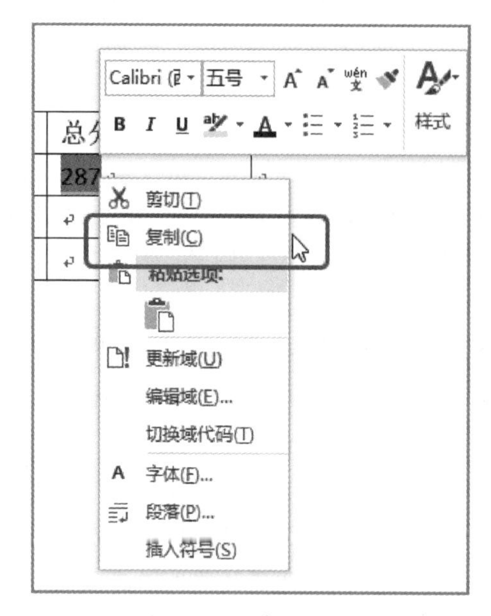


图 1-42　复制公式

如果 Word 自动填入的公式满足计算的需求，则直接点击**确定**按钮。如果不满足计算需求，可以将光标定位在等号的后面，接着选择**粘贴函数**，点击右侧的下拉列表，在其中选择需要使用的函数，比如 SUM。本例中 Word 自动填入的公式正确，直接点**确定**按钮，完成第 1 个同学总分的计算。选中张三的总分计算结果，点击**复制**，再选中剩余所有人的“总分”单元格，点击**粘贴**，按 F9 键更新计算结果，即可完成批量的数据计算，如图 1-42 至 1-44 所示。

| 姓名 | 语文 | 数学 | 英语 | 总分 |
|---|---|---|---|---|
| 张三 | 96 | 98 | 93 | 287 |
| 李四 | 56 | 78 | 36 | 287 |
| 小华 | 63 | 89 | 86 | 287 |

图 1-43　粘贴后，其他同学的总分单元格显示的还是张三同学的总分

| 姓名 | 语文 | 数学 | 英语 | 总分 |
|---|---|---|---|---|
| 张三 | 96 | 98 | 93 | 287 |
| 李四 | 56 | 78 | 36 | 170 |
| 小华 | 63 | 89 | 86 | 238 |

图 1-44　按 F9 键更新后，显示每位同学各自的总分

在进行这类计算时，我们需要注意以下几点：

(1) 这种计算生成的公式实际上是一个 Word 域(Word 域有关的知识，请参阅本书第 4 章)。我们复制第 1 个同学的总分的计算结果，实际上就是复制了这个 Word 域的代码。然后将其粘贴到其他单元格中，也就等于将这个域代码粘贴到的其他单元格中。按下 F9 键会使这些域代码重新计算，从而算出每一个同学的总分。有些读者在面对这种问题时，想到的解决方案是先计算第 1 人的总分，然后按住第 1 个单元格的右下角向下拖拽，即可完成其他人的总分的计算。这种做法适用于 Excel 的公式计算，但并不适用于 Word 表格的计算，请不要将 Excel 的公式计算和 Word 表格的计算混为一谈。

(2) 有一定 Excel 基础的读者肯定会发现,Word 的公式和 Excel 的公式有一定的区别。如本例的公式中,函数 SUM 的数据范围表示方法和 Excel 的数据范围表示方法并不相同。Word 公式是直接使用英文字母 left、right、above 等来表示数据范围。这是一种模糊的数据范围表示法。使用这种数据范围表示法在某些情况下会导致计算的错误。请看图 1－45 中的表格计算问题。

| 姓名 | 学号 | 语文 | 数学 | 英语 | 总分 |
|---|---|---|---|---|---|
| 张三 | 12 | 96 | 98 | 93 | 299 |
| 李四 | 23 | 56 | 78 | 36 | 193 |
| 小华 | 37 | 63 | 89 | 86 | 275 |

**图 1－45　表格计算功能的错误示例**

在这个表格中,相对于上例增加了一个学号列。公式"＝SUM(left)"会将"学号"纳入需要计算的数据范围,从而导致结果错误。这是因为 Left、right、above 这种数据的表示方法是一种不够精确的数据范围表示法,比如"left"表示当前单元格的左边所有包含数字的单元格。这种表示法不能精确的定位公式所引用数据的范围,从而在某些情况下导致计算错误。

其实在 Word 中,也可以使用 Excel 的单元格引用法(即 Excel 的 A1 表示法)来表示公式计算的数据范围。但是在 Word 中,并不像 Excel 在表格的最上方和最左边明确标出单元格的列标和行标,如图 1－46 所示。

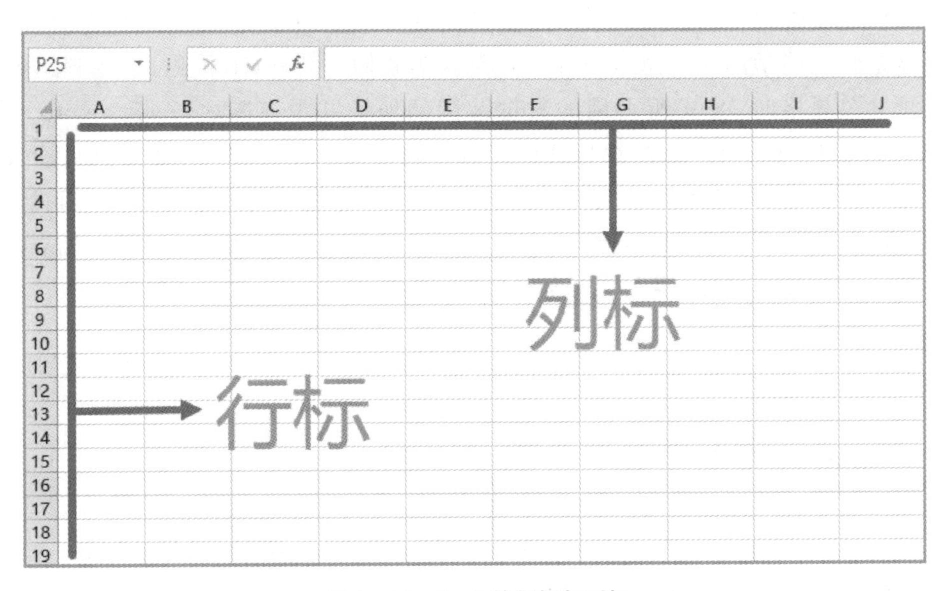


**图 1－46　Excel 的行标与列标**

Word 中是没有这些内容显示的。我们可以将 Word 表格的左上角单元格,即第 1 行第 1 列单元格的地址定为 A1,其他单元格的地址以此类推,如图 1－47 所示。

对于一个区域的引用，表示方法和 Excel 一样：**起始单元格的地址：结束单元格的地址。**本例中，要计算张三同学的总分，输入公式＝SUM(C2：E2)，即可计算出正确结果，如图 1－48 所示。

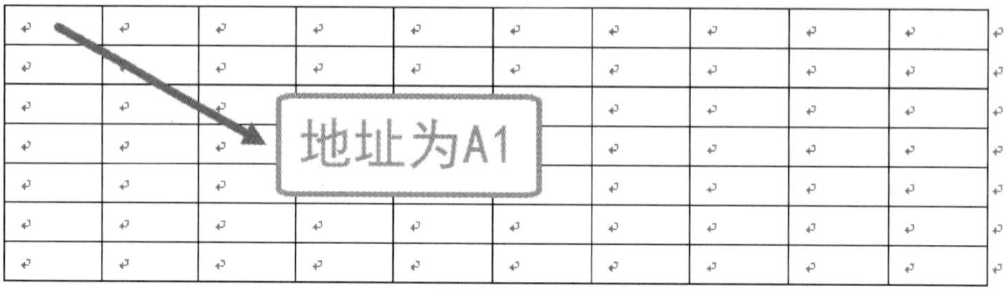
地址为A1

**图 1－47　Word 中表格左上角单元格地址默认为 A1**

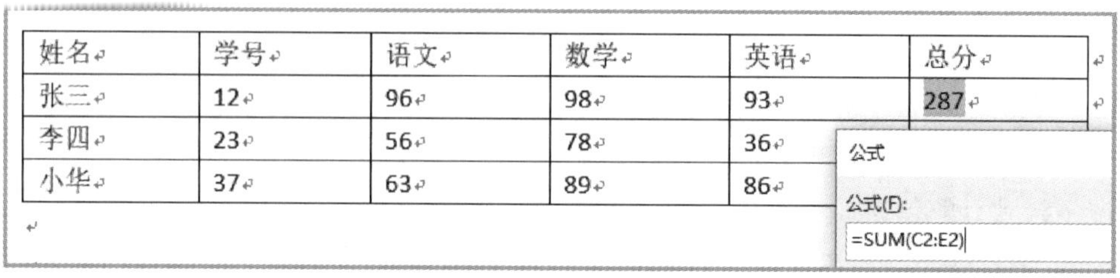
姓名
学号
语文
数学
英语
总分
张三
12
96
98
93
287
李四
23
56
78
36
小华
37
63
89
86
公式
公式(F):
=SUM(C2:E2)

**图 1－48　使用 Excel 公式**

但是这也会导致另外一个问题。将张三同学的总分计算结果复制到其他同学的总分单元格中，再次按下 F9 键时，我们发现公式的计算结果并没有更新，其结果仍然是张三同学的各科总分成绩。这是因为我们将公式(域代码)复制到其他同学的总分单元格时，公式所引用的数据范围的地址并没有随之改变。Word 不像 Excel，可以对地址进行相对引用，即公式被复制到其他单元格时，会自动调整引用的数据范围。Word 的计算公式中对单元格的引用都是绝对引用。因此，当我们使用 A1 表示法表示数据范围时，就不能够实现批量的自动计算。所以在 Word 的表格计算中，鱼与熊掌不可兼得，读者朋友需要根据实际情况决定使用哪种数据范围的表示方法。

## 1.7　翻转课堂 1：申论作文稿纸的制作

图 1－49 所示的作文稿纸是公务员申论考试答题纸所用的稿线样式，其特点在图中已详细标出。运用所学的表格知识，也可以在 Word 中实现此样式稿纸的制作。请探索此作文稿纸的制作方法。

考过申论的都见过申论考试中的作文稿纸，如下图所示。其特点是：①外围有一个红框。②里面的每一行的方格相对独立，其上下左右均有空白间隙与其他行及外围框线隔开。③利用这些空白间隙，隔几行就标一个由三角形开头的字数提示。

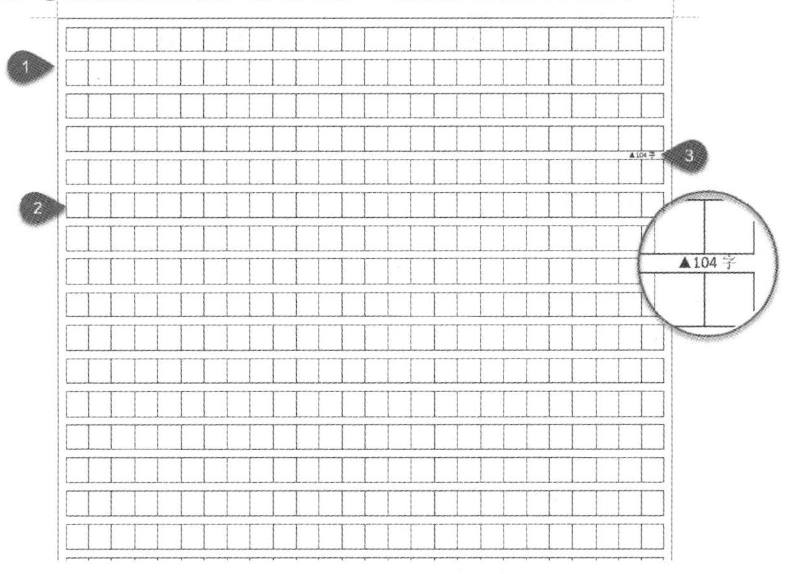


**图 1－49　申论作文稿纸示意图**

**任务难度：**★★★

**讲解时间：**10 分钟

**任务单：**

1. 完成本章的学习；

2. 对上述问题进行思考，着重了解“表格属性”里的“单元格边距”属性，找出解决方案；

3. 各组对问题的解决方案进行梳理，制作讲解所用的 PDF 文档，详尽说明解决方案的关键步骤；

4. 分组上台进行研究成果展示。

# 第 2 章　样式的使用

样式好比是一个“格式包”，里面“打包”了许多格式设置。当我们需要为字符和段落应用格式时，可以将“打包”好的格式——样式“一股脑”的应用过来。这样批量化的操作可以大大提高文档编辑和维护的效率。

## 2.1　样式的概念

样式是一系列可以重复使用的设置格式的集合。某个样式就是将一系列字体和段落等格式设置组合起来，然后给这一组合起一个名字。对选中文本或光标所在段落应用样式时，将把该样式所包含的所有格式设置应用于该段落。可以通俗地理解为，样式就是所需格式设置的“打包”。

样式分系统样式和用户自定义样式两种。系统样式是在用户安装 Word 软件之后，系统自带的、已经定义好的样式。用户自定义样式是指用户根据自己的需要全新创建的样式。

## 2.2　使用样式的意义

为实现特定的排版效果，我们可以对文档进行“直接排版”，即对选定的文本直接通过**开始**标签页的各功能按钮进行格式设置；也可以先定义样式，通过应用样式的方式来实现文档的排版。对于批量的排版操作，我们也可以使用格式刷，将已经存在的文本格式利用格式刷批量应用到其他文本上。对于这三种方式，我们应该采用哪种呢？

如果是小规模的文档，且格式设置是一次性的，设置后一般不需要再去更新和维护格式，那么几种方式用哪种都可以。甚至可以认为，不通过样式进行格式设置更直接更便捷，毕竟样式需要先定义后使用，多了一个定义的环节。

但是在对长文档的格式进行长期维护和不断更新的应用场景中，样式的优势就凸显出来。在初次使用样式时，需要先定义样式，应用样式的过程与用格式刷将文档各个部分刷一遍的效率差不多。但是长文档的格式需要多次修改和更新。如一篇本科生的毕业论文长达几十页，1—2 万字；硕博论文规模更大，往往几百页，5—10 万字。毕业论文需要反复推敲,内容时常增删,章节编号随时变动,所附的图表也有增有减……这些操作会引起页面排版格式、各种编号、页眉页脚等方面的变化,类似的还有书稿、产品说明书等。这时利用样式可以实现格式的高效更新与自动维护。仅需要修改样式的定义,修改后所有应用了该样式的文本格式会全部一次性地更新过来,不再需要一个一个地设置,或用格式刷重新刷新格式,这就是样式的高效之处。除此之外还有诸多好处,如基于样式自动生成目录;利用样式绑定多级列表,实现各级编号的自动更新且保持正确的格式;利用 styleref 域调用相关样式的文本,实现自动提取当前的章节标题作为页眉页脚,一旦章节标题内容发生改变,页眉页脚的标题会同步自动更新等。

## 2.3 使用系统样式

系统样式是 Word 中预先定义好的样式,这些样式在安装 Office 软件后,已经存在于 Word 的样式列表中。与样式有关的操作命令都集中在**开始**标签页**样式**组中,如图 2-1 所示。在**样式**组中有样式库,在其中列出了我们使用频率较高的系统样式和用户自定义样式。点击**样式**组右下角的扩展按钮 ,会弹出样式面板。在样式面板中也列出了当前常用的样式,如图 2-2 所示。

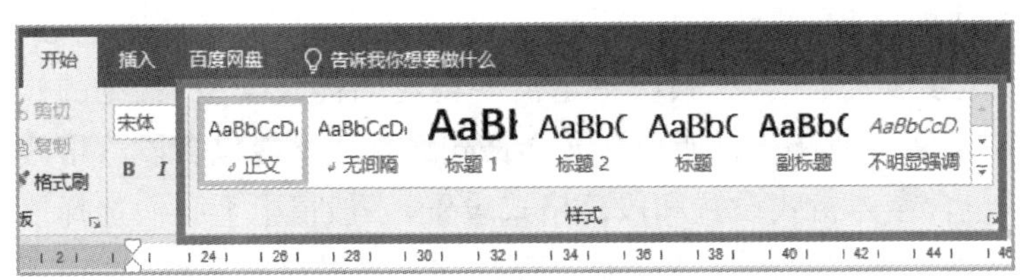


**图 2-1 常用样式列表**

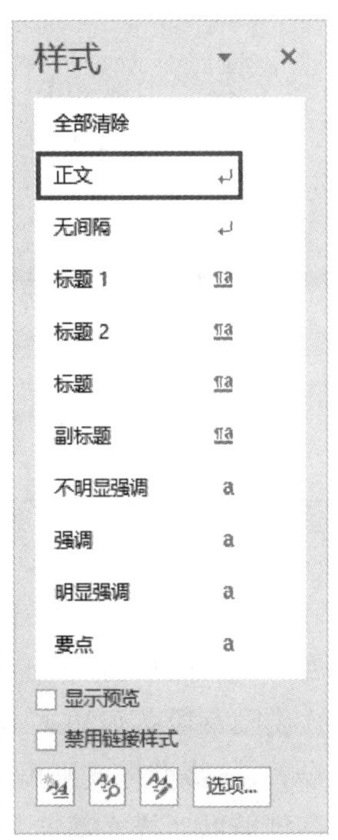


**图 2-2 样式面板**

使用系统样式的方法很简单。将光标定位到需要应用样式的文本中,在样式库或样式面板中单击想要应用的样式名,则指定的系统样式就会被应用到当前光标所在的段落中。

## 2.4 使用自定义样式

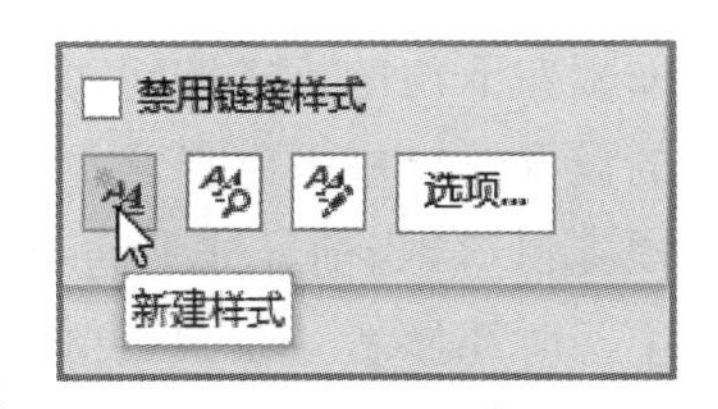


**图 2-3 新建样式**

用户可以根据自己的排版需要创建一个全新的样式,这种样式叫作用户自定义样式。创建用户自定义样式的方法是点击样式面板左下角三个按钮中的第 1 个,如图 2-3 所示,会打开“创建新样式”窗口，如图 2－4 所示。

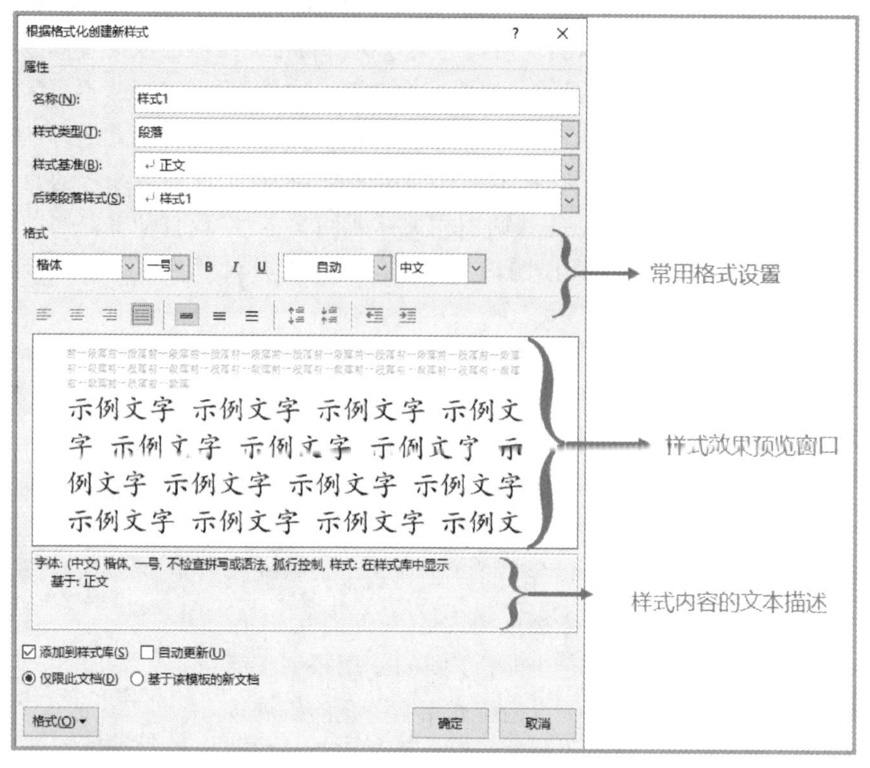


**图 2－4　新建样式设置**

首先用户需要指定样式的**名称**，建议为样式指定一个有意义的名称，便于记忆，如“一级标题”“论文正文”“参考文献”等。其次指定需要创建的样式类型，常见的样式类型有段落型和文本型。文本型样式只能包含文本格式设置而不能包含段落格式设置，段落型样式则可以包含字体格式设置和段落格式设置，一般情况下我们选择段落型即可。**样式基准**是指当前新建的样式是以哪个现存样式为基础创建的，这个现存样式就是基准样式。在新建样式时，建议将**样式基准**设为“无样式”，因为一旦指定了基准样式，如果基准样式的格式定义发生了变化，则所有以这个样式为基准的样式格式都会跟着变化。**后续段落样式**是指当前样式所在的文本在输入完成后，按下回车键时，下一个段落的样式。**格式**区域列出了常用的字体格式设置和段落格式设置。请注意，这里只是列出了常用的格式设置，如果想要指定更多的格式，可以单击当前面板左下角的**格式**按钮，如图 2－5 所示，在弹出的菜单中选择**字体**或**段落**，在弹出的设置窗口中可以指定更加丰富的字体格式和段落格式。在**格式**栏的下方有一个预览窗口，当前样式所包含的格式设置作用于排版后的效果都会在这个预览窗口中实时地显示。在预览窗口的下方有一段文字描述，列出了当前样式所包含的各种格式设置，方便用户检查核对。完成之后点**确定**按钮，就创建了一个用户自定义样式。

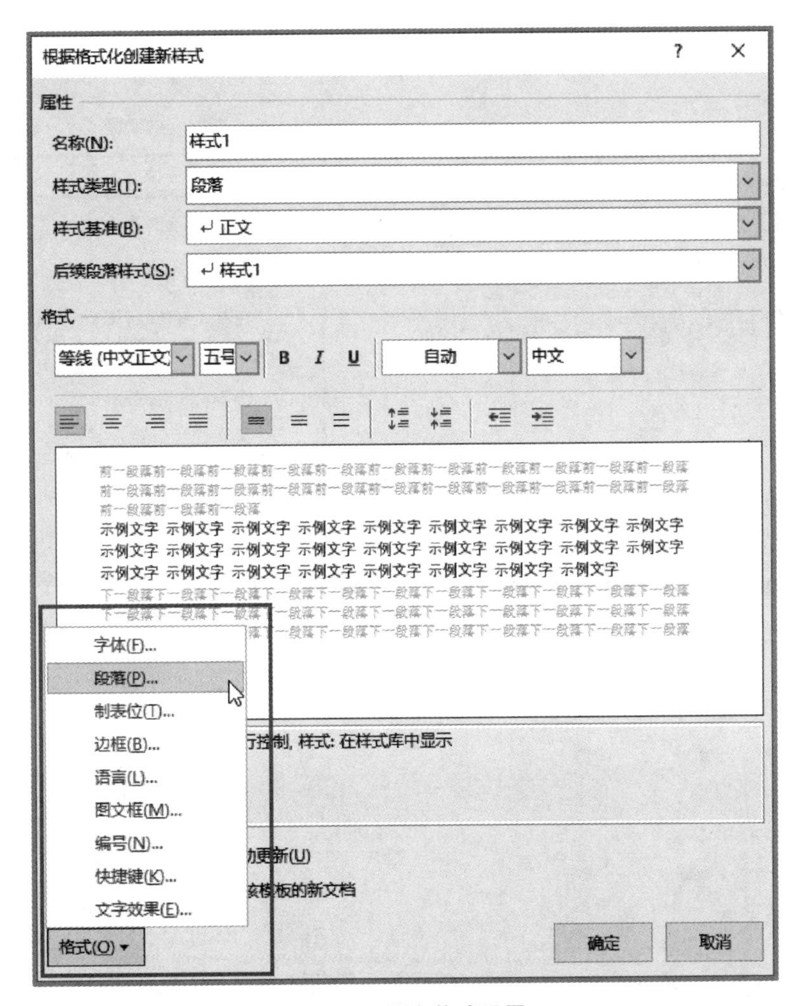


图 2-5 更多格式设置

新创建的用户自定义样式会出现在样式库和样式面板中。应用用户自定义样式的方法与应用系统样式的方法相同,在此不再赘述。

## 2.5 修改样式

在样式库中的样式名上单击鼠标右键,选择**修改**,或用鼠标指向样式面板中的样式名,当样式名右侧出现下拉箭头时,点击该箭头,在下拉菜单中选择**修改**,会打开**修改样式**设置窗口,如图 2-6 至 2-8 所示。

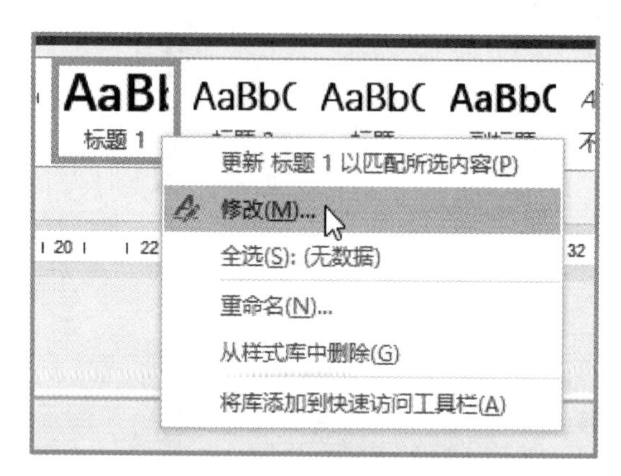


图 2－6　修改样式的方法 1

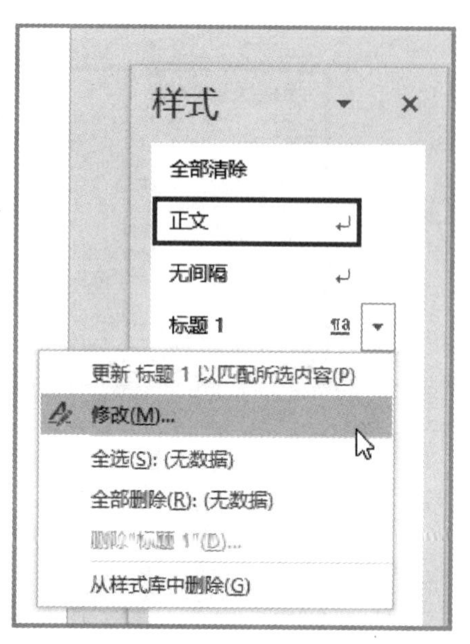


图 2－7　修改样式的方法 2

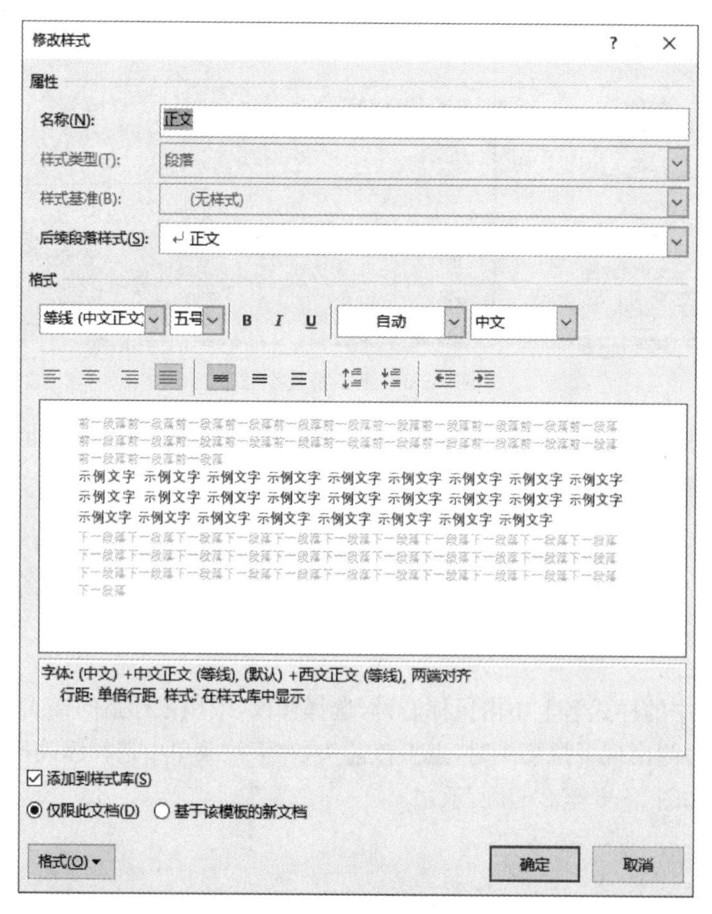


图 2－8　修改样式窗口

修改样式设置窗口和**新建样式**设置窗口几乎一模一样，在其中修改需要的设置后，点击**确定**按钮，则样式修改完成。

样式修改后，所有应用了该样式的文本格式会同步更新，不需要重新对这些文本的格式逐一进行设置，这也是使用样式的一大优势。

## 2.6　利用样式制作目录

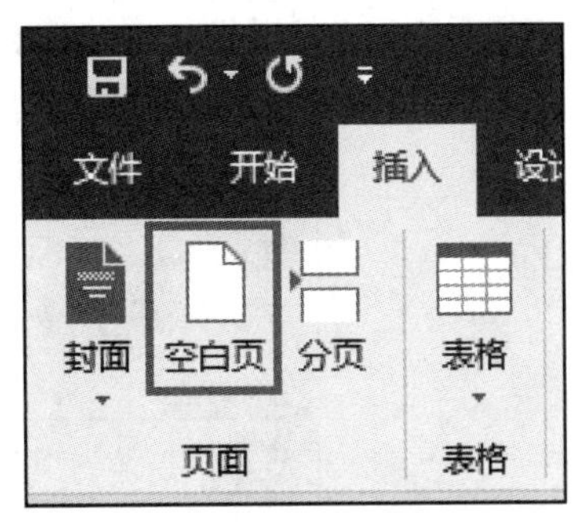

图 2-9　插入空白页

在对一篇文档的各级标题应用样式后，即可基于样式自动生成目录。利用系统样式和自定义样式都可以制作目录，但出于后期文档维护的便利性考虑，推荐基于系统样式制作目录。

要制作一个目录，应先将光标定位到要插入目录的位置。一般情况下，目录应位于一个独立的页面。可以在定位光标后，点击**插入-空白页**命令，插入一个空白页，如图 2-9 所示。再点击**引用**标签页，选择**目录**按钮，选择**自定义目录**选项，如图 2-10 所示。

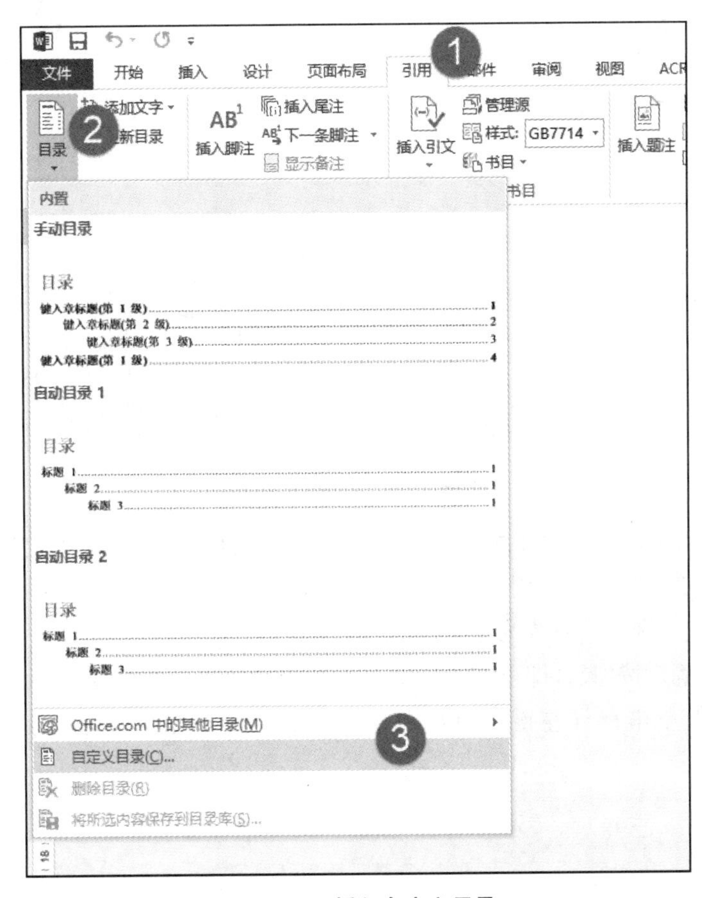

图 2-10　插入自定义目录

在打开的目录设置窗口中，选择**目录**标签页，可以看到左侧的**打印预览**已经显示出即将插入的目录样式，默认显示三级目录项，也可以在**显示级别**处调整。目录文字和页码直接之间的“虚线”为前导符，在**制表位前导符**的下拉列表里可以选择不同的前导符，默认显示为点线。在默认情况下，目录基于系统样式“标题 1”“标题 2”“标题 3”……生成各级目录项。也可以在**选项**里调整，或使用自定义样式制作目录项。假设要使用自定义样式“样式 7”作为一级目录项，“样式 8”作为二级目录项，系统样式“标题 3”作为三级目录项，可以按如下步骤操作：

（1）在目录设置窗口中，点击**选项**，打开**目录选项**设置窗口。

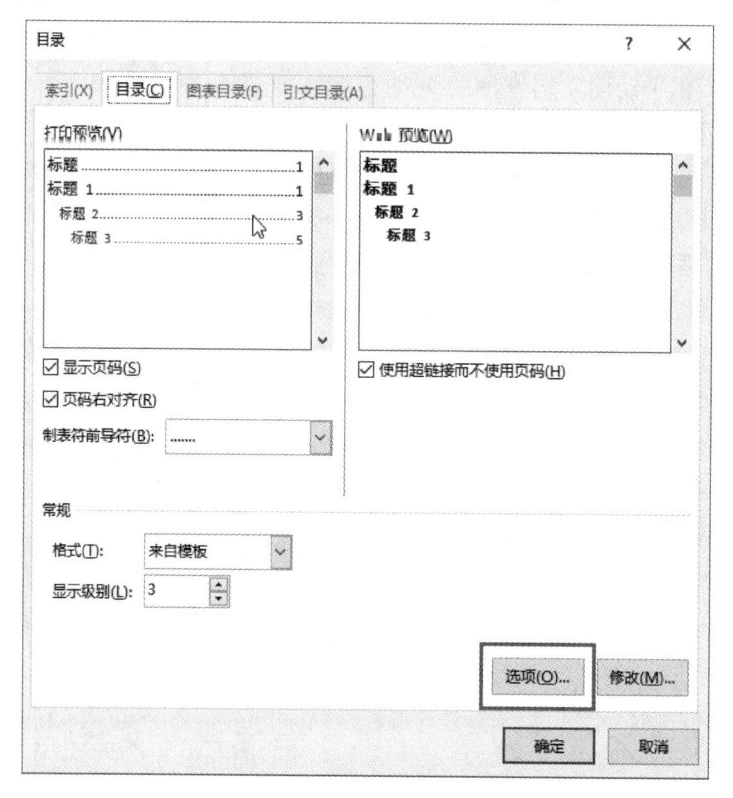


**图 2-11　打开目录选项**

（2）勾选**目录**建自下的**样式**，在下面的列表中，找到“样式 7”，在与之对应的**目录级别**的文本框中键入“1”，表示用“样式 7”制作一级目录项；对“样式 8”和“标题 3”应用同样的操作，对应级别分别设置为“2”和“3”，如图 2-12 所示。

点击两次**确定**按钮后，即可在光标所在位置自动插入一个目录。按住 Ctrl 键的同时，在目录项上单击鼠标左键，可以跳转到该目录项对应的正文部分。如图 2-13 所示。

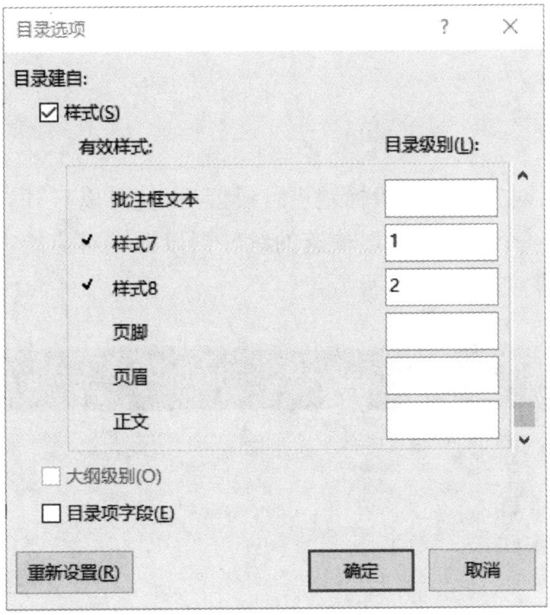

目录选项

目录建自:

☑ 样式(S)

有效样式:　目录级别(L):

批注框文本

✓ 样式7　1

✓ 样式8　2

页脚

页眉

正文

☐ 大纲级别(O)

☐ 目录项字段(E)

重新设置(R)　确定　取消

**图 2－12　设置样式与目录项的对应关系**

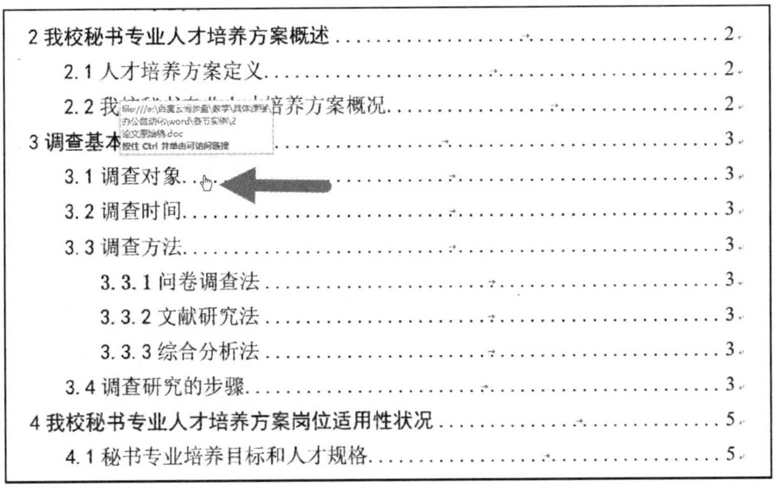

2 我校秘书专业人才培养方案概述 .......... 2

2.1 人才培养方案定义 .......... 2

2.2 我校秘书专业人才培养方案概况 .......... 2

3 调查基本 .......... 3

3.1 调查对象 .......... 3

3.2 调查时间 .......... 3

3.3 调查方法 .......... 3

3.3.1 问卷调查法 .......... 3

3.3.2 文献研究法 .......... 3

3.3.3 综合分析法 .......... 3

3.4 调查研究的步骤 .......... 3

4 我校秘书专业人才培养方案岗位适用性状况 .......... 5

4.1 秘书专业培养目标和人才规格 .......... 5

**图 2－13　目录具有导航功能**

插入目录后，如果修改了正文的标题句，对应的目录文字也应同步更新。从本质上说，目录是一个 Word 域，因此更新目录时，可以在目录区域内单击右键，在弹出的快捷菜单中选择**更新域**选项，也可以选中目录文本，按 F9 键，会弹出**更新目录**设置窗口，如图 2－14 所示。如果标题句文字发生了改变，选择**更新整个目录**后，按**确定**按钮；如果只是页码改变，选择**只更新页码**选项后，按**确定**按钮，即可完成目录的更新。

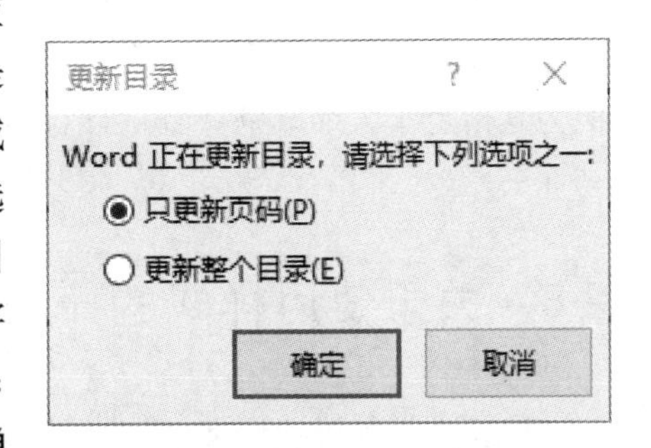


**图 2－14　更新目录选项**

## 2.7 导航窗格

在利用系统样式对文档的层级标题进行设置后，就可以打开导航窗格查看整篇文档的层级结构，点击某个标题还可以快速的跳转到该标题对应的内容。在查看长文档时这个功能尤其有用，如图 2 - 15 所示。

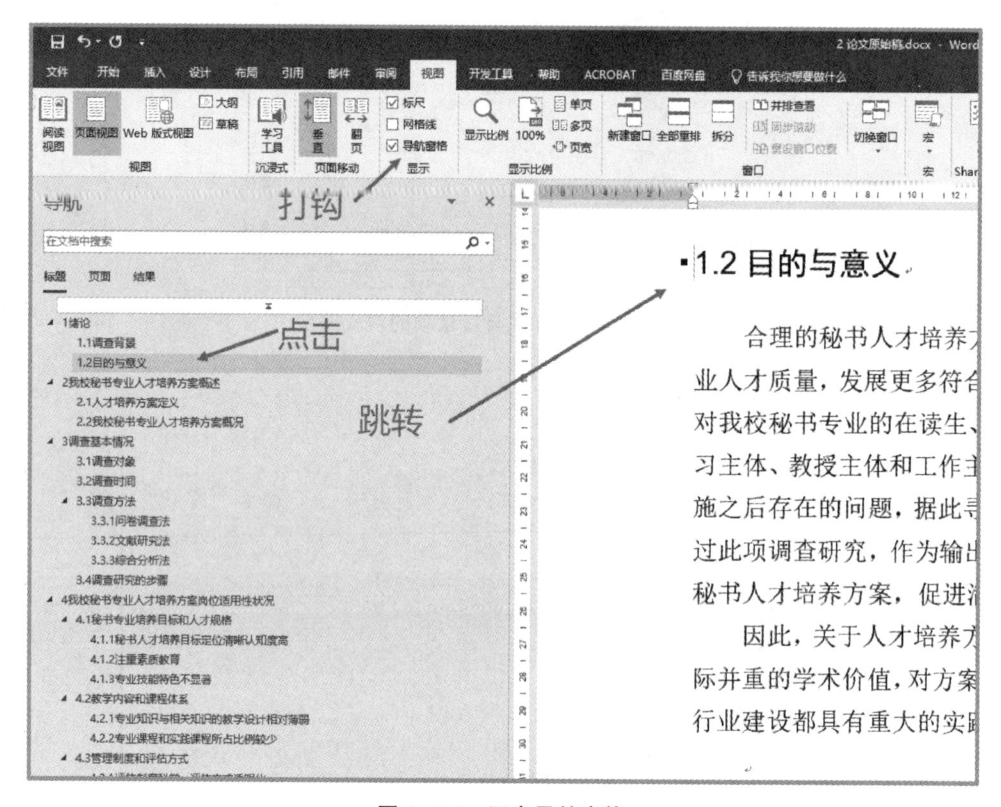


图 2 - 15　开启导航窗格

实际上导航窗格中文档层次结构的正确显示，依赖的是大纲级别，而不是样式。如果我们使用了系统样式，可以直接打开导航窗格查看文章的层次结构，这是因为系统样式默认包含了大纲级别这一格式设置。假设某一文档的层级标题并没有被应用样式，但为其指定了大纲级别，同样可以在导航窗格中显示文章的层次结构。

## 2.8 关于使用样式的一些建议

对长文档如毕业论文、毕业设计、产品说明书等进行排版时，建议在处理各层级标题、图表题注、参考文献等部分的格式时使用系统样式。通过修改系统样式，使之符合当前文档的格式要求。这是因为在涉及层级标题等内容的一系列操作中，使用系统样式会大大简化我们的操作步骤，提高工作效率。如基于样式自动生成目录时，默认使用的就是系统样式。又如在将多级列表的定义与样式进行绑定时，默认也是使用系统样式。制作包含章节号的题注时，默认也是调用系统样式。如果使用自定义样式，将会增加操作步骤，使相关的操作变得烦琐。在某些场合，推荐使用自定义样式。比如长文档的正文部分，可以不使用系统样式，而使用自定义样式。这是因为很多系统样式的基准样式都是系统样式中的“正文”样式，如果按照当前文档的排版要求修改了“正文”样式，则许多系统样式的格式也会随之改变，这就导致修改“正文”样式的操作波及面过广。而且一般情况下，用于正文文本排版的样式，与其他相关操作牵扯较少，即使不用系统样式，也不会产生什么不便。

## 2.9　翻转课堂 2：目录样式更新的自动保持

当我们按照论文模板的格式要求对目录排好版后，如果又修改了文章内容，在更新目录后，会发现目录的格式又变成了排版前的样子，需要再次对目录重新排版。能否设置好格式后，无论怎样更新目录，目录都能保持符合要求的格式。

请同学们结合所学知识，提出解决方案。

本任务涉及素材文件的文件名如下：

1. 论文原始稿.docx

2. 毕业论文模板.doc

**任务难度：**★★

**讲解时间：**7 分钟

**任务单：**

1. 完成本章的教学任务点；

2. 对上述问题进行思考，着重考虑“样式”在解决本问题中的作用，形成解决方案；

3. 对问题的解决方案进行梳理，制作讲解用 PDF 文档，详尽解释解决方案的关键操作；

4. 分组上台进行研究成果展示。

# 第3章 Word“节”的使用

**引 例**

工作团队的同事要我帮他合并两个文档，合并后的文档由“合同正文”和“成本核算表”两个文档组成。“合同正文”主要是文字部分，共37页，纸张方向为纵向，有自己的页眉；“成本核算表”包括一些较大的跨页表格和若干图示说明，共12页，纸张方向为横向，也有自己独立的页眉。要求将“成本核算表”插入到“合同正文”的第19页，合并后的文档仍然保持原来两个文档各自的版面设置和各自的页眉，并要求统一编排页码。这个问题应如何解决？

其实对于上述问题，利用Word的“分节”功能就能很好地解决。在学习了本章内容之后，读者朋友们可以思考该问题的解决方案。

## 3.1 节的概念

Word中有“版面设置”和“格式设置”的区别。格式设置一般指加载于页面文本元素的字体和段落格式，以及加载于图形、表格、文本框等浮动元素的格式。这些格式设置往往针对的是文档的“微观”组成元素。“版面设置”指的是整个文档的全局排版格式，是从“宏观”的角度对页面布局进行的设置。例如要设置不同的页面方向、页边距、页眉和页脚，分栏排版等。在对Word文档进行排版时，经常会要求对同一文档的不同部分采用不同的版面设置，这时如果简单地通过**页面设置**来调整版式，就会引起整个文档所有页面的改变。要有效解决上述问题，就需要用到“节”的知识。

在有分节的情况下，一个节可以视为“版面设置”发挥作用的最小单位。例如指定了一种页面布局，则此种页面布局至少要在一个节中发挥作用，至多可以作用于整篇文档。将一篇文档分为若干节后，在不同的节中可以设置与前节不同的页眉页脚、页边距、页面方向、文字方向或分栏版式等版面格式。要将一个文档分成几节，就要在文档适当的位置插入分节符，通过分节符标识不同的节。分节符是一个节的结束标记，因此我们插入分节符时，要将光标定位在当前节的结尾处，再执行插入分节符的操作。可以认为分节符中存储了节的版式设置信息，用于控制它前面页面的版面格式。所以当删除了一个分节符时，这个节的版式设置信息也随之丢失，版面格式可能会发生变化。

## 3.2 分节符的类型

Word 分节符有以下几种类型，如图 3－1 所示，使用不同类型的分节符分节后版式有一定的区别。

**下一页**：插入此分节符后，新节的文本从新的一页开始。

**连续**：插入此分节符后，新节的文本与前节的文本同处于当前页中。

**偶数页**：插入此分节符后，新节的文本转入下一个偶数页。

**奇数页**：插入此分节符后，新节的文本转入下一个奇数页。

在我们进行长文档的排版设置时，有时需要每一章的第一页都从奇数页（或偶数页）开始，这时奇数页（或偶数页）分节符就派上用场了。

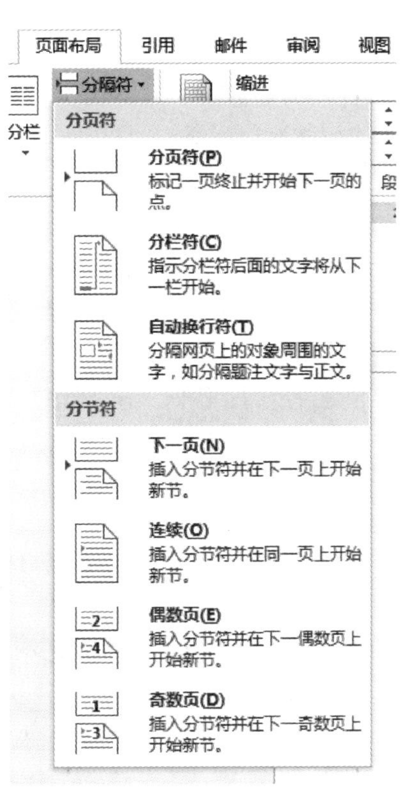


图 3－1 插入分节符

## 3.3 插入分节符

要插入分节符，请按以下步骤进行：(1) 单击需要插入分节符的位置；(2) 单击**页面布局**标签页的**分隔符**按钮，如图 3－1 所示；(3) 在下拉菜单中点选需要的分节符类型，则在光标所在位置插入指定类型的分节符。

## 3.4 删除分节符

可在**页面视图**下点击**显示/隐藏编辑标记**按钮，切换到分节符可见的模式下，直接选择分节符将其删除，就像删除普通字符一样。也可在**草稿**视图或**大纲**视图下，找到待删除的分节符，将鼠标指向分节符所在行的最左端，点击左键选中整个分节符，按 Del 键或 Backspace 键将其删除。

## 3.5 引例的解决方案

1. 打开“成本核算表”，在文档末尾插入一个分节符；

2. 全部选中“成本核算表”的内容后点**复制**按钮；

3. 打开“合同正文”，在 18 页末尾也插入一个分节符，将新分出一节的页眉的**链接到上一条**按钮按起；

4. 将光标定位到“合同正文”18 页分节符的后面，执行粘贴操作。

本解决方案中，为什么在复制“成本核算表”的内容之前，要先在文档末尾插入一个分节符？这个问题留给读者朋友思考。

通过这个例子，我们也能看到一个专业的办公人员的重要性。与软件开发技术人员相比，现代办公人员的工作是否显得没有技术含量，是否会找不准自己的定位和价值？回答是否定的。任何工作，哪怕在别人眼里再简单再平凡，只要用心投入肯钻研，在工作中能为他人排忧解难，都会赢得他人的尊重，这就是生活与工作中的平凡和伟大。

## 3.6 翻转课堂 3:论文排版中的分节问题

请结合毕业论文格式模板中对于论文排版格式的各项要求，分析以下内容：

1. 排版一篇毕业论文，需要将整篇文档分成几节，每一节的范围是什么。为什么这样分，请给出理由。

2. 如果排版时，要求正文部分的奇数页页眉显示章标题，偶数页页眉显示最近的二级标题，则上述问题又该如何解决。

通过这个案例，对长文档的排版分节有什么启示？请概况出适合大多数情况的一般做法。

**任务难度：**★★☆

**讲解时间：**9 分钟

**任务单：**

1. 完成本章的学习；

2. 制作 PDF/PPT 文档，重点回答前面提出的问题，必要处辅以示意图加以说明；

3. 安排本组相关成员上台讲解。本次任务重在理论分析，旨在找出指导解决这类问题的思路和途径，在理清思路之前，具体的操作不是本次讲解的重点。讲解者应力求让听者能够理解所讲解的内容。

# 第 4 章 Word 中的“域”

说到 Word 域，它对我们既陌生有熟悉。说它陌生，是因为很多初级用户在日常办公过程中，并不会刻意去使用 Word 域的功能；说它熟悉，是因为我们在日常应用中，又在不知不觉中潜移默化地使用着 Word 域的功能。例如，我们经常插入的页码就是一个 Word 域，随着 Word 文档页面的增删，页码可以自动更新；在表格中插入的公式，其实也是一个 Word 域，其计算结果会随着数据的变化而自动更新；我们为文档中的图表等元素创建的题注编号也是 Word 域，随着这些图表等元素的插入、删除操作，它也会自动为我们维护题注的编号顺序，使我们不需要过度关心这些编号的排序问题。其他如为文档创建的目录、在文档中创建的交叉引用、引文书目等其实都是 Word 域，可见域的使用其实是非常广泛的。我们可以这样总结域的定义：域是嵌入在 Word 文档中的一种命令代码，它可以自动运行与自动更新，从而实现文档中相关数据的自动更新。由此可见，Word 域是实现办公“自动化”的一项重要功能。

## 4.1 域代码的构成

我们插入 Word 域后，一般情况下看到的是域的计算结果。当我们在域结果文本上点击鼠标右键，选择**切换域代码**命令时，可以在域结果和域代码之间切换。Word 域的本质是一段代码，即域代码。有时，我们需要手动编辑域代码才能达到我们想要的效果，因此有必要了解域代码的构成。图 4－1 显示了域代码的基本构成。

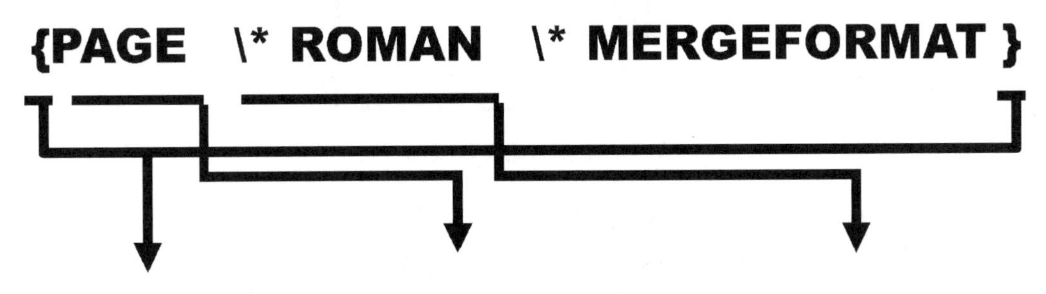


图 4－1 域代码的构成

首先，最外层的一对半角大括号是“域标识符”。当 Word“看到”这对符号，就知道大括号里面的内容是域代码，需要运行它。括号里最左端的是“域名”，用来标识不同的域，不同的域可以实现不同的功能。域名后面的内容是“域开关”，用来指定域结果的不同显示效果。例如，同样是 PAGE 域，如果不使用开关或使用“\ * Arabic”开关，其计算结果使用阿拉伯数字显示，如果使用“\ * ROMAN”开关，则会用罗马数字显示。如果一个域代码中使用了多个开关，则开关之间没有先后顺序。需要注意的是，在域名和域开关之间，要有一个空格。很多读者在书写域代码时，都会将域开关直接跟在域名的后面，没有任何的间隔，这样写是错误的。

## 4.2 域的基本操作

### 4.2.1 插入域

要使用 Word 域，就必须在指定的位置插入域。插入域有两种方法，一种是菜单命令法；一种是直接键入法。使用菜单命令法可以免去手工键入域代码的烦琐，比较快捷方便；但有时用菜单命令法插入的域不能满足需求，需要手工键入或修改域代码。

#### 4.2.1.1 菜单命令法

点击**插入**-**文档部件**-**域**，会弹出**域**设置窗口，如图 4-2 和图 4-3 所示。

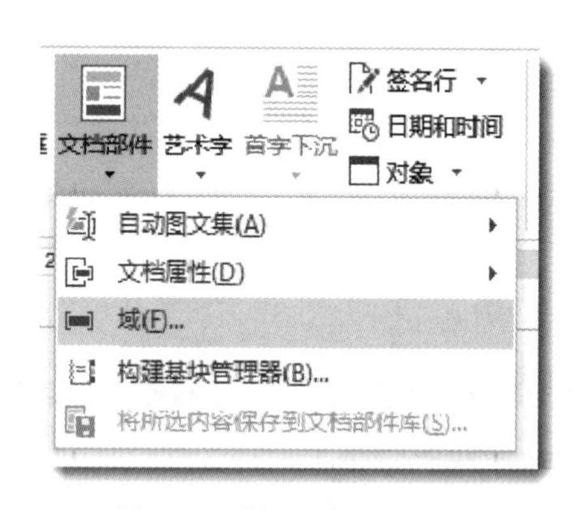


**图 4-2 插入域代码(命令法)**

第 1 步，应先选择域所属的**类别**，以便缩小查找范围；第 2 步，在**域名**下拉列表中选择需要的域，则右侧会根据当前选择的域提供不同的**域属性**选项；第 3 步，根据需要设置域属性(可选项，有些域可以使用默认设置或不用设置)；第 4 步，勾送需要的**域选项**，点**确定**后即可在指定位置插入一个域。

#### 4.2.1.2 直接键入法

如果对域代码足够熟悉，也可以通过键盘直接键入完整的域代码。域代码被包括

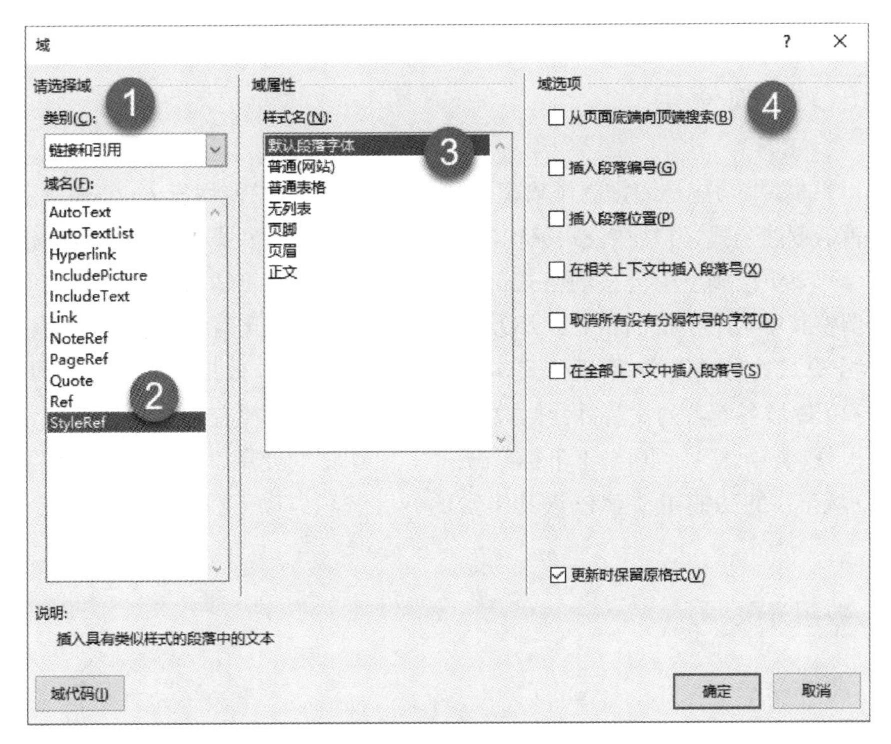


**图 4-3 插入域窗口**

在一对大括号内,这对大括号不能用键盘直接键入的方法创建,必须使用快捷键 Ctrl+F9 创建。具体操作是:在要插入域的位置定位光标,按下 Ctrl+F9 组合键,则在光标位置会出现一对带有底纹的大括号,光标自动定位在大括号中间,按照正确的格式键入域代码即可。部分笔记本电脑的 F9 键是多功能键,如果快捷键 Ctrl+F9 不能创建大括号,可以尝试结合 Fn 键进行操作,即按 Ctrl+Fn+F9 键。此外,域名与开关之间,有一个空格,请务必注意。

### 4.2.2 更新域

在要操作的域文本上点击鼠标右键,在弹出的菜单中选择**更新域**,或者选中要更新的域文本,按 F9(笔记本电脑可能需要按 Fn+F9)键。

### 4.2.3 切换域代码

有时,用菜单命令插入的域代码不能符合我们的要求,或者产生了错误的结果,这时需要查看并修改域代码。在要操作的域文本上点击鼠标右键,在弹出的菜单中选择**切换域代码**,或者选中要更新的域文本,按 Shift+F9 组合键(笔记本电脑可能需要按 Shift+Fn+F9 键)。可以在域结果和域代码两种显示方式之间进行切换。切换到域代码显示模式后,可以对域代码进行修改。

## 4.3 EQ 域的使用

EQ 域的基本功能是编排制作数理公式。虽然我们可以使用**插入-公式**命令，打开公式编辑器创建公式，但是在公式编辑器中，不能单独设置公式中某些字符的格式(如调整字号)，要更改则整个公式的格式都必须一起更改。在 EQ 域创建的公式中，则可以任意调整其中某个字符的格式。EQ 域的功能还不止于此，我们还可以根据排版需要，开发 EQ 域的另类用法，用于公式输入之外的其他场合，效果也非常好。因此公式编辑器和 EQ 域各有各的优势，两种方法都要掌握。EQ 域拥有丰富的域开关，分别用于制作积分、根号、括号、重叠、上下标及分式等，如果嵌套使用，可排出各类复杂的表达式。EQ 域丰富的功能主要就依赖其丰富的开关选项。以下将介绍 EQ 域常用的域开关。

### 4.3.1 数组开关

#### 4.3.1.1 基本用法

\a()按行顺序将数组元素排列为多列

**例 4-1**

| 域代码 | 域结果 |
| --- | --- |
| {EQ \a(105,2,37) } | 105<br>2<br>37 |

#### 4.3.1.2 可用参数

\al 左对齐;\ac 居中;\ar 右对齐;

**例 4-2**

| 域代码 | 域结果 |
| --- | --- |
| {EQ \a\al(105,2,37) } | 105<br>2<br>37 |

由例 4-2 可见，使用了参数\al 后，域结果按左对齐排列。需要注意的是，在形式上参数虽与开关相同，都是斜杠“\”后跟一系列字母，但是参数是跟着开关后面使用，且与开关之间没有空格隔开。而开关和域名之间，或多个开关之间都需要用空格隔开。

\con 将数组元素排成 n 列。其中 n 在实际应用中，是一个具体数字。字母“co”可以理解为“列”的英文 column 的前两个字母。

**例 4－3**

| 域代码 | 域结果 |
|---|---|
| {EQ \a\co3(105,2,37,65,785,3,96,8,327) } | 105　2　37<br>65　785　3<br>96　8　327 |

在例 4－3 中，因为使用了\co3 这个参数，域结果中将代码中的 9 个数字，按行的顺序排成了 3 列。

\vsn 将数组元素的行间距设置为 n 磅。“vs”可以理解为“vertical spacing”的首字母组合，即“垂直间距”之意。“垂直间距”也就是“行间距”。n 为一具体数字。

\hsn 将数组元素的列间距设置为 n 磅。“hs”可以理解为“horizontal spacing”的首字母组合，即“水平间距”之意。“水平间距”也就是“列间距”。n 为一具体数字。

在例 4－3 中，域结果显示为 3×3 的数组，但是数组元素挤在一起。利用“\vs”和“\hs”属性将元素之间的间距拉大，并设置左对齐后的效果如例 4－4 所示。

**例 4－4**

| 域代码 | 域结果 |
|---|---|
| {EQ \a\co3\al\vs12\hs12<br>(105,2,37,65,785,3,96,8,327) } | 105　　2　　37<br>65　　785　3<br>96　　8　　327 |

## 4.3.2 括号开关

### 4.3.2.1 基本用法

\b()用大小适当的括号括住元素。

**例 4－5**

| 域代码 | 域结果 |
|---|---|
| {EQ \b(\a(105,2,37)) } | $\begin{pmatrix}105\\2\\37\end{pmatrix}$ |

例 4－5 中，利用\b()开关将例 4－1 中的制作的数组括起来，就相当于给这个数组加了一对括号。用这个方法加的括号比较美观，如果直接用键盘键入括号字符给该数组加括号，则效果相当不和谐。因此在使用\b()开关加括号时，被加括号的元素应该是拥有特殊格式的元素。对于普通字符，直接用键盘为其加括号即可。

这里需要注意，当同时使用多个开关时，只需要输入一个 EQ 作为域名，不可重复输入。

### 4.3.2.2 可用参数

\lc\ * 指定左括号使用字符，其中的“ * ”在实际应用中需要替换为作为左括号的字符。

\rc\ * 指定右括号使用字符，其中的“ * ”在实际应用中需要替换为作为右括号的字符。

\bc\ ∗ 指定左右括号使用的字符，其中的“∗”在实际应用中需要替换为作为左右括号的字符。

**例 4-6**

| 域代码 | 域结果 |
|---|---|
| {EQ \b\lc\[ (\a(105,2,37)) } | $\left[\begin{matrix}105\\2\\37\end{matrix}\right.$ |
| {EQ \b\rc\] (\a(105,2,37)) } | $\left.\begin{matrix}105\\2\\37\end{matrix}\right]$ |
| {EQ \b\bc\[(\a(105,2,37)) } | $\left[\begin{matrix}105\\2\\37\end{matrix}\right]$ |
| {EQ \b\bc\△(\a(105,2,37)) } | $\triangle\begin{matrix}105\\2\\37\end{matrix}\triangle$ |
| {EQ \b\bc\[(\a\co3\al\vs12\hs12 (105,2,37,65,785,3,96,8,327)) } | $\left[\begin{matrix}105 & 2 & 37\\65 & 785 & 3\\96 & 8 & 327\end{matrix}\right]$ |

**例 4-7** 若要用域的方法创建如图 4-4 所示的组织结构图，则域代码该如何写？

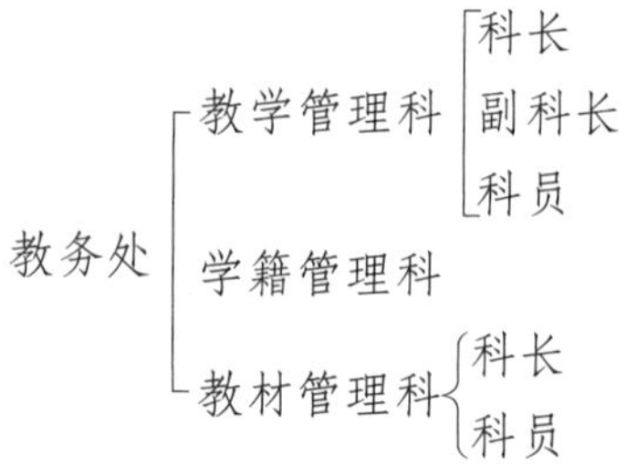

教务处
- 教学管理科
  - 科长
  - 副科长
  - 科员
- 学籍管理科
- 教材管理科
  - 科长
  - 科员

**图 4-4 数组和括号开关应用举例 1**

答案：{eq 教务处 \b\lc\[(\a\al(教学管理科\b\lc\[(\a\al(科长，副科长，科员))，学籍管理科，教材管理科\b\lc\{(\a\al(科长，科员)))) }

**例 4-8** 若要用域的方法创建如图 4-5 所示的方程组，则域代码该如何写？

$$\begin{cases}3x+18y+4z=27 & (1)\\57x-13y+6z=-33 & (2)\\5x+8y+3z=44 & (3)\end{cases}$$

**图 4-5 数组和括号开关应用举例 2**

答案：{eq \b\lc\{(\a\al\co2(3x + 18y + 4z = 27，(1),57x - 13y + 6z = - 33，(2),5x + 8y + 3z = 44，(3))) }

### 4.3.3 重叠开关

\o()：将每个后续元素置于前一个元素之上，参数可以不止 2 个。

**例 4－9**

| 域代码 | 域结果 |
| --- | --- |
| {eq \o(A, × ) } | A 与 × 重叠 |

### 4.3.4 框开关

#### 4.3.4.1 基本用法

\x()：创建元素边框。

**例 4－10**

| 域代码 | 域结果 |
| --- | --- |
| {EQ \x (12345) } | 12345（带边框） |

#### 4.3.4.2 可用参数

如果不使用参数，默认情况下显示全部边框，如例 4－10 所示。如果使用下面的参数及其组合，可以控制上下左右任意方向上边框的显示。

\to 上面绘制一个边框 “to”可以理解为“top”的前两个字母。

\bo 下面绘制一个边框。

\le 左面绘制一个边框。

\ri 右面绘制一个边框。

**例 4－11**

| 域代码 | 域结果 |
| --- | --- |
| { EQ \x\to(A∪B) } | $\overline{\text{A∪B}}$ |
| { EQ \x \bo(学院) } | $\underline{\text{学院}}$ |
| { EQ \x\le\ri(ax+b) } | \|ax+b\| |
| { EQ \x\le\ri\bo(养鱼) } | 养鱼（左、右、下边框） |
| { EQ \x\to\le(学院) } | 学院（上、左边框） |

## 4.3.5 上标下标开关

### 4.3.5.1 基本用法

\s():将字符向上调整为上标或向下调整为下标。利用该开关,可以以磅值为单位在垂直方向上实现字符的上下移动。一般需要和其他开关组合使用。

### 4.3.5.2 可用参数

\upn 将字符上移 n 磅,在实际使用中,n 为一具体数字。

\don 将字符下移 n 磅,在实际使用中,n 为一具体数字。

**例 4-12**

| 域代码 | 域结果 |
|---|---|
| { EQ X\s\up6(2) } | $X^2$ |
| { EQ X\s\do3(2) } | $X_2$ |

在例 4-12 中,需要制作 X 平方的效果,因为 X 是直接显示的字符,不需要通过域代码做任何变形,因此将 X 放在开关的前面,"2"需要被域代码改变为上标格式,因此需要放在\s()开关的括号内。再结合\up 参数将"2"的位置向上微调 6 磅,将"2"的字号适当调小,即可完成本例的制作。在 Word 中,制作上下标的方法有很多,利用域可以精确调整上下标字符在垂直方向上的位置,也不失为一种比较灵活的方法。

将上下标开关和重叠开关结合运用,可以实现在字符上方或下方叠加字符的效果。

**例 4-13** 假设我们要造一个字,念做"DUANG",其构成是将"成""龙"二字在垂直方向进行叠加。如果只使用\o 开关,只能把这两个字简单的叠加在一起,其效果如下:

| 域代码 | 域结果 |
|---|---|
| { EQ \o(龙,成) } | [illegible] |

我们需要做的是在叠加的基础上,把"成"字往上移,因此需要用\s 开关将其向上调整,具体代码和效果如下:

| 域代码 | 域结果 |
|---|---|
| {EQ \o(龙,\s\up20(成)) } | 成<br>龙 |

当然,为了让造出来的字看着更舒服,我们需要把"成""龙"二字的宽高比设置为 2 比 1。选中"成"字,打开**字体**设置窗口,在**高级**标签页**字符间距**一栏中,将**缩放**设置为"200%",如图 4-6 所示。用同样的方法设置"龙"字,再适当设置开关\up 后的数值和字号,即可完成制作。

调整后的效果如下:

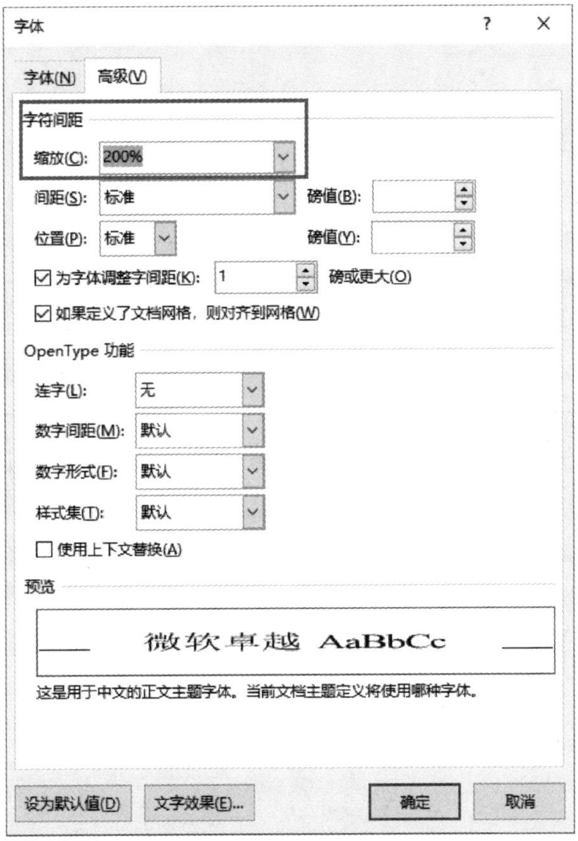

**图 4－6 调整字符缩放**

| 域代码 | 域结果 |
| --- | --- |
| {EQ \o (龙,\s\up8(成)) } | 成<br>龙 |

若不对“成”使用\s 开关，也可以将“成”字选中，在图 4－6 所示的设置窗口中，将**位置**设为“上升”，在旁边的**磅值**中设置一个适当的值，同样可以实现本例的效果。

### 4.3.6 分数开关

\f()：创建分数，分子分母分别在分数线上下居中。我们通常创建的分数都是形如“10/35”这样的左右结构，利用\f 开关，可以创建上下结构的分数，更加的美观。

说明：{EQ \f(分子,分母)}

**例 4－14**

| 域代码 | 域结果 |
| --- | --- |
| {EQ 18\f(5,132) } | $18\frac{5}{132}$ |

## 4.3.7　积分开关

### 4.3.7.1　基本用法

\i():创建积分表达式。

**使用格式:**{EQ \i (下标,上标,表达式)}

**例 4－15**

| 域代码 | 域结果 |
| --- | --- |
| {EQ \i(a,b,f(x) dx)} | $\int_{a}^{b} f(x)\mathrm{d}x$ |

若将上标和下标置空,则可以生成不定积分符号。需要注意的是,置空是指保留上下标的位置但是不填入任何值,因此可以在表达式前连写两个半角逗号(见例 4－16),这和直接省略上下标不同。

**例 4－16**

| 域代码 | 域结果 |
| --- | --- |
| { EQ \i(,,f(x) dx)} | $\int f(x)\mathrm{d}x$ |

### 4.3.7.2　可用参数

\su 生成求和公式

**例 4－17**

| 域代码 | 域结果 |
| --- | --- |
| { EQ \i\su(k=1,n,k)} | $\sum_{k=1}^{n} k$ |

\pr 生成求积公式

**例 4－18**

| 域代码 | 域结果 |
| --- | --- |
| { EQ \i\pr(k=1,n,k)} | $\prod_{k=1}^{n} k$ |

\in 积分限不在积分符号的上下,而是之右。若不使用本参数,积分限在积分符号的上下。

**例 4－19**

| 域代码 | 域结果 |
| --- | --- |
| { EQ \i\in(a,b,f(x) dx)} | $\int_a^b f(x)\mathrm{d}x$ |

**综合练习:请写出下列积分表达式的域代码**

$$\int \frac{x}{a+bx} \mathrm{d}x$$

答案:{eq \i(,,\f(x,a+bx))dx}

### 4.3.8　根号开关

\r():生成根式。

说明:{EQ \根号(根指数,被开方数} 如果省略了根指数,则自动创建二次根号。

**例 4-20**

| 域代码 | 域结果 |
|---|---|
| {EQ \r(5,2a+b) } | $\sqrt[5]{2a+b}$ |

**根式、分式和上下标开关的综合应用实例**

请写出图 4-7 所示数学表达式的域代码。

$$\sqrt[3]{xy}+\sqrt{3x^7 2y}+\sqrt{x^3 y^9}+\frac{1}{2}xy+\frac{\sqrt{8x^7 9y^{13}}+\frac{1}{2}xy}{2x^2 y^2}$$

**图 4-7　根式、分式和上下标开关的综合应用实例**

答案:{eq \r(3,xy) + \r(3x\s(7)2y) + \r(x\s(3)y\s(9)) + \f(1,2)xy + \f(\r(8x\s(7)9y\s(13))+\f(1,2)xy,2x\s(2)y\s(2))}

## 4.4　其他常用 Word 域

### 4.4.1　Page 域

显示域所在页面的页次。

用法:{page}

在创建页码时,Word 会自动插入一个 Page 域。此时我们不会直接接触域代码,但实际上已经在使用域。通常情况下,Word 页码插入在一页的页脚或页眉区域。结合前面讲解的 Word 域知识,我们可以将 Page 域插入在 Word 页面的任意位置。

### 4.4.2　NumPages 域

显示当前文档的总页数。注意该域的域名为英文复数形式。

用法:{NumPages}

若要将当前页码和总页数插入文档中,可以使用如下的域代码:

第{Page}页　共{NumPages}页

其中“第”“页”为普通文本，{Page}和{NumPages}是域代码。

### 4.4.3　等号域

等号域也叫公式域。可以利用等号域进行数学计算。我们在“1.6 表格的计算”一节中插入的公式，其实就是一个等号域。

可以使用键盘键入法和菜单命令法创建等号域。若要使用键盘键入法创建等号域，可以按下 Ctrl＋F9 键，在创建的一对大括号里键入一个等号“＝”，在其后键入公式的表达式即可。若要使用菜单命令法创建等号域，则在按照图 4－2 所示的步骤打开图 4－3 所示的窗口后，在左侧点击“＝（Formula）”，在右侧点击公式按钮，如图 4－8 所示。之后会打开图 4－9 所示的等号域编辑窗口。在该窗口①处可以编辑公式的内容，②处可以调用相关的函数。

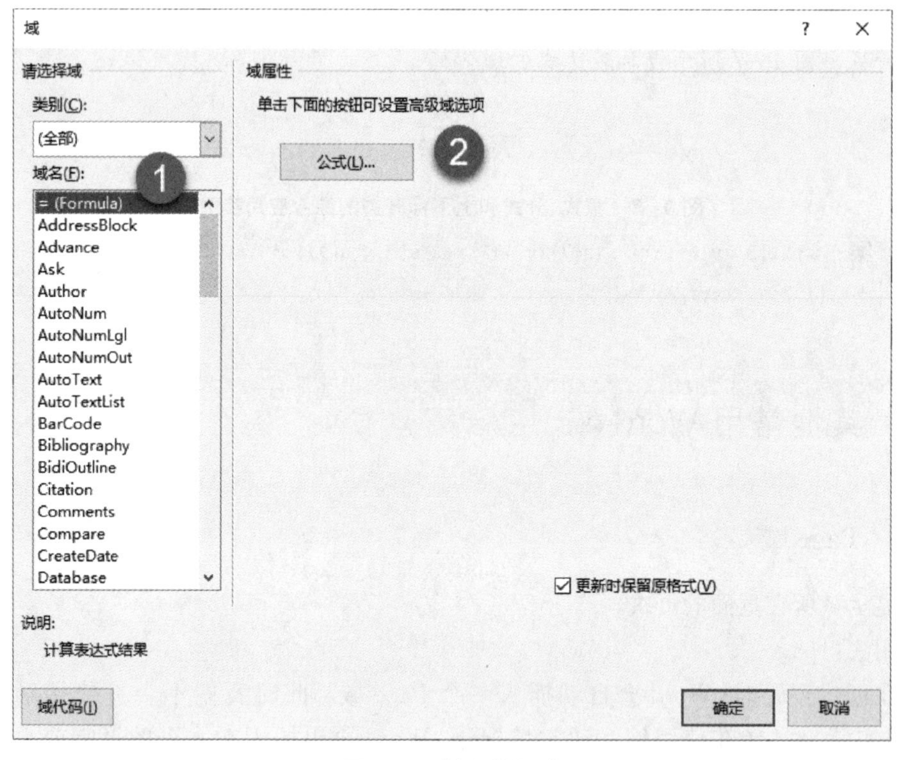


图 4－8　插入等号域

等号域的语法如下：{＝公式[书签 ][\＃数字图片 ]}。其中“公式”是一个表达式，它可以包含任何数字的组合、引用数字的书签、结果为数字的域及可用的运算符和函数。表达式可以引用表中的值和函数返回的值。在一般情况下，我们只需要在域标识符“{ }”中录入一般性公式，即可完成计算。等号域语法中的可选项“[书签 ]”“[\＃数字图片 ]”可以忽略。

在等号域中，可以使用表 4－1 所示的算术运算符和比较运算符。

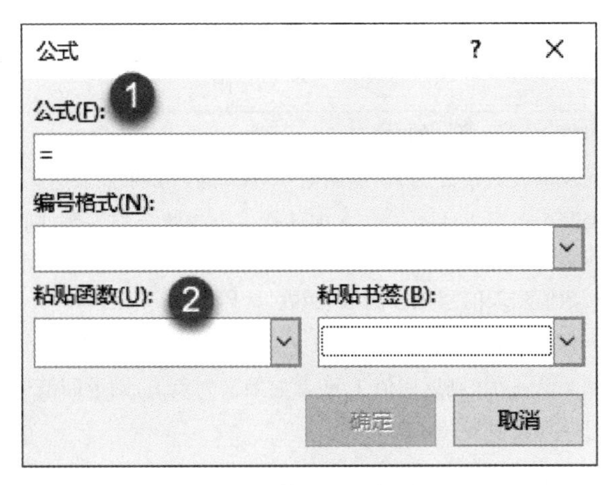


图 4-9 等号域编辑窗口

表 4-1 等号域中的运算符

| 算术运算符 | | 比较运算符 | |
|---|---|---|---|
| 符号 | 说明 | 符号 | 说明 |
| + | 加法 | = | 等于 |
| - | 减法 | < | 小于 |
| * | 乘法 | <= | 小于或等于 |
| / | 除法 | > | 大于 |
| % | 百分比 | > = | 大于或等于 |
| ^ | 幂和根 | <> | 不等于 |

在等号域中也可以使用函数，其参数可以是数字、公式或书签名。函数的参数必须用半角逗号隔开。在函数 AVERAGE()、COUNT()、MAX()、MIN()、PRODUCT()和 SUM()中也可以将单元格引用作为参数。

表 4-2 等号域中可以使用的函数

| 函数名 | 用法 |
|---|---|
| ABS(x) | 返回一个数或公式的正值，而不管其实际为正值或负值。 |
| AND(x,y) | 如果逻辑表达式 $x$ 和 $y$ 都为真，返回值为 1，或者如果表达式中有一个为假，则返回值为 0(零)。 |
| AVERAGE() | 返回数值列表的平均值。 |
| COUNT() | 返回列表中的项目数。 |
| DEFINED(x) | 如果表达式 $x$ 有效，则返回值 1(真)，或者如果该表达式不能被计算，则返回值 0(假)。 |
| FALSE | 返回 0(零)。 |
| INT(x) | 返回数字或公式 $x$ 中小数位左侧的数。 |
| MIN() | 返回列表中的最小值。 |
| MAX() | 返回列表中的最大值。 |

续 表

| 函数名 | 用法 |
| --- | --- |
| MOD(x,y) | 返回值 $x$ 除以值 $y$ 的余数。 |
| NOT(x) | 如果逻辑表达式 $x$ 为真,返回值 0(零)(假);如果该表达式为假,返回值 1(真)。 |
| OR(x,y) | 如果两个逻辑表达式 $x$ 和 $y$ 中任意一个或两个都为假,则返回值 1(真),或者如果两个表达式均为假,则返回值 0(零)(假)。 |
| PRODUCT() | 返回数值列表的乘积。例如,函数{=PRODUCT(1,3,7,9)}将返回值 189。 |
| ROUND(x,y) | 将 $x$ 四舍五入到指定小数位数 $y$ 后的值返回;$x$ 可以是一个数字或公式的结果。 |
| SIGN(x) | 如果 $x$ 为正值,则返回值 1,或者如果 x 为负值,则返回值−1。 |
| SUM() | 返回一列数值或公式的总和。 |
| TRUE | 返回值 1。 |

关于在等号域中引用表格的单元格的用法,在本书的第 25—26 页做过较为详细的讲解,读者朋友也可以参考下列微软官方 Office 支持网站的介绍。

来自微软 Office 支持网站

**表格引用**

在表中执行计算时,可引用 A1、A2、B1、B2 等表格单元格,其中字母代表列号,数字代表行号。Microsoft Word 中的单元格引用,不同于 MicrosoftExcel 中的单元格引用,始终为绝对引用,而且不会显示 $ 符号。例如,在 Word 中引用单元格 A1 与在 Excel 中引用单元格 $A$1 相同。

|   | A | B | C |
| --- | --- | --- | --- |
| 1 | A1 | B1 | C1 |
| 2 | A2 | B2 | C2 |
| 3 | A3 | B3 | C3 |

**引用单独的单元格**

若要引用公式中的单元格,使用逗号将引用分隔为单独的单元格,使用冒号分隔指定范围中的第一个和最后一个单元格,如下示例所示。

若要计算这些单元格的平均值:

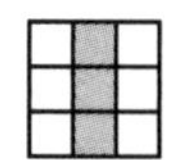

= average(b:b)或 = average(b1:b3)

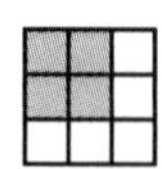

= average(a1:b2)

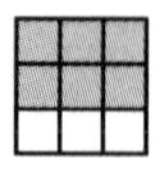

= average(a1:c2)或 = average(1:1,2:2)

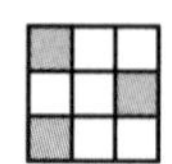

= average(a1,a3,c2)

**引用整个行或列**

您可以通过以下方式在计算中引用整个行或列：

使用这样的区域，它只包含表示区域的字母或数字—例如，1:1 引用表中的第一行。如果您决定稍后添加其他单元格，此标志允许计算自动包含行中的所有单元格。

使用包含特定单元格的区域—例如，a1:a3 引用包含三行的一列。此标志只允许计算包含这些特定单元格。如果随后添加其他单元格并希望将其加入计算，则需要编辑计算。

**引用另一个表中的单元格**

若要引用另一个表中的单元格，或者引用表外的某个单元格，用书签标识该表。例如，域{= average(Table2b:b)}将计算以书签 Table2 标记的表中 B 列的平均值。

**例 4-21** 忽略首页计算页码

秘书小王在制作一份会议记录，这份会议记录共有 4 页，第 1 页为封面，其余 3 页为正文，最后在插入页码时却遇到了问题。会议记录的封面被标上了"第 1 页"的字样。小王设计的初衷是封面不标页码，从第 2 页开始标注页码，第 2 页的页码为"第 1 页"，其他页以此类推。请问小王该如何操作？

解决方案 在**页面设置-版式**下，将**页眉和页脚-首页不同**打钩，删除首页的页脚，将其余的页脚的域改为"第{={page}—1}页"。

**例 4-22** 两栏编写页码

试卷的页面一般分为两栏，每栏为试卷的一页，并且在试卷的下方印刷页码和总页数，如图 4-10 所示。请问如何设置页码？

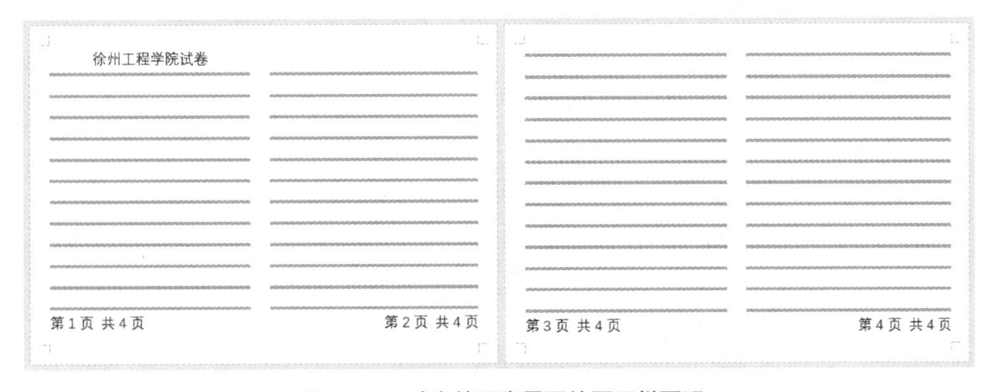


**图 4-10 试卷的页脚需要编写两栏页码**

解决方案 进入第一页的页脚区域，在第一页(其实就是试卷的左栏)下方设置域：第{={page} * 2—1}页 共{={Numpages} * 2}页；设置其对齐方式为左对齐。

在第一页(其实就是试卷的右栏)下方设置域：第{={page} * 2}页 共{={Numpages} * 2}页；设置其为右对齐。

## 4.4.4 NumChars 域

将总字符数插入文档中。请注意域名为英文复数形式。

如果需要在文档的最后插入总字符数，可以制作如下内容：

本文档总字符数为{NumChars}

当文档的字数发生变化时，更新当前域，就可以获得最新的字符数。

### 4.4.5 NumWords 域

将总字数插入文档中。用法类似于 NumChars。请注意域名为英文复数形式。

### 4.4.6 Word 中“字”和“字符”的界定

利用**审阅**标签页下的**字数**统计按钮，可以查看当前文档或选中文本的字数统计。其中的“字符数”和“字数”与 NumChars 域和 NumWords 域的统计结果一致。其界定标准如下：在 Word 中，一个中文字符或一个中文标点算一个字，也算一个字符；一个英文单词算一个字，每个英文字母算一个字符，一个英文标点不算字，但算字符。当然，这个规则不仅适用于中英文字符，也适用于所有的全角字符和半角字符。

例如，下面这句话的字符数和字数都是 45，因为其字符和标点都为中文。

作为“锚”抛出，并由这个“锚”固定一些相关的知识点，效果评估五个环节。明天还要加一天的班。

下面这句话中的标点为中文，包含 6 个字和 12 个字符(不计空格)。

你好，MS office。

## 4.5 翻转课堂 4：利用 styleref 域制作奇偶页页眉

请以小组为单位，自学 styleref 域的用法，进而综合运用所学的样式、分节、域的知识，按如下要求完成论文排版。

1. 论文正文部分的奇数页页眉，显示当前页所属的一级标题的内容。
2. 论文正文部分的偶数页页眉，显示与当前页距离最近的一个二级标题的内容。

对于以上要求，请参阅图 4－11 和 4－12 中的说明。

责任小组派一名代表，在课堂上介绍实现上述排版要求的方法，并分析所用方法的原理。

**任务难度：**★★★

**讲解时间：**10 分钟

**任务单：**

1. 学会 styleref 域的基础用法，掌握 styleref 域的“\l”“\n”这两个最常用的开关的用法；
2. 运用所学 styleref 域的知识，思考解决本题“奇偶页页眉”问题的方法；
3. 制作讲解所用的 PDF/PPT 文档；
4. 安排组员上台演示讲解。

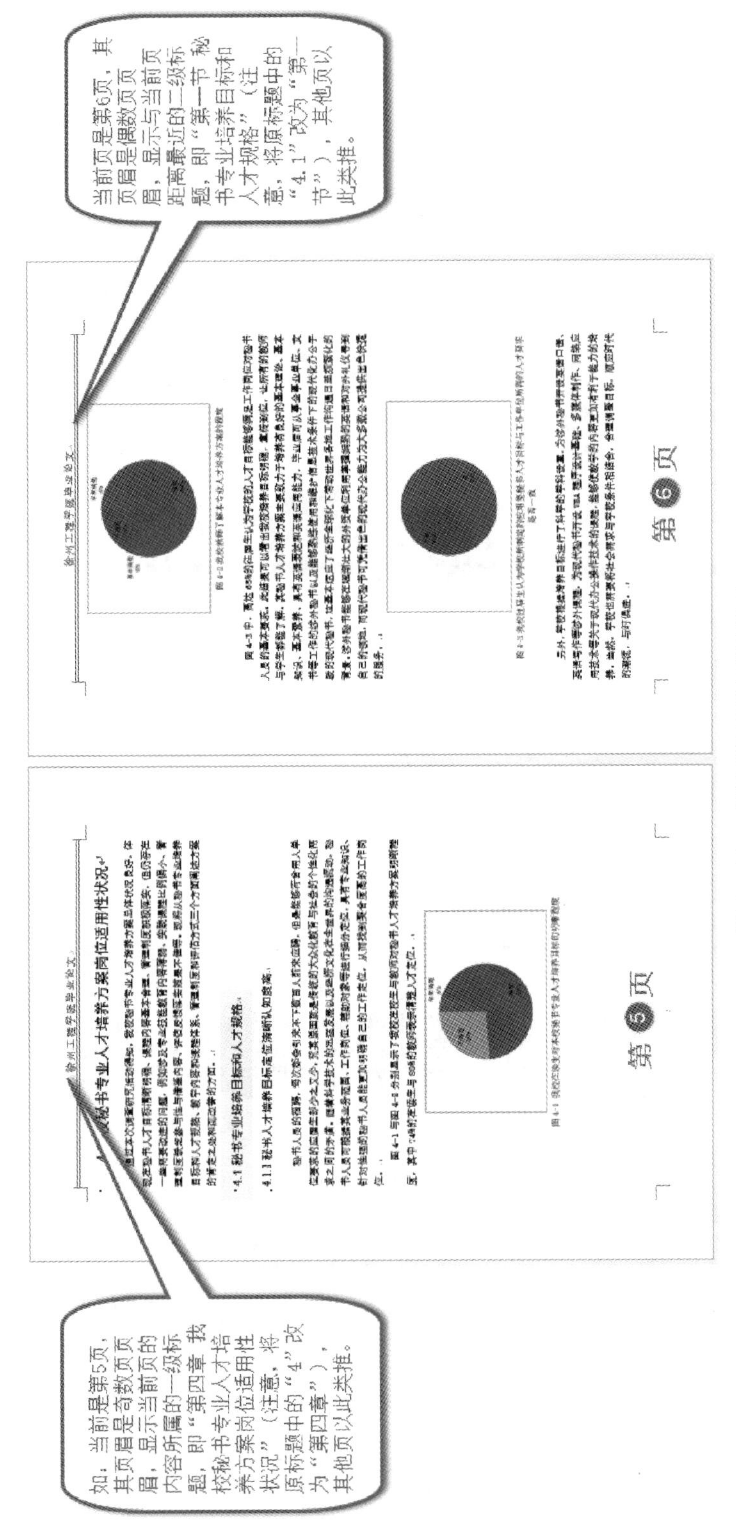


**图 4－11　奇偶页页眉设置说明 1**

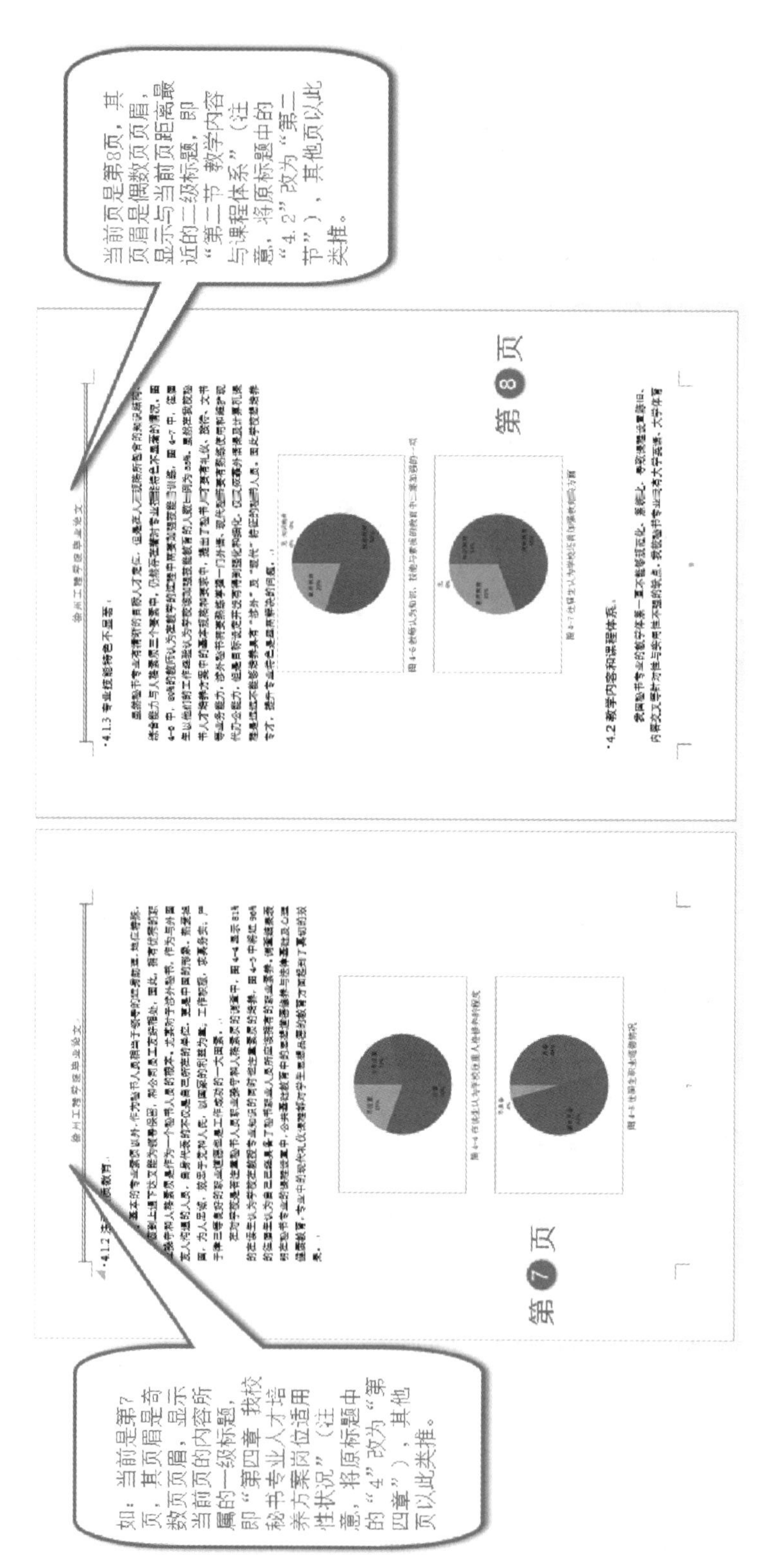


图 4－12 奇偶页页眉设置说明 2

# 第三篇

# Excel 高级技巧

# 第 5 章　Excel 公式与函数基础知识

Excel 的公式与函数是 Excel 的精髓之一。学好公式与函数的知识，将为进阶学习 Excel 更高级别的知识打下良好的基础。本章主要介绍与 Excel 公式与函数相关的基础性和常识性知识，特定类别函数的具体用法将在后续章节中进行介绍。

## 5.1　学习 Excel 公式函数的意义

Excel 的功能主要分为数据采集、数据处理、数据分析、数据可视化、VBA 编程五大模块。除了 VBA 编程模块外，其余四大模块都提供了一些"现成"的功能，可以解决一般性的问题。学习 Excel 时，要达到基础层次的操作水平，只要能熟练掌握上述"现成"功能的用法即可。想要达到更高层次的操作水平，就绕不开公式与函数这一关。

举个简单的例子，制作图表时，如果仅需要制作基础图表，如普通的柱形图，只需用鼠标框选数据源，然后选择一个 Excel 提供的标准图表类型再适当调整和美化就可以了。如果要制作更高级别的图表，比如交互式图表和数据看板（dashboard），往往要涉及对数据源的动态引用，这就需要利用公式去动态计算引用的区域，如果不具备一定的公式与函数基础，就可能无法完成这个操作。

又如，在设置条件格式时，Excel 提供了一些预设的条件设置规则（如图 5 - 1 所示），当我们使用一些简单规则时是不需要写公式的，直接使用 Excel 提供的规则即可。当需要设置的条件比较复杂，以至于系统提供的预设规则无法将这个条件完整的描述出来，我们就需要用一个公式将这个条件描述出来（如图5 - 2 所示）。因此，如果想要实现更高级的条件格式操作，还是离不开公式与函数的知识。

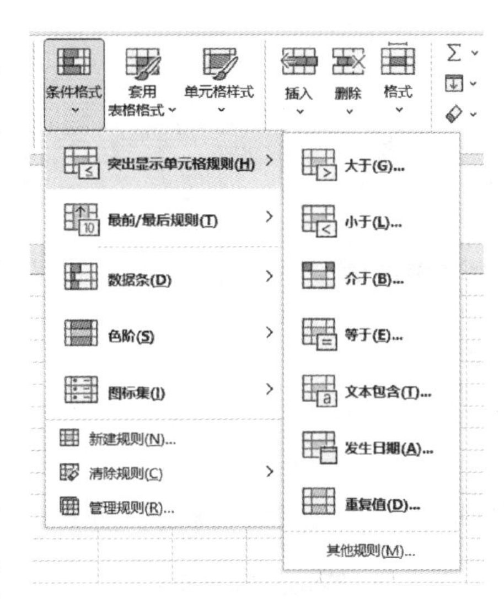


图 5 - 1　Excel 的简单条件格式设置

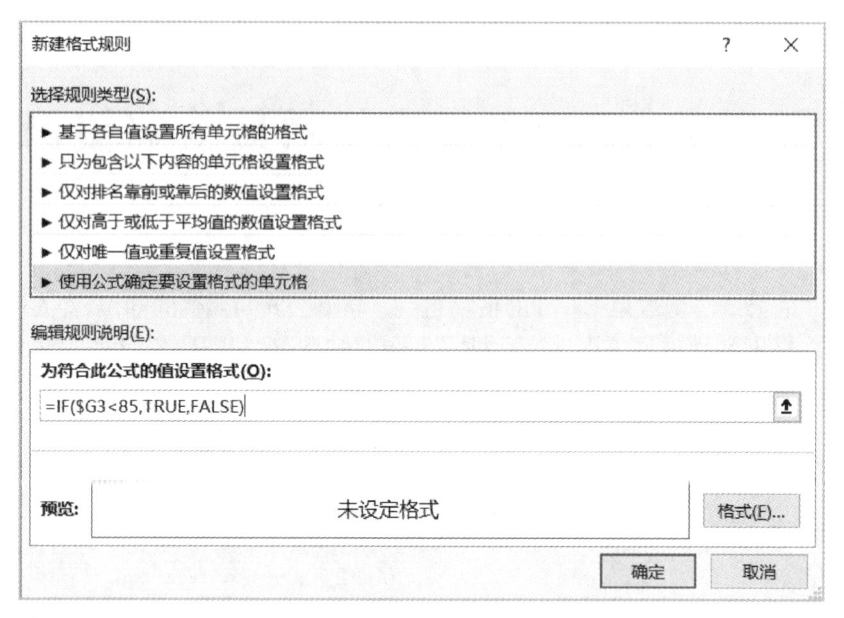


图 5－2　使用公式设置条件格式的窗口

又如 Excel 的数据验证操作，对于简单的数据验证利用 Excel 提供的选项就可以实现，如图 5－3，但是复杂的数据验证就需要利用公式去描述数据验证的条件，这时也需要使用公式与函数的知识，如图 5－4 所示。此外还有数据透视表、powerBI 等其他方面的学习，都是需要公式与函数的知识基础的。

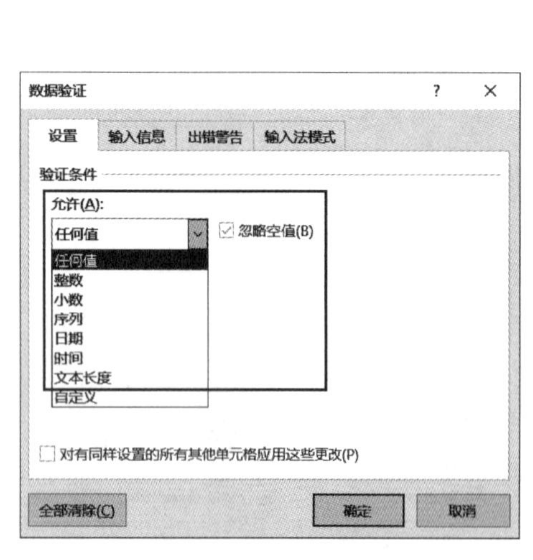


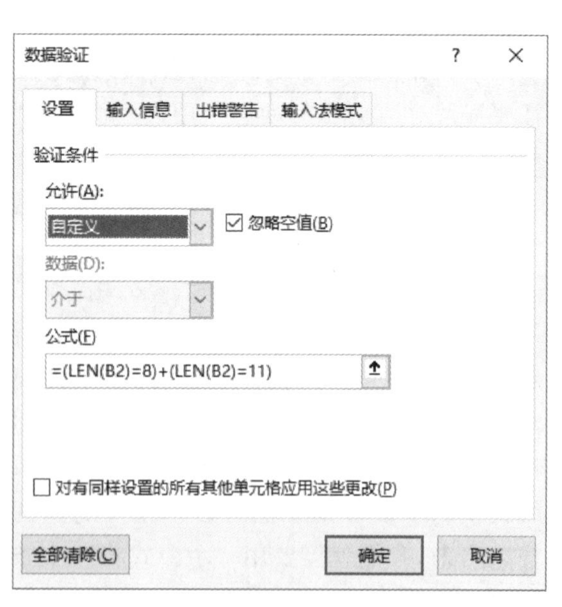


图 5－3　简单数据验证条件设置　　　　图 5－4　利用公式设置数据验证的条件

因为本书的篇幅有限和教材定位的原因，无法做到将 Excel 的各项功能进行面面俱到的介绍。鉴于上述公式与函数知识在 Excel 学习过程的重要性，本书将公式与函数作为本教材的第三篇重点进行介绍，其目的就是希望能够为读者朋友们奠定一个良好的基础，为后续自学提高做好准备。

介绍Excel进阶性内容的书籍通常不再讲解基础性知识，学习这方面的内容要求具有一定的专业知识基础，具备了公式与函数的基础知识后，在学习这些内容时就会更加轻松。

## 5.2　本篇的讲解模式

本篇在讲解各函数知识时，按照如下模式进行：如果某函数学习起来比较简单，则直接介绍；如果某函数较为复杂，或者有较多的知识点需要讲解，则先引用微软官方Office支持网站对该函数的讲解原文，再使用通俗的语言予以解释，最后再辅以一到两个案例加以巩固。采用此讲解模式的原因是，微软官方Office支持网站的讲解是最权威的，其讲解方式更偏向于追究表述的严谨性，但这样做的缺点是有些词句比较晦涩难懂，尤其是其中文版的Office支持网站的一些内容是机器翻译的，其语言表述不符合常规语法且难懂。如图5-5所示，框出的文本就不太符合汉语的表述习惯，疑为机器翻译。在习读微软官方讲解原文的基础上，再结合本书对该函数重点难点的理解，以通俗易懂的语言对其加以“翻译”，可以使读者在不失严谨的情况下，以最易理解的方式获取相关专业知识。之后再配合案例加以巩固，对于这个函数的重点难点基本上就可以掌握了。这既是本篇介绍函数知识的讲解模式，同时也是读者朋友自学新函数的一般方法。

PRODUCT 函数

*Microsoft 365 专属Excel, Microsoft 365 Mac 版专属Excel, Excel 网页版, Excel 2021, 其他..*

本文介绍 Microsoft Excel 中 **PRODUCT** 函数的公式语法和用法。

说明

**PRODUCT**函数将给定的所有数字相乘为参数并返回产品。例如，如果单元格 A1 和 A2 包含数字，可以使用**公式 =PRODUCT (A1，A2)** 两个数字相乘。也可使用乘法 * 和数学运算符 () 相同的操作;例如，**=A1 * A2。**

当需要将多个单元格相乘时，**PRODUCT** 函数非常有用。例如，公式**=PRODUCT (A1：A3，C1：C3)** 等效于**=A1 * A2 * A3 * C1 * C2 * C3。**

**图5-5　微软官方Office支持网站截图**

## 5.3 Excel 公式简介

公式是由用户根据实际工作需要设计的可对工作表中的数据进行计算和处理的表达式。公式要以等号“=”开始，其组成元素包括函数、单元格引用、运算符和常量。以公式“=SUM(E1:H1)*A1+26”为例，等号“=”是公式的开始标记，相当于告诉Excel，后面的内容是公式，需要对其进行计算并返回结果；“SUM(E1:H1)”是函数；“A1”则是对单元格A1的引用(使用其中存储的数据)，单元格引用有多种形式，这个问题在后面会详述；“26”是数值常量，除此以为还有文本常量、逻辑常量和数组常量；“*”和“+”是算术运算符(另外还有比较运算符、文本运算符和引用运算符等)。

可以通过键盘键入的方式创建公式。创建的公式存放在单元格内。双击含有公式的单元格，可以进入公式编辑模式，以便对公式进行修改。单击选中含有公式的单元格，在编辑栏上会显示公式的内容，将光标定位到公式的内容中，也可以编辑公式，如图5-6所示。

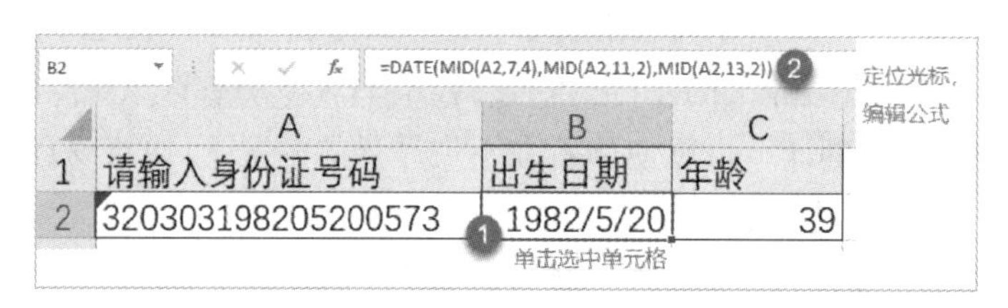


图5-6 通过编辑栏编辑公式

## 5.4 Excel 公式的调试方法

我们在创建公式时，一开始很可能会弹出错误提示，或得到一个明显错误的结果。如果产生错误提示，则公式很可能存在语法错误；如果是产生错误的计算结果，则公式可能存在逻辑错误。要避免语法错误，我们应该把握一个原则——严格按照相应函数的定义去使用它，同时整个公式的内容也要符合公式的语法规则；要避免逻辑错误，则要仔细分析所要解决的问题，避免产生歧解，要基于正确的理解选择适用的函数去创建公式，对于一个函数的多种用法，也要弄懂当前的问题适用哪一种用法，还要清晰把握公式计算的过程。

此外，Excel还提供了非常得力的公式调试工具，帮助我们掌控公式的计算过程。我们应善用这些工具。

### 5.4.1 公式审核

在**公式**标签页的**公式审核**命令组中，有一系列审核公式的命令。

图 5－7　公式审核命令组

### 5.4.1.1　错误检查

该命令会对当前工作表中的公式进行错误检查。点击**公式审核**命令组里的**错误检查**按钮，弹出图 5－8 所示的**错误检查**窗口，如果发现有公式存在错误会给出提示，例如图中提示单元格 D2 中出错。点击**显示计算步骤**按钮，弹出**公式求值**窗口，并以横线标出可能出错的步骤，如图 5－9 所示。点击**求值**按钮可显示错误。

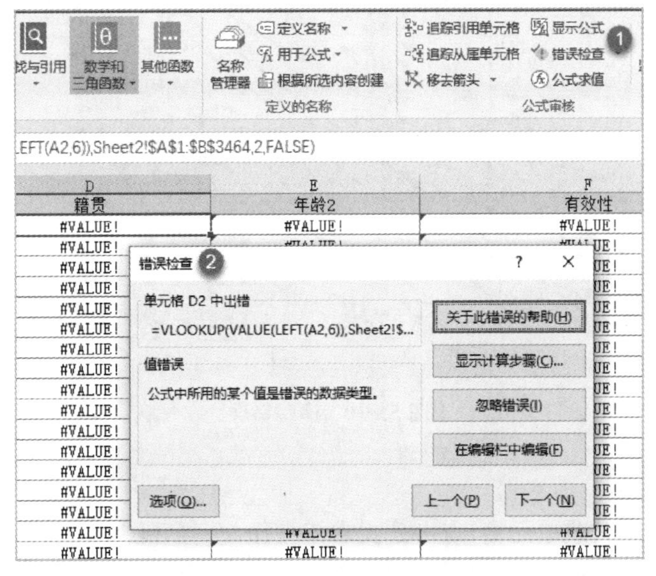


图 5－8　错误检查的步骤

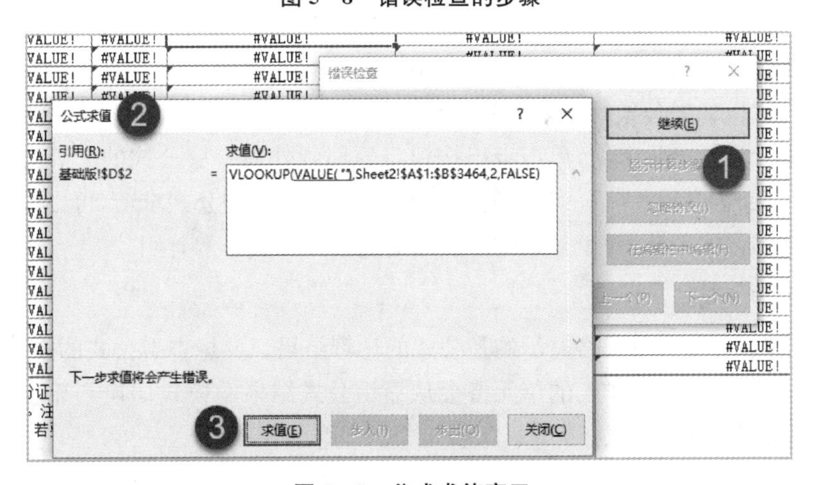


图 5－9　公式求值窗口

点击图 5－8 中的**上一个**或**下一个**按钮，可以切换到其他有错误公式的单元格。重复上述步骤以逐一排查错误。

点击**错误检查**下拉列表中的**追踪错误**，可以用箭头标出引用单元格和从属单元格。如图 5－10 所示。

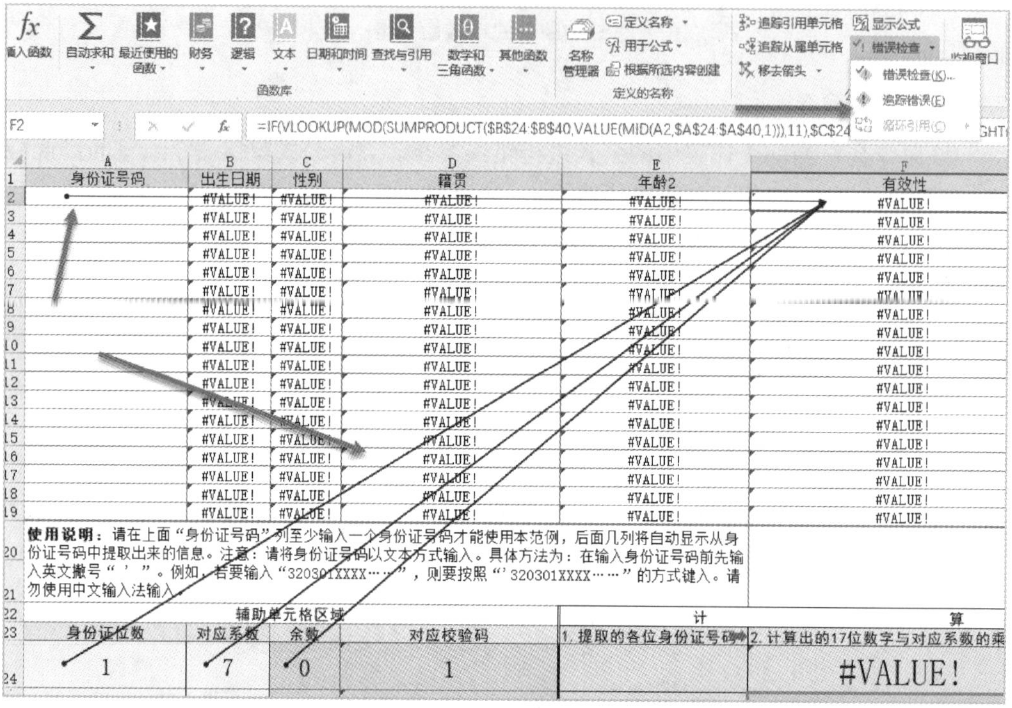

**图 5－10　追踪错误**

#### 5.4.1.2　公式求值

选中欲调试的公式单元格，点击**公式求值**按钮，会打开图 5－9 所示的**公式求值**窗口，将按计算公式的顺序查看当前公式的不同部分的求值。使用该选项可以分步计算公式，以便观察公式的计算过程，找出出现错误的步骤。

每单击一次**求值**按钮，就会计算公式中带下划线的部分，并将计算结果代入公式，并以斜体显示。如果公式的下划线部分是对另一个公式的引用，可以单击**步入**按钮以对嵌套的部分进行分步求值，单击**步出**按钮将返回到外面一层公式的计算过程中。当即将出现错误时，会提示“下一步求值将会产生错误”。利用公式求值，可以快速定位到公式中存在错误的部分，对于复杂的多层嵌套的公式调试非常有用。

#### 5.4.1.3　显示公式

默认情况下，公式单元格显示的是公式的计算结果。要想查看公式的内容，可以点击**显示公式**按钮，当前工作表的单元格会从显示公式结果的模式切换到显示公式内容的模式，方便用户查看公式。

#### 5.4.1.4 追踪引用单元格

选中欲调试的公式单元格，点击**追踪引用单元格**按钮，会用箭头标出被当前单元格公式所引用的单元格。如图 5－11 所示。

#### 5.4.1.5 追踪从属单元格

选中欲调试的公式单元格，点击**追踪从属单元格**按钮，会用箭头标出引用了当前单元格的单元格。如图 5－12 所示。

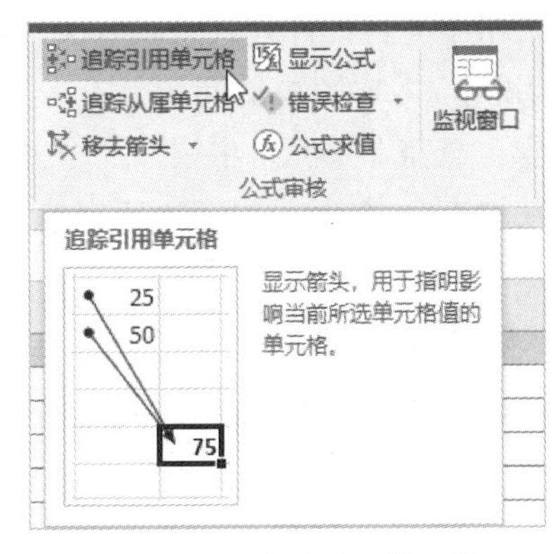


图 5－11 追踪引用单元格

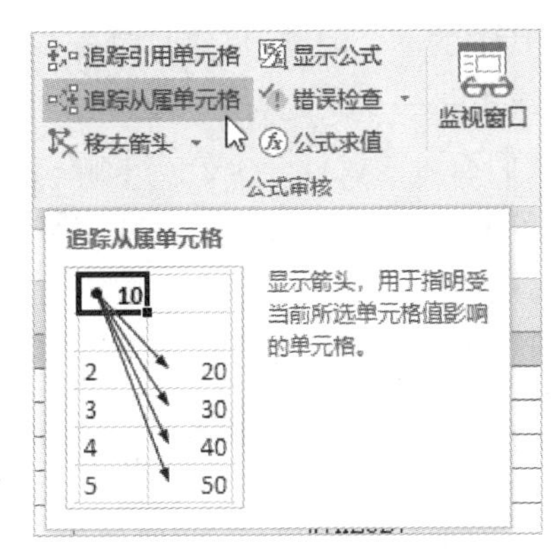


图 5－12 追踪从属单元格

#### 5.4.1.6 移去箭头

开启了“追踪引用单元格”和“追踪从属单元格”功能后，工作表中会显示箭头标出这些单元格之间的引用和被引用的关系，单击**移去箭头**按钮及其下拉菜单中的其他选项，可以删除屏幕上的箭头。如图 5－13 所示。

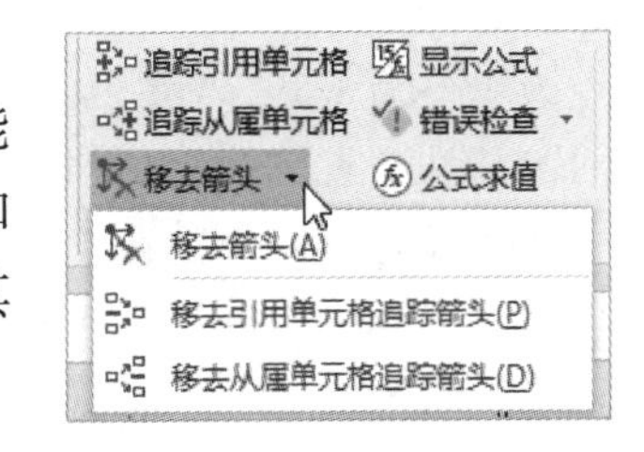


图 5－13 移去箭头按钮

### 5.4.2 查看公式局部结果

对于比较复杂的公式，调试时可以利用 F9 键（部分笔记本电脑可能需要按 Fn＋F9 键）查看公式某个部分的计算结果。具体步骤如下：

1. 选中需要查看的部分

在公式编辑栏，用按住鼠标拖拽的方式，选中需要查看的部分。如图 5－14 所示。

图 5－14 选中公式中的某部分

2. 按下键盘上的 F9 键，选中的部分将计算出结果。如图 5－15 所示。

=VLOOKUP(VALUE("320101"),Sheet2!$A$1:$B$3464,2,FALSE)

图 5－15 查看局部计算结果

这时如果按下回车键,局部公式的计算结果将替换掉原公式的选中部分。出现这种情况时,可以单击撤销按钮或按快捷键 Ctrl+Z 恢复到原来的状态。

## 5.5 OFA 公式

假设当前工作表中有多个待解决的问题。我们在设计一个 Excel 公式的时候,可以解决其中的一个问题,其他问题需要在其他单元格中另行设计公式予以解决。因此,这种情况下是一个问题写一个公式。但是有些情况下,需要解决的问题具有一定的相似性,我们有可能设计一个公式来解决所有的问题。只需在单元格中键入一个公式,先在垂直方向上自动填充公式,再在水平方向上自动填充公式,就可以解决所有单元格中的问题,这就是一个公式一次性解决所有的问题。

像这种公式,我们把它称之为"一次性解决所有问题的公式"。一次性解决所有问题,在英文中有一个惯用语,叫作 once and for all。类似的,我们也可以给这种公式起个名字叫作 One Formula for All,简称 OFA 公式。OFA 公式和普通公式的区别是双向填充。普通公式完成后,往往是在一个方向上(水平方向或垂直方向)进行自动填充,从而解决一个问题;OFA 公式则是双向填充,先在一个方向上填充(水平方向或垂直方向),解决一个问题,再在另一个方向上填充,解决所有问题。

例如本书第 92 页的"6.11 翻转课堂 6:省区市信息的自动提取"的题目中包含了三个问题,提取"省"的信息是问题 1,提取"市"的信息是问题 2,提取"区"的信息是问题 3。一般的做法是,分别在 C5、D5、E5 单元格各写一个公式,用来提取"省""市"和"区"的信息,然后分别垂直向下填充到同列其他单元格中,完成该题的计算,这种做法写了三个公式分别对应三个问题。我们也可以只在 C5 单元格写一个公式,先横向水平填充到 D5 和 E5 单元格,再在保持 C5:E5 单元格区域选中的情况,垂直向下填充到 C、D、E 三列的其他单元格中,一个公式就可以完成该题的计算。在 C5 中写出的这个公式,就是 OFA 公式。

## 5.6 Excel 的运算符

运算符是公式的重要组成部分,它将公式的各要素连接为一个整体。根据微软官方 Office 支持网站的介绍,"运算符用于指定要对公式中的元素执行的计算类型。Excel 遵循用于计算的常规数学规则,即括号、指数、乘法和除法以及加法和减法。使用括号可更改该计算顺序。"在 Excel 中,有四种类型的运算符,分别是算术运算符、比较运算符、文本连接运算符和引用运算符。

### 5.6.1　算术运算符

算术运算符用于进行基本的数学运算（如加法、减法、乘法或除法）、合并数字以及生成数值结果。算术运算符有以下几种：

来自微软 Office 支持网站

| 算术运算符 | 含义 | 示例 |
| --- | --- | --- |
| ＋（加号） | 加 | ＝3＋3 |
| －（减号） | 减法运算 | ＝3－3 |
| ＝－3 | 变号运算 | |
| *（星号） | 乘 | ＝3*3 |
| /（正斜杠） | 除 | ＝3/3 |
| ％（百分号） | 百分比 | 3％ |
| ^（脱字号） | 求幂 | ＝3^3 |

### 5.6.2　比较运算符

比较运算符用于比较两个值。比较结果为逻辑值 TRUE 或 FALSE。比较运算符有以下几种：

来自微软 Office 支持网站

| 比较运算符 | 含义 | 示例 |
| --- | --- | --- |
| ＝（等号） | 等于 | ＝A1＝B1 |
| ＞（大于号） | 大于 | ＝A1＞B1 |
| ＜（小于号） | 小于 | ＝A1＜B1 |
| ＞＝（大于或等于号） | 大于等于 | ＝A1＞＝B1 |
| ＜＝（小于或等于号） | 小于等于 | ＝A1＜＝B1 |
| ＜＞（不等号） | 不等于 | ＝A1＜＞B1 |

### 5.6.3　文本连接运算符

文本连接运算符为"&"。用于连接一个或多个文本字符串，以生成一段文本。

| | | 来自微软 Office 支持网站 |
|---|---|---|
| 文本运算符 | 含义 | 示例 |
| &(与号) | 将两个值连接(或串联)起来产生一个连续的文本值 | ="北"&"风",结果为"北风"。 |

也可以对单元格引用进行文本连接运算。设 A1 单元格的内容为“徐州工程学院”,B1 单元格的内容为“人文学院”,公式“=A1&B1”的结果为“徐州工程学院人文学院”。

### 5.6.4 引用运算符

引用运算符用于对单元格区域进行合并计算。

| | | 来自微软 Office 支持网站 |
|---|---|---|
| 引用运算符 | 含义 | 示例 |
| :(冒号) | 区域运算符,生成一个对两个引用之间所有单元格的引用(包括这两个引用)。 | B5:B15 |
| ,(逗号) | 联合运算符,将多个引用合并为一个引用 | =SUM(B5:B15,D5:D15) |
| (空格) | 交集运算符,生成一个对两个引用中共有单元格的引用 | B7:D7 C6:C8 |

上面的示例中,最后一个(空格)运算符表示取两个区域的交集,如“B7:D7　C6:C8”的计算结果为单元格引用 C7,即图 5-16 中深色的区域。

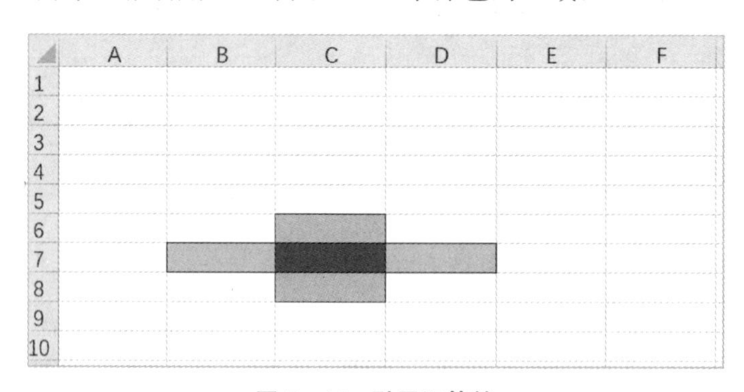


图 5-16　引用运算符

### 5.6.5 运算符的优先级

如果在一个公式中出现了多个运算符,Excel 会按照运算符优先级的高低顺序进行计算。运算符的优先级顺序为:

| 运算符的优先级 |
|---|
| 引用运算符>算术运算符>文本连接运算符>比较运算符 |

但无论某个运算符的优先级有多高，还有一个符号的优先级比它们都高，那就是括号“()”。所以如果拿不准公式的哪个部分先算哪个部分后算，那就用括号把想要优先计算的部分括起来吧。

## 5.7 Excel 函数简介

函数是公式最重要的组成部分。只有掌握了各类函数的用法，才能设计出解决当前问题的公式。函数是由系统(这里指 Excel)或用户预先定义的、执行计算分析等处理数据任务的一组程序代码。用户定义的函数称为自定义函数，需要用户在 VBA 编程界面编写程序代码，这里不做介绍。本书所指函数，如无特殊说明，均指 Excel 工作表函数。这些函数的使用不涉及用户端的编程操作，只需要按照函数的格式和说明直接调用即可。

函数是黑盒运算，用户只需关心提供给函数的参数是否正确以及函数的返回值是什么，函数的计算过程对用户来说是不可见的。就好比是甜筒机，奶浆倒进去甜筒打出来，你看不到奶浆是怎么变成甜筒的，如图 5-6 和 5-7 所示。

(图片来自网络)

**图 5-17 甜筒机好比函数**

(图片来自网络)

**图 5-18 生产出的甜筒好比函数的返回值**

函数由两部分组成，分别是函数名和参数。函数名是一个函数唯一的名称标识，它标示了函数的功能和用途。就好比一家工厂门口挂着厂名“某某食品加工厂”，说明这家工厂的“功能”是加工食品，而不能从事其他方面的工作；而另一家工厂门口的牌子上写着“某某塑料制品厂”，说明这家工厂是生产塑料制品的，不能生产其他产品。函数名的功能也是类似的，SUM 表明函数的功能是求和，COUNT 表明函数的功能是计数。

函数的参数是函数处理的对象，就好比是工厂生产处理的原材料。上述食品加工厂要生产食品，首先要运输一批食品原材料；塑料制品厂要生产塑料制品，就必须进口一些塑料原材料颗粒。参数就是函数这个工厂需要加工的原材料，因此参数对于函数来说，是输入的部分。参数是放在函数的括号中的，用半角逗号分隔。函数的括号里有 $n$ 个逗号，就有 $n+1$ 个参数($n \geq 1$)。当然，有些函数也可以没有参数，其后面的括号是空括号。

参数相对于函数来说是输入的部分，就好比是函数这个工厂的原材料，那么函数的返回值就是函数的输出部分，是函数的计算结果，相当于函数这个工厂的产品。

## 5.8 Excel 函数的参数

### 5.8.1 常量

常量是直接在公式中使用的数字、日期、文本或逻辑值，是值不会变化的量。例如数字“256”、日期“2021-8-19”和文本“你好”都是常量。逻辑值 TRUE 和 FALSE 是逻辑常量。在公式中使用数字常量和逻辑常量不需要任何定界符，可以直接使用。使用文本常量和日期常量，要用英文半角双引号“""”作为定界符，即在文本常量和日期常量的两端用“""”将其内容括起来。

### 5.8.2 表达式

表达式可以充当函数的参数。表达式充当函数参数时，要先计算表达式的结果，然后再将结果作为函数的参数进行下一步计算。

例如公式：=SUM(A1+1,A2)，其第 1 个参数是一个算术运算表达式“A1+1”，在计算此公式时，会先计算这个表达式，如果 A1 中的数据为 10，则会计算出一个结果“11”，进而再计算公式“=SUM(11,A2)”的计算结果。

表达式的计算结果可以返回不同类型的数据，其计算结果的数据类型应该符合函数对其参数数据类型的要求。

例如，IF 函数的第一个参数要求是逻辑型。在公式“=IF(A3=0,"",A2/A3)”中，“A3=0”是一个比较运算的表达式，其结果是逻辑值 TRUE(真)或 FALSE(假)，该表达式的计算结果符合 IF 函数对其第一个参数的数据类型的要求，因此是可以这样写的。

### 5.8.3 嵌套函数

公式中可以嵌套使用函数。嵌套函数的计算过程是从内向外计算，即先计算最里层的函数，将计算结果带入到外层函数的某个参数中，再计算外层函数，如果还有更多层的函数嵌套，则以此类推。

以公式“=IF(OR(AND(RIGHT(C3,3)="研究生",DATEDIF(D3,TODAY(),"y")>=2),B3="部长"),"是","否")”为例。其中 IF 函数的第一个参数“OR(AND(RIGHT(C3,3)="研究生",DATEDIF(D3,TODAY(),"y")>=2),B3="部长")”使用了函数的多层嵌套，其计算的过程是：首先计算函数“RIGHT(C3,3)”得出结果 A，并将结果 A 与"研究生"进行比较运算得出结果 B，在计算函数“DATEDIF(D3,TODAY(),"y")”得出结果 C，并将结果 C 与数字“2”进行大于等于的比较运算，得出结果 D，将结果 B 与结果 D 作为 AND 函数的参数，计算出结果 E，计算表达式“B3 = "部长"”得出结果 F，将结果 E 与结果 F 作为 OR 函数的参数得出结果 G，并将结果 G 作为 IF 的逻辑判断依据，如图 5－19 所示。

**图 5－19　嵌套函数计算过程**

## 5.8.4　名称

在 Excel 中，可以为单元格(区域)定义一个名称，将来在公式中使用这个名称，就等价于使用与之对应的单元格(区域)引用。例如“B2:B50”区域存放着学生的英语成绩，求解平均分的公式为“=AVERAGE(B2:B50)”。在给 B2:B50 区域定义名称为“英语分数”后，该公式就可以变为“=AVERAGE(英语分数)”。

名称可以为英文也可以为中文，或者中英文混排，只要符合 Excel 命名规则的字符都可以用于名称的定义。在公式中使用名称的好处是使公式变得更加直观和易读。如上例中，若直接使用单元格引用，则阅读公式“=AVERAGE(B2:B50)”时，可以初步判断是在求平均值，但是求的是什么数据的平均值，则需要在工作表中对照 B2:B50 区域中数据的含义才可知是在求英语分数的平均值；若使用名称，则公式“=AVERAGE(英语分数)”一看便知是在求英语分数的平均值。

除了可以定义单元格名称外，还可以对公式定义名称，如将公式中某一段比较长的或者反复出现的部分定义为名称后，可以使公式更加简洁、通俗易懂。

例如公式“=IF(ISERROR(DATE(MID(A2,7,4),MID(A2,11,2),MID(A2,13,2))),"输入有误!",DATE(MID(A2,7,4),MID(A2,11,2),MID(A2,13,2)))”，观察该公式，可以发现公式中有重复的部分“DATE(MID(A2,7,4),MID(A2,11,2),MID(A2,13,2))”，导致公式很长。而这段公式的含义是计算“出生日期”，整个公式所要表达的意思就是，如果“出生日期”计算有错，则提示“输入有误!”，否则就输出“出生日期”的计算结果。如果将这段公式定义为名称“计算生日”，则公式变为“=IF(ISERROR(计算生日),"输入有误!",计算生日)”。需要指出的是，在公式中使用名称不能加引号，即名称是直接使用的，不添加任何定界符，否则会被识别为文本常量，请不要混淆。

给一个单元格(区域)命名的方法是：选中要命名的单元格(区域)，鼠标单击编辑栏顶端的“名称框”，在其中输入名称后回车(如图 5－20 所示)。也可以选中要命名的单元格(区域)，单击**公式-定义名称-定义名称**，在打开的**定义名称**对话框中输入名称后确定即可。

名称框：价格列表　编辑栏：1799

| | A | B | C |
|---|---|---|---|
| 1 | 商品名称 | 原价 | 折后价 |
| 2 | 智能手表N1 | 1799 | 1439.2 |
| 3 | 办公鼠标A3 | 489 | 391.2 |
| 4 | 导航键盘C2 | 569 | 455.2 |
| 5 | 智能手表K1 | 579 | 463.2 |
| 6 | 音乐耳机S1 | 399 | 319.2 |
| 7 | 蓝牙耳机B3 | 899 | 719.2 |

**图 5－20　为单元格引用定义名称**

若要为公式定义名称，将需要定义名称的公

式复制后，单击**公式-定义名称-定义名称**，在打开的“新建名称”设置窗口中的**名称**处输入欲定义的名称，如图 5-21 中步骤 1 所示。在引用位置处将公式粘贴进来，如图 5-21 中步骤 2 所示，之后按**确定**按钮即可。需要指出的是，粘贴进来的公式前面不可以省略等号。

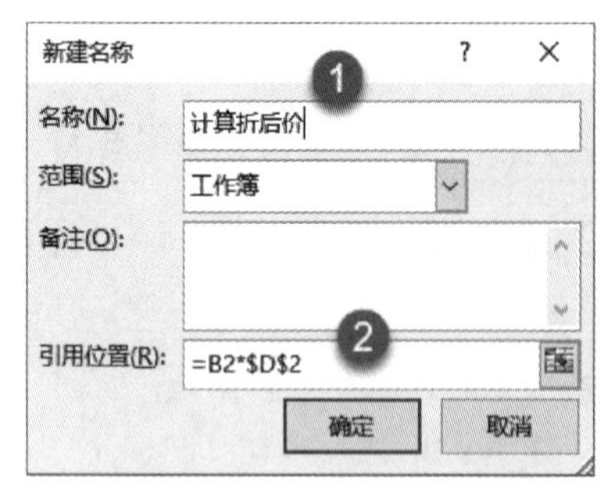


图 5-21 为公式定义名称

定义过的名称会出现在名称管理器中，如图 5-22 所示。打开名称管理器的步骤是，单击**公式-名称管理器**。在名称管理器中可以对已经定义的名称进行编辑和删除操作，也可以进行新建名称的操作。

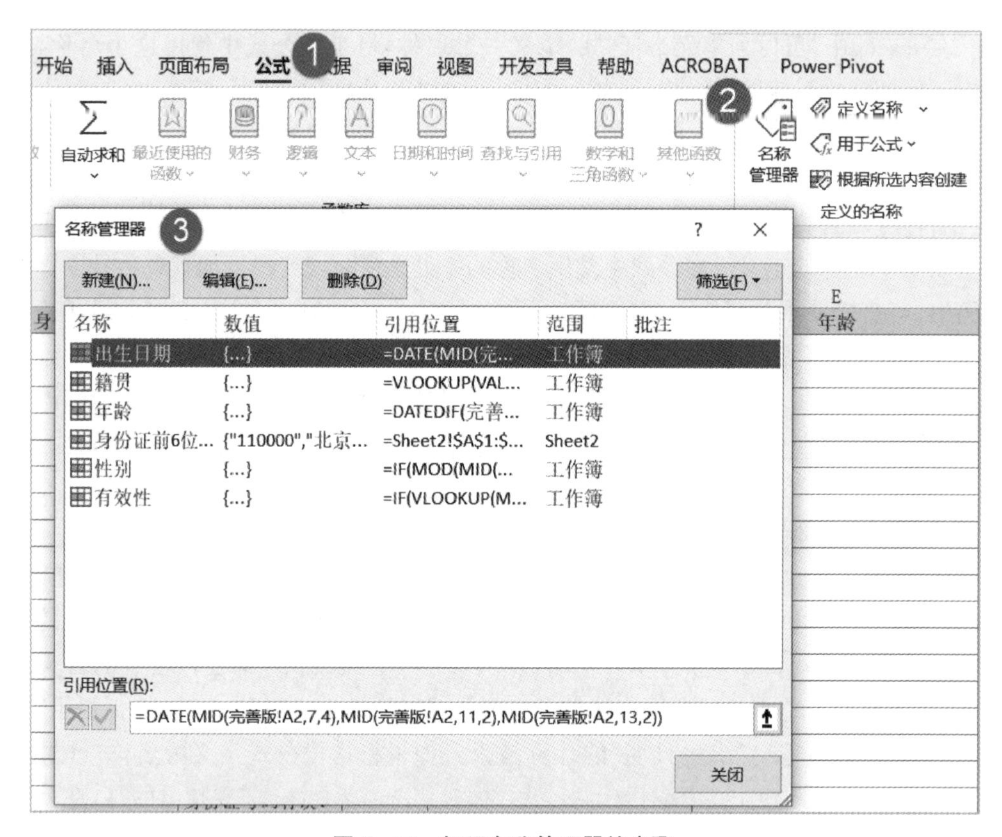


图 5-22 打开名称管理器的步骤

除了上述介绍的几种类型外，函数的参数类型还包括单元格引用、数组和错误值。单元格引用的知识点较多，将集中在“5.9 单元格引用”进行讲解；数组的详细介绍请参阅本书第 13 章数组公式的讲解，错误值的详细介绍请参阅本书 7.4.2 ISERROR 函数一节。

## 5.9 单元格引用

单元格引用是函数中最常见的参数，单元格引用的形式是使用单元格(区域)的地址，从而指明公式或函数所使用的数据的位置。

### 5.9.1 单元格引用的表示法

从构成形式的角度说，单元格引用的表示方法有“A1 表示法”和“R1C1”表示法。A1 表示法是我们最常用的表示方法，其构成形式是单元格的“列标+行标”。例如单元格 B2，其引用地址之所以是“B2”，是因为这个单元格处在 B 列第 2 行，其列标是“B”，行标是“2”，组合起来就是“B2”。

“R1C1”表示法的构成是行标在前，列标在后，其顺序与 A1 表示法刚好相反。其中的“R”的含义是“ROW”，即“行”的意思。“C”的含义是“COLUMN”，即“列”的意思。用“A1 表示法”表示的 B3 单元格，如果改用“R1C1”表示法表示，则写为“R3C2”，因为此单元格的行序号为“3”，其所处的 B 列就是第 2 列，因此其列序号是“2”，所以其引用地址为“R3C2”。在 INDIRECT 函数中，会涉及单元格引用的表示法的切换，请参考本书第 145 页的讲解。

在 Excel 操作界面默认使用 A1 表示法表示单元格地址，可以通过 Excel 名称框的显示进行判断。当我们选择一个单元格时，在名称框以 A1 表示法显示单元格地址（如图 5－23 所示），则表明当前使用的单元格引用为 A1 表示法。若需要切换到 R1C1 表示法，可以单击**文件-选项**，打开 **Excel 选项**设置窗口，单击**公式**选项后，在 **R1C1 引用样式**前面的复选框上打勾（如图 5－24 所示）即可切换。切换后，工作表的列标由英文字母改为阿拉伯数字。选择一个单元格后，名称框显示的单元格地址是以 R1C1 表示法表示的，如图 5－25 所示。

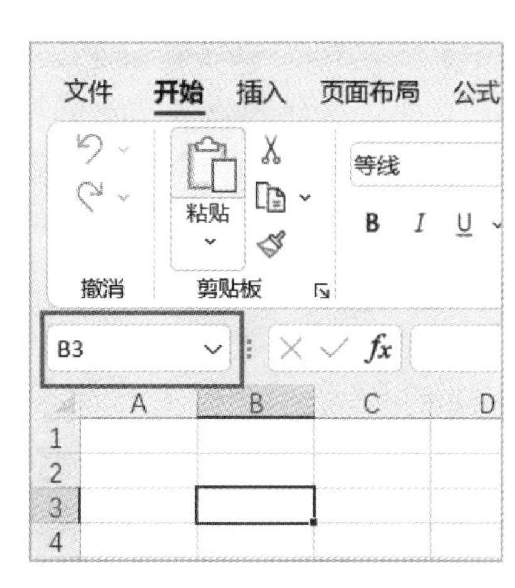


**图 5－23 A1 表示法**

当公式被自动填充或复制到其他单元格后，根据公式单元格和被引用单元格之间的位置关系的变化，可以将单元格引用分为“相对引用”“绝对引用”和“混合引用”三种形式。这里所说的公式单元格，指的是存放公式内容的单元格；被引用单元格指的是被公式单元格中的公式所引用的单元格。

### 5.9.2 相对引用

相对引用指的是当公式被自动填充或复制到其他单元格后，公式单元格和被引用单元格始终保持相同位置关系的单元格引用。当公式单元格位置发生变化时，被引用的单元格也会发生相应的位置变化，公式单元格与被引用的单元格的位置关系保持不变。相对引用这种位置关系的变化主要体现在当公式被复制到其他单元格，或利用公式的自动填充功能填充到其他单元格时，被引用单元格也会自动调整。

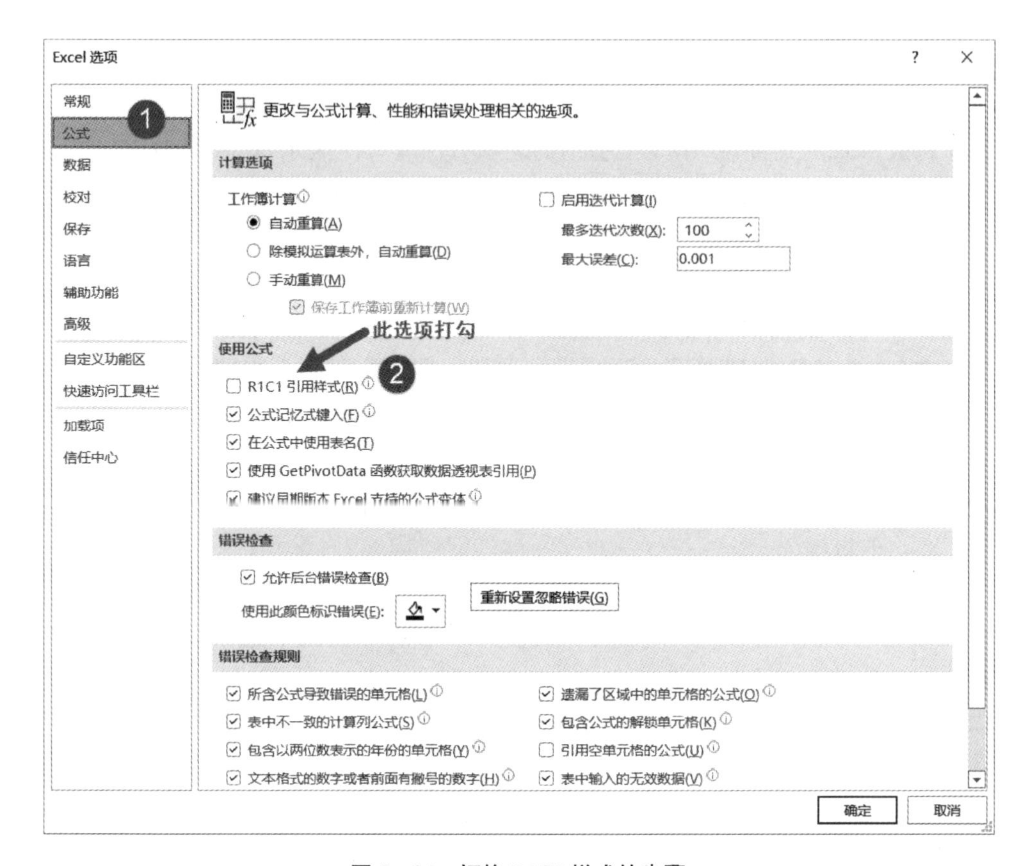


**图 5－24　切换 R1C1 样式的步骤**

如图 5－26 所示，C1 是公式单元格，其公式是“=SUM(A1,B2)”，其中引用了 A1 和 B2 单元格。C1 和 A1 与 B2 单元格的位置关系如图 5－26 所示。当 C1 的公式被向下填充到 C2 单元格时，公式自动变成了“=SUM(A2,B3)”，C2 单元格为公式单元格，其与被引用单元格 A2、B3 的位置关系，与 C1 和 A1、B2 的位置关系完全相同，如图 5－27 所示。若 C1 的公式继续向下填充到 C3，则 C3 和被其公式引用的单元格的位置关系仍然与上述位置关系一致。如果用自然语言描述这种位置关系，可以表述成：第一个被引用单元格为公式单元格同一行的往左两列的单元格；第二个被引用单元格为公式单元格下一行再往左一列的单元格。这种位置关系的描述适用于任何从 C1 单元格复制到其他单元格的公式。

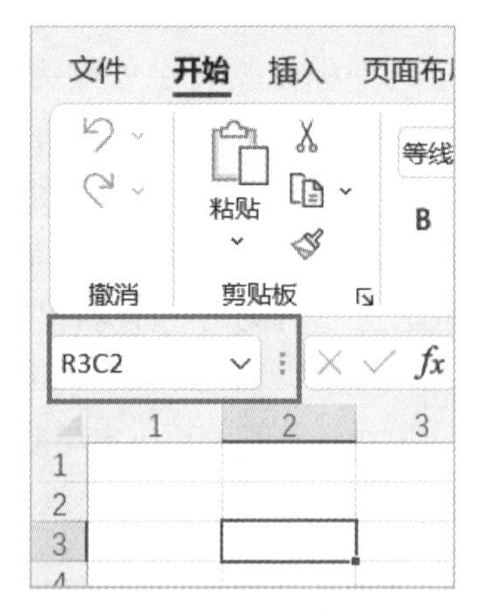


**图 5－25　R1C1 表示法**

| | A | B | C | D |
|---|---|---|---|---|
| 1 | 100 | 360 | =SUM(A1,B2) | |
| 2 | 20 | 350 | | |
| 3 | 30 | 210 | 50 | |
| 4 | 320 | 20 | | |

图 5－26　相对引用的位置关系 1

| | A | B | C | D |
|---|---|---|---|---|
| 1 | 100 | 360 | 450 | |
| 2 | 20 | 350 | =SUM(A2,B3) | |
| 3 | 30 | 210 | | |
| 4 | 320 | 20 | | |

图 5－27　相对引用的位置关系 2

## 5.9.3　绝对引用

绝对引用是指公式单元格的位置发生变化时被引用单元格的位置不变的单元格引用，因此如果要表示绝对引用，需要在被引用单元格地址上加上美元符号“＄”，“＄”可以理解为“锁定”的意思。单元格地址上加上“＄”，就好像把地址锁定了，在公式被复制或填充到其他单元格时，单元格引用就不会跟着自动调整了。如“B2”是相对引用的写法，“＄B＄2”就是绝对引用的写法。

**例 5－1**　现有如图 5－28 所示的商品价格表。欲根据 B2:B7 中的原价，在 C2:C7 中计算折后价，折扣值由 D2 单元格中的值指定。如果在 C2 单元格中键入公式“＝B2＊D2”，再将公式向下填充到 C7，会发现从 C3 开始，单元格中的折后价都是 0。这是因为 C2 的公式“＝B2＊D2”在向下填充后，在 C3 中会变成“＝B3＊D3”；在 C4 中会变成“＝B4＊D4”……其余单元格以此类推。通过对题意的理解可知，C2 单元格的公式“＝B2＊D2”中的单元格引用 B2，在公式向下填充后需要自动调整为 B3、B4、B5……而 D2 不需要调整，应始终为 D2。因此，单元格引用 D2 应为绝对引用形式，即应将其改为“＄D＄2”，C2 单元格的公式应调整为“＝B2＊＄D＄2”。正确的写法如图 5－29 所示。

C2　=B2*D2

| | A | B | C | D |
|---|---|---|---|---|
| 1 | 商品名称 | 原价 | 折后价 | 折扣 |
| 2 | 智能手表N1 | 1799 | 1439.2 | 0.8 |
| 3 | 办公鼠标A3 | 489 | 0 | |
| 4 | 导航键盘C2 | 569 | 0 | |
| 5 | 智能手表K1 | 579 | 0 | |
| 6 | 音乐耳机S1 | 399 | 0 | |
| 7 | 蓝牙耳机B3 | 899 | 0 | |

图 5－28　错误的引用用法

C2　=B2*$D$2

| | A | B | C | D |
|---|---|---|---|---|
| 1 | 商品名称 | 原价 | 折后价 | 折扣 |
| 2 | 智能手表N1 | 1799 | 1439.2 | 0.8 |
| 3 | 办公鼠标A3 | 489 | 391.2 | |
| 4 | 导航键盘C2 | 569 | 455.2 | |
| 5 | 智能手表K1 | 579 | 463.2 | |
| 6 | 音乐耳机S1 | 399 | 319.2 | |
| 7 | 蓝牙耳机B3 | 899 | 719.2 | |
| 8 | | | | |

图 5－29　绝对引用示例

## 5.9.4　混合引用

混合引用指的是相对引用和绝对引用的混合。在混合引用中，单元格的地址一部分是相对的，一部分是绝对的，因此混合应用也有两种形式，一种是锁列不锁行，例如“＄B2”；一种是锁行不锁列，如“B＄2”。在没有任何锁定标志“＄”的情况下，当我们将公式在垂直方向上自动填充时，单元格的行标发生了变化，列标不变，如当公式向下填充时,“B2”会变成“B3”。因此在垂直方向上填充公式时,锁列或不锁列都是一样的,因为列标不会发生变化,如将公式向下填充,“$B2”会变成“$B3”,这与“B2”变成“B3”没有什么区别。如有必要可以对行标进行锁定。

同理,如果将公式在水平方向上进行填充,公式的行标不会发生变化,列标会发生变化,因此对行标锁定或是不锁定,结果都是一样的。如在水平填充公式时,“B2”会变成“C2”,“B$2”会变成“C$2”,二者没有什么区别。如有必要可以锁定列标。

### 5.9.5 “先修后填”原则

我们在书写公式时,如果公式不需要被复制或填充到其他单元格中,可以不考虑引用类型的问题,即使用哪一种引用类型都不影响公式的计算结果。如果需要将公式填充或复制到其他的单元格中,就应该首先考虑引用类型的问题,要考虑清楚填充或复制公式前有没有必要改变公式中单元格引用的类型,应该使用哪一种引用类型,并将相应的单元格引用修改为正确的引用类型,才能够进行公式的复制和填充,否则可能会出现例 5-1 中的错误情况,即当前单元格的公式是正确的,填充或复制到其他单元格后计算结果却是错误的。我们可以将这一原则概括为“先修后填”原则,即先修改单元格引用类型后填充或复制公式。

### 5.9.6 三维引用

如果我们需要引用的是不同工作表甚至是不同工作簿中的数据,即跨表引用或跨簿引用数据,则需要使用三维引用,三维引用就是在相对应用、绝对引用或混合引用的前面,加上工作表名或工作簿名,其引用的格式为:

| 三维引用的一般格式为 |
| --- |
| [工作簿名]工作表名! 单元格引用 |

如果只是跨工作表引用,则前面的“[工作簿名]”可以省去。如果是跨工作簿引用,被引用的工作簿如果是打开状态,则只需要提供工作簿的文件名,如果被引用的工作簿是关闭状态,则需要提供被引用的工作簿的完整路径和工作簿文件名。

假如公式放在工作表 Sheet1 的 C2 单元格,要引用工作表 Sheet2 的“A2:A7”和工作表 Sheet3 的“B1:B8”区域进行求和计算,则公式中的引用形式为“=SUM(Sheet2! A2:A7,Sheet3! B1:B8)”。也就是说三维引用中不仅包含单元格或区域引用,还要在前面加上带“!”的工作表名称。假如要引用的数据来自另一个工作簿,如工作簿 Book1 中的 SUM 函数要引用工作簿 Book2 中的数据,其公式为“=SUM([Book2]Sheet1! A2:A7,[Book2]Sheet2! B1:B8)”,也就是在原来单元格引用的前面加上“[Book2]Sheet1!”。放在方括号里面的是工作簿名称,带“!”的则是其中的工作表名称。即是跨工作簿引用单元格或区域时,引用对象的前面必须用“!”作为工作表分隔符,再用方括号作为工作簿分隔符。需要强调的是,三维引用所用的方括号“[]”和感叹号“!”均为半角符号。

### 5.9.7 “引用优先”原则

我们在设计公式时，很多情况下函数的参数既可以使用单元格引用，也可以使用常量。假设 A1 单元格中存放了一个文本字符串“综合成绩”，公式“ = LEFT(A1,2)”，表示引用单元格 A1 中的数据，从最左端截取 2 个字符。该公式与“ = LEFT("综合成绩",2)”计算结果相同，但后一个公式中 LEFT 函数的第 1 参数使用了字符串常量“综合成绩”。Excel 在计算第 1 个公式时，会找到 A1 单元格，并提取其中的数据作为 LEFT 函数的第 1 参数。如果 A1 单元格中的数据发生了变化，改成了“总评成绩”，则上述公式的计算结果也会随之变化，但是公式本身没有发生变化，仍然是“ = LEFT(A1,2)”。对于第 2 个公式，则需要重新编辑公式为“ = LEFT("总评成绩",2)”，如果公式很长很复杂，这个编辑工作将会耗费较多的时间。因此，当公式中的某个参数既可以使用单元格引用又可以使用常量时，应优先使用单元格引用。我们将这个原则概括为“引用优先”原则。

### 5.9.8 一维区域与二维区域

一个单行或者单列的区域，本书将其称为一维区域；一个多行多列的区域，称为二维区域。在后续章节涉及这些类型的区域时，将直接使用一维区域或二维区域的叫法，不再重复解释。

## 5.10 翻转课堂 5：制作九九乘法表

请利用 Excel 表格制作如图 5 - 30 所示的九九乘法表。图中 B1:J1 和 A2:A10 为辅助单元格区域。在 B2 单元格输入公式后，向下拖动至 B10，再向右拖动至 J10，即可完成如图 5 - 30 所示的九九乘法表的制作。

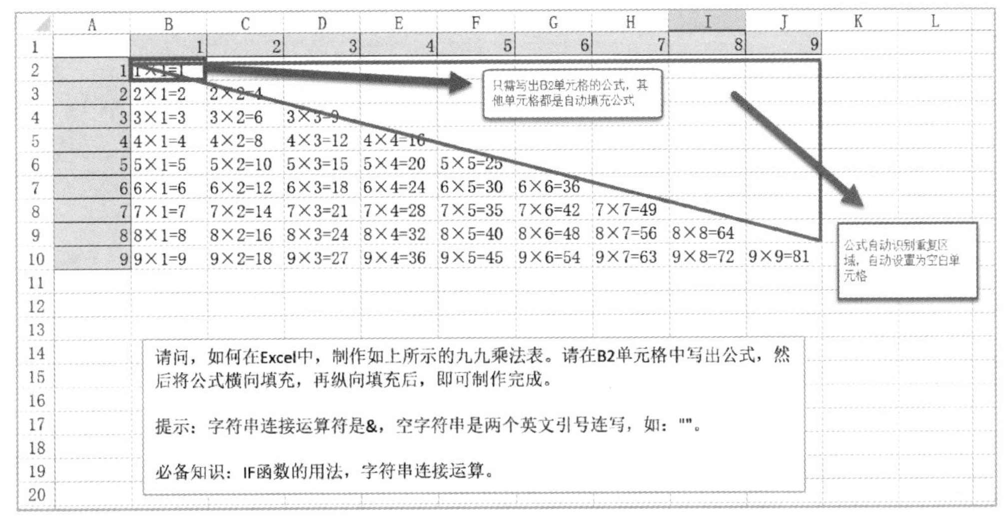


图 5 - 30 九九乘法表制作说明

**任务难度：**★★

**讲解时间：**13 分钟

**任务单：**

1. 本题考察的是学生对几种不同的引用类型的理解。请至少完成 5.6.3 和 5.9 单元的学习；

2. 掌握制作符合本题要求的九九乘法表的方法，尤其是公式各部分的含义和作用；

3. 制作用于上台讲解的 PDF 或 PPT 文档；

4. 上台演示九九乘法表的制作方法，重点讲解清楚公式中各部分的含义和用法。

**拓展要求**

如果不使用 B1:J1 和 A2:A10 的辅助单元格区域，直接在 A1 单元格中输入公式后向下填充再向右填充，即可制作出如图 5-31 所示的九九乘法表，请问 A1 单元格中的公式应如何写。

| | A | B | C | D | E | F | G | H | I |
|---|---|---|---|---|---|---|---|---|---|
| 1 | 1×1=1 | | | | | | | | |
| 2 | 1×2=2 | 2×2=4 | | | | | | | |
| 3 | 1×3=3 | 2×3=6 | 3×3=9 | | | | | | |
| 4 | 1×4=4 | 2×4=8 | 3×4=12 | 4×4=16 | | | | | |
| 5 | 1×5=5 | 2×5=10 | 3×5=15 | 4×5=20 | 5×5=25 | | | | |
| 6 | 1×6=6 | 2×6=12 | 3×6=18 | 4×6=24 | 5×6=30 | 6×6=36 | | | |
| 7 | 1×7=7 | 2×7=14 | 3×7=21 | 4×7=28 | 5×7=35 | 6×7=42 | 7×7=49 | | |
| 8 | 1×8=8 | 2×8=16 | 3×8=24 | 4×8=32 | 5×8=40 | 6×8=48 | 7×8=56 | 8×8=64 | |
| 9 | 1×9=9 | 2×9=18 | 3×9=27 | 4×9=36 | 5×9=45 | 6×9=54 | 7×9=63 | 8×9=72 | 9×9=81 |

图 5-31　无辅助单元格的九九乘法表

# 第 6 章　文本函数

文本函数通常以文本型数据为处理对象，至少有一个文本格式的参数，其返回值可以是文本类型也可以是其他类型。根据微软官方 Office 支持网站的介绍，文本函数有 34 个，其中包括两个 Office 365 专有函数。本章介绍其中较为常用的文本函数。

## 6.1 CONCATENATE 函数

CONCATENATE 函数是一个字符串连接函数，以下为微软官方对该函数的介绍。

来自微软 Office 支持网站

使用 CONCATENATE(其中一个文本函数)将两个或多个文本字符串连接为一个字符串。

重要：在 Excel 2016、Excel Mobile 和 Excel 网页版中，此函数已替换为 CONCAT 函数。尽管 CONCATENATE 函数仍可向后兼容，但应考虑从现在开始使用 CONCAT。这是因为 CONCATENATE 可能不再适用将来的 Excel 版本。

语法：CONCATENATE(text1, [text2], ...)

**例如：**

```
=CONCATENATE("Stream population for ", A2, " ", A3, " is ", A4, "/mile")
=CONCATENATE(B2, " ", C2)
```

| 参数名称 | 说明 |
|---|---|
| text1(必需) | 要连接的第一个项目。项目可以是文本值、数字或单元格引用。 |
| Text2, ...(可选) | 要连接的其他文本项目。最多可以有 255 个项目，总共最多支持 8 192 个字符。 |

**示例**

要在 Excel 中使用这些示例，请复制下表中的数据，然后将其粘贴进新工作表的 A1 单元格中。

| 数据 | | |
|---|---|---|
| brook trout | Andreas | Hauser |
| species | Fourth | Pine |
| 32 | | |
| 公式 | 说明 | |

续　表

| 来自微软 Office 支持网站 | | |
|---|---|---|
| = CONCATENATE ("Stream population for ", A2, " ", A3, " is ", A4, "/mile") | 通过将 A 列中的数据与其他文本相连接来创建一个句子。结果是“Stream population for brook trout species is 32/mile”。 | |
| = CONCATENATE(B2, " ", C2) | 连接三部分内容:单元格 B2 中的字符串、空格字符以及单元格 C2 中的值。结果是“Andreas Hauser”。 | |
| = CONCATENATE(C2, ", ", B2) | 连接三部分内容:单元格 C2 中的字符串、由逗号和空格字符组成的字符串以及单元格 B2 中的值。结果是“Andreas, Hauser”。 | |
| = CONCATENATE(B3, " & ", C3) | 连接三部分内容:单元格 B3 中的字符串、另一个字符串(由空格、与号和另一个空格组成)以及单元格 C3 中的值。结果是“Fourth & Pine”。 | |
| = B3 & " & " & C3 | 连接与上一个示例相同的项目,但是使用的是与号(&)计算运算符而不是 CONCATENATE 函数。结果是“Fourth & Pine”。 | |

常见问题

| 问题 | 说明 |
|---|---|
| 引号显示在结果字符串中 | 使用逗号分隔相邻的文本项目。例如:Excel 将 = CONCATENATE ("Hello" "World")显示为 Hello"World 与一个额外的双引号,因为文本参数之间的逗号被忽略。<br>数字不需要有引号。 |
| 单词混杂在一起 | 如果单独的文本项目之间缺少指定的空格,则文本项目将组合在一起。请添加额外的空格作为 CONCATENATE 公式的一部分。有两种方法可执行此操作:<br>添加双引号并在"和"之间添加一个空格。例如: = CONCATENATE ("Hello", " ", "World!").。<br>在 Text 参数后添加一个空格。例如: = CONCATENATE ( " Hello ", "World!")。字符串"Hello"包含添加的额外空格。 |
| 将出现错误 #NAME?,而不是预期的结果。 | #NAME? 通常意味着 Text 参数中缺少引号。 |

从微软的官方介绍可见,CONCATENATE 函数的主要功能是将多个字符文本或单元格中的数据连接在一起,显示在一个单元格中。它就好比是一个焊接工,函数的参数就好比要焊接的零件,CONCATENATE 函数将这些零件焊接为一个整体。

**例 6-1**　在 C13 单元格中输入公式: = CONCATENATE(A13,"@",B13,".edu.cn"),确认后,即可将 A13 单元格中字符、"@"、B13 单元格中的字符和".edu.cn"连接成一个整体,显示在 C13 单元格中。如果 A13 单元格的内容是“imagener”,B13 单元格中的内容是“xzit”,则 C13 单元格中会显示“imagener@xzit.edu.cn”。

此外，如果不使用函数，使用“&”文本连接运算符，也可以实现文本连接的运算。例如将上述公式改为：= A13&"@"&B13&".edu.cn"，也能达到相同的目的。

微软官方介绍中提到，CONCATENATE 函数在较新版本的 Excel 中已经替换为 CONCAT 函数，但为了保证兼容性，对使用 CONCATENATE 函数的公式仍然支持。那么 CONCAT 函数与 CONCATENATE 函数有什么区别呢？可以这样理解，之前所有用到 CONCATENATE 函数的公式，把 CONCATENATE 的函数名改为 CONCAT，公式都是可以计算出正确结果的。同时 CONCAT 函数还增加了对单元格区域引用的支持，CONCATENATE 函数的参数不可以是单元格区域的引用，只能是单个单元格的引用。而 CONCAT 函数则可以支持单元格区域的引用，它会把被引用的单元格区域里的每一个单元格的内容和其他参数一起连接成一个新的字符串。二者具体的区别可以参考图 6－1 所示的公式内容。CONCAT 函数是微软在 Excel2019 中引入的新函数，在 Excel2019 以下版本的 Excel 中打开包含 CONCAT 函数的工作簿或使用 CONCAT 函数，会产生 #NAME？错误。关于 CONCAT 函数对单元格区域引用的支持示例，可以参考微软官方网站的介绍。

| | A | B | C |
|---|---|---|---|
| 1 | 数据 | 公式的计算结果 | 公式内容 |
| 2 | 徐州 | #VALUE! | =CONCATENATE(A2:A6) |
| 3 | 工程 | 徐州工程学院人文学院 | =CONCAT(A2:A6) |
| 4 | 学院 | 徐州工程学院人文学院 | =CONCATENATE(A2,A3,A4,A5,A6) |
| 5 | 人文 | | |
| 6 | 学院 | | |

**图 6－1　CONCATENATE 函数与 CONCAT 函数的区别**

## 6.2　LEFT 函数

来自微软 Office 支持网站

LEFT(text, [num_chars])

该函数语法具有下列参数：

text　必需。包含要提取的字符的文本字符串。

num_chars　可选。指定要由 LEFT 提取的字符的数量。

Num_chars 必须大于或等于零。

如果 num_chars 大于文本长度，则 LEFT 返回全部文本。

如果省略 num_chars，则假定其值为 1。

**示例**

复制下表中的示例数据，然后将其粘贴进新的 Excel 工作表的 A1 单元格中。要使公式显示结果，请选中它们，按 F2，然后按 Enter。如果需要，可调整列宽以查看所有数据。

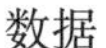

| 数据 |
|---|
| 销售价格 |

续 表

| | | 来自微软 Office 支持网站 |
|---|---|---|
| Sweden | | |
| 公式 | 说明 | 结果 |
| =LEFT(A2,4) | 第一个字符串中的前四个字符 | 销售价格 |
| =LEFT(A3) | 第二个字符串中的第一个字符 | S |

LEFT 函数是字符截取函数。字符截取函数除了 LEFT 函数,还有 MID 函数和 RIGHT 函数。

简单地说,LEFT 函数的主要功能是从一个文本字符串的第一个字符开始,截取指定数目的字符。参数 text 代表要被截字符的字符串,是 LEFT 函数要处理的对象;num_chars 代表截取的字符数目。我们可以把 LEFT 函数想象成一个鱼档中卖鱼的商贩,text 就是他案板上摆放的一条大鱼,Excel 用户就好比是顾客。顾客来买鱼,只想要鱼的一部分,于是 LEFT 就问顾客,“您要截多长?”顾客给了一个截取的长度,这个长度就是参数 num_chars,然后 LEFT 补充道:“可以,只能从鱼头开始截哦!”言下之意就是,只能从最开始的地方截取,不支持从中间只截取鱼身肉最多的部分。

**例 6-2** 假定 A38 单元格中保存了“我喜欢打篮球”的字符串,在 C38 单元格中输入公式“=LEFT(A38,3)”回车后即显示字符串“我喜欢”。

**特别提醒:**在中文系统下,LEFT 函数是不区分全半角字符的。即无论全角还是半角字符,只要是一个字符,其字符数都被认为是 1。如上例中,“我喜欢打篮球”是一个由全角字符组成的字符串,公式“=LEFT(A38,3)”的意思是从 A38 单元格中字符串的最左边截取 3 个字符,截出来的是 3 个全角字符“我喜欢”。假若 A38 单元格中的字符串为“我爱 football”,则公式“=LEFT(A38,3)”的返回值为“我爱 f”,其中“我爱”为全角字符,“f”为半角字符。由此可见,无论半角还是全角字符,都被当作一个字符对待。

如果想要将全角字符作为 2 个字符对待,半角字符作为 1 个字符对待,可以使用 LEFTB 函数,相比较于 LEFT 函数,此函数的函数名最后多了一个字母“B”,表示“Byte”的意思,即按照“字节”来截取文本字符。对于上例,假若 A38 单元格中的字符串为“我爱 football”,则公式“=LEFTB(A38,5)”的返回值为“我爱 f”。关于 LEFTB 函数的详细介绍,可以参考微软 Office 支持网站的介绍。

## 6.3 MID 函数

<table>
<tr><td colspan="3" align="right">来自微软 Office 支持网站</td></tr>
<tr><td colspan="3"><br>MID(text, start_num, num_chars)<br>text　必需。包含要提取字符的文本字符串。<br>start_num　必需。文本中要提取的第一个字符的位置。文本中第一个字符的 start_num 为 1,以此类推。<br>如果 start_num 大于文本长度,则 MID 返回空文本(")。<br>如果 start_num 小于文本长度,但 start_num 加 num_chars 超过文本长度,则 MID 将返回直到文本末尾的字符。<br>如果 start_num 小于 1,则 MID 返回 #VALUE! 错误值。<br>num_chars　　MID 必需。指定希望 MID 从文本中返回字符的个数。<br>如果 num_chars 为负数,则 MID 返回 #VALUE! 错误值。<br>示例<br>复制下表中的示例数据,然后将其粘贴进新的 Excel 工作表的 A1 单元格中。要使公式显示结果,请选中它们,按 F2,然后按 Enter。如果需要,可调整列宽以查看所有数据。</td></tr>
<tr><td colspan="3">数据</td></tr>
<tr><td colspan="3">Fluid Flow</td></tr>
<tr><td>公式</td><td>说明</td><td>结果</td></tr>
<tr><td>=MID(A2,1,5)</td><td>从 A2 内字符串中第 1 个字符开始,返回 5 个字符。</td><td>Fluid</td></tr>
<tr><td>=MID(A2,7,20)</td><td>从 A2 内字符串中第 7 个字符开始,返回 20 个字符。由于要返回的字符数(20)大于字符串的长度(10),从第 7 个字符开始,将返回所有字符。未将空字符(空格)添加到末尾。</td><td>Flow</td></tr>
<tr><td>=MID(A2,20,5)</td><td>因为起始位置大于字符串的长度(10),所以返回空文本。</td><td></td></tr>
</table>

MID 函数的主要功能是从一个文本字符串的指定位置开始,截取指定数目的字符。它与 LEFT 函数的区别为:LEFT 函数必须从最左边的字符开始截取,而 MID 函数可以从用户指定的位置开始截取。我们可以把它想象成另一家鱼档,老板 MID 相较于 LEFT 为人更加的和善,他不像 LEFT,要买鱼的一部分,只能从头开始截取,他允许顾客指定一个开始截取的位置,按照用户指定的长度,截取鱼身中间的任意部分。因为比 LEFT 函数多了一个指定的起始位置,因此 MID 函数相较于 LEFT 函数,多了一个参数 start_num,其余参数的含义与用法完全一致。

**例 6-3**　假定 A47 单元格中保存了"我喜欢打篮球"的字符串,在 C47 单元格中输入公式"=MID(A47,4,3)"回车后即显示字符串"打篮球"。

**特别提醒:**MID 函数也是不区分全半角字符的,如果需要区分全半角字符,请使用 MIDB 函数。

## 6.4 RIGHT 函数

来自微软 Office 支持网站

RIGHT(text,[num_chars])

text 必需。包含要提取字符的文本字符串。

num_chars 可选。指定希望 RIGHT 提取的字符数。

Num_chars 必须大于或等于零。

如果 num_chars 大于文本长度，则 RIGHT 返回所有文本。

如果省略 num_chars，则假定其值为 1。

**示例**

复制下表中的示例数据，然后将其粘贴进新的 Excel 工作表的 A1 单元格中。要使公式显示结

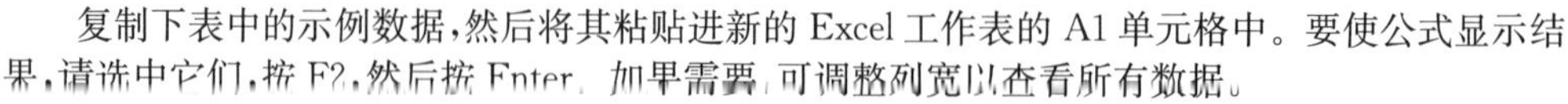

果，请选中它们，按 F2，然后按 Enter。如果需要，可调整列宽以查看所有数据。

| 数据 | 说明 | |
|---|---|---|
| 销售价格 | | |
| Stock Number | | |
| 公式 | 描述(结果) | 结果 |
| =RIGHT(A2,5) | 第一个字符串的最后 5 个字符(Price) | Price |
| =RIGHT(A3) | 第二个字符串的最后一个字符(r) | r |

RIGHT 函数的主要功能是从一个文本字符串的最后一个字符开始，截取指定数目的字符。它是从文本的最右端进行截取，其他方面的用法与要求与 LEFT 函数完全一样。我们可以把它想象成第三个鱼档老板，只是他给顾客截取鱼肉时，只能从鱼尾巴开始截取。

**例 6-4** 假定 A65 单元格中保存了“我喜欢打篮球”的字符串，在 C65 单元格中输入公式“=RIGHT(A65,3)”回车后即显示字符串“打篮球”。

**特别提醒**：RIGHT 函数也是不区分全半角字符的，如果需要区分全半角字符，请使用 RIGHTB 函数。

## 6.5 LEN 函数

来自微软 Office 支持网站

LEN(text)

LEN 函数语法具有下列参数：

text 必需。要查找其长度的文本。空格将作为字符进行计数。

**示例**

复制下表中的示例数据，然后将其粘贴进新的 Excel 工作表的 A1 单元格中。要使公式显示结果，请选中它们，按 F2，然后按 Enter。如果需要，可调整列宽以查看所有数据。

续 表

| | | | | | 来自微软 Office 支持网站 |
|---|---|---|---|---|---|
| 数据 | Phoenix，AZ | 公式 | =LEN (B1) | =LEN (B2) | =LEN (B3) |
| | | 描述 | 第一个字符串的长度,包括一个空格 | 第二个字符串的长度 | 第三个字符串的长度,包括八个空格 |
| | 一 | 结果 | 11 | 0 | 11 |

LEN 函数的主要功能是统计文本字符串中的字符数。有几个字符,函数的计算结果就是几。LEN 函数只有一个参数 text,表示要统计的文本字符串。

**例 6-5** 假定 A40 单元格中保存了"我今年 35 岁"的字符串,在 C40 单元格中输入公式"=LEN(A40)"回车后即显示出统计结果"6"。

**特别提醒:**由上例可知,LEN 函数也是不区分全半角字符的,每个字符均计为"1";若需要区分全半角字符,请使用 LENB 函数,该函数在统计时半角字符计为"1",全角字符计为"2"。

## 6.6 大小写字母转换函数

大小写字母转换函数包括 LOWER、UPPER、PROPER 三个函数。LOWER 函数是将所有字母转换为小写字母;UPPER 函数将所有字母转换为大写字母;PROPER 函数将所有单词转换为首字母大写的格式。

**使用格式:**LOWER(text) [其他二者格式相同]

**参数说明:**text 代表要转换的字符串。

**例 6-6** A2 单元格里存放了字符串"i lOve yOu",公式"=LOWER(A2)"的计算结果为"i love you";公式"= UPPER (A2)"的计算结果为"I LOVE YOU";公式"=PROPER (A2)"的计算结果为"I Love You"。各函数的计算结果如图 6-2 所示。

| | A | B | C | D |
|---|---|---|---|---|
| 1 | | lower | upper | proper |
| 2 | i lOve yOu | i love you | I LOVE YOU | I Love You |

**图 6-2 大小写转换函数举例**

## 6.7 FIND 函数

FIND 函数是文本函数里非常重要的一个函数。该函数有较多知识点需要掌握。让我们先就微软官方关于该函数的介绍做一了解。

来自微软 Office 支持网站

FIND(find_text, within_text, [start_num])

FIND 函数语法具有下列参数：

find_text　必需。要查找的文本。

within_text　必需。包含要查找文本的文本。

start_num　可选。指定开始进行查找的字符。within_text 中的首字符是编号为 1 的字符。如果省略 start_num，则假定其值为 1。

**备注**

FIND 区分大小写，并且不允许使用通配符。如果您不希望执行区分大小写的搜索或使用通配符，则可以使用 SEARCH 和 SEARCHB 函数。

如果 find_text 为空文本("")，则 FIND 会匹配搜索字符串中的首字符(即编号为 start_num 或 1 的字符)。

Find_text 不能包含任何通配符。

如果 find_text 中未显示 within_text，则 FIND 返回 #VALUE! 错误值。

如果 start_num 不大于零，则 FIND 返回 #VALUE! 错误值。

如果 start_num 大于最大长度，则 FIND 返回 #VALUE! 错误值。

可以使用 start_num 来跳过指定数目的字符。假设要处理文本字符串"AYF0093.YoungMensApparel"，若要在文本字符串的说明部分中查找第一个"Y"的编号，请将 start_num 设置为 8，这样就不会搜索文本的序列号部分。FIND 从第 8 个字符开始查找，在下一个字符处找到 find_text，然后返回其编号 9。FIND 始终返回从 within_text 的起始位置计算的字符编号，如果 start_num 大于 1，则会对跳过的字符计数。

**示例**

复制下表中的示例数据，然后将其粘贴进新的 Excel 工作表的 A1 单元格中。要使公式显示结果，请选中它们，按 F2，然后按 Enter。如果需要，可调整列宽以查看所有数据。

| 数据 | | |
|---|---|---|
| Miriam McGovern | | |
| 公式 | 说明 | 结果 |
| =FIND("M",A2) | 单元格 A2 中第一个"M"的位置 | 1 |
| =FIND("m",A2) | 单元格 A2 中第一个"m"的位置 | 6 |
| =FIND("M",A2,3) | 从单元格 A2 的第三个字符开始查找第一个"M"的位置 | 8 |

**示例 2**

| 数据 | | |
|---|---|---|
| Ceramic | Insulators | |
| #124—TD45—87 | | |
| Copper Coils #12—671—6772 | | |
| Variable Resistors #116010 | | |

| 公式 | 描述(结果) | 结果 |
|---|---|---|
| =MID(A2,1,FIND(" # ",A2,1)-1) | 提取单元格 A2 中从第一个字符到"#"的文本(Ceramic Insulators) | Ceramic Insulators |
| =MID(A3,1,FIND(" # ",A3,1)-1) | 提取单元格 A3 中从第一个字符到"#"的文本(Copper Coils) | Copper Coils |
| =MID(A4,1,FIND(" # ",A4,1)-1) | 提取单元格 A4 中从第一个字符到"#"的文本(Variable Resistors) | Variable Resistors |

FIND 函数的主要功能是用于在第 2 参数所指定的文本串中定位第 1 参数所指定的文本串，并返回第 1 个文本串在第 2 个文本串中的起始位置的值，该值从第 2 个文本串的第 1 个字符算起。

**参数说明：**Find_text 是要查找的关键字字符串，Within_text 是要被查找的字符串。FIND 函数在 Within_text 内查找 Find_text 这个字符串。如果能找到，就返回 Find_text 在 Within_text 中的位置值，如果找不到则报错（返回错误值 #VALUE!）。Start_num 指定开始查找的字符位置值。比如 Start_num 为 1，则从 Within_text 第 1 个字符开始查找关键字，如果为 10，就从第 10 个字符开始往后找。如果忽略 start_num，则默认其为 1。

**例 6－7**　如图 6－3 所示，在 A3 单元格中输入一个字母“A”，C3 单元格中的公式为“=FIND(A3,B3)”，表示在 B3 单元格的字符串里查找字母“A”，并返回字母“A”在该字符串中的位置值。函数计算的结果为 6，表示在 B3 单元格的字符串中，字母“A”出现在第 6 个字符的位置。这里公式省略了第 3 个参数，则表示默认从第一个字符开始查找。

| | A | B | C | D |
|---|---|---|---|---|
| 1 | 要查找的字符串<br>Find_text | 被查找的字符串<br>Within_text | 查询结果 | 设置Start_num为13 |
| 2 | a | 那到底是EA113发动机好还是EA111发动机好 | #VALUE! | #VALUE! |
| 3 | A | 那到底是EA113发动机好还是EA111发动机好 | 6 | 17 |
| 4 | 发 | 那到底是EA113发动机好还是EA111发动机好 | 10 | 21 |
| 5 | 发动机 | 那到底是EA113发动机好还是EA111发动机好 | 10 | 21 |
| 6 | 发起 | 那到底是EA113发动机好还是EA111发动机好 | #VALUE! | #VALUE! |

**图 6－3　FIND 函数示例**

特别提醒：

1. FIND 函数是区分大小写的。在图 6－3 中，A2 单元格的内容是小写字母“a”，C2 单元格的公式为“=FIND(A2,B2)”，表示在 B2 单元格的字符串中查找小写字母“a”，由于 B2 单元格中只有大写字母“A”，没有小写字母“a”，因此 C2 单元格中的公式返回错误值“#VALUE!”。由此可见，FIND 函数是区分大小写的。

2. FIND 函数是不区分全半角的。在前面的例子中，C3 单元格中的公式是在 B3 单元格的字符串中查找字母“A”，公式计算结果为 6。在不区分全半角字符的情况下，B3 单元格中首次出现字母“A”的字符位置就是 6。若需要区分全半角字符，请使用 FINDB 函数。

3. FIND 总是从 within_text 的起始处返回字符编号，如果 start_num 大于 1，也会对跳过的字符进行计数。在图 6－3 中，A3 单元格的内容是字母“A”，D3 单元格中的公式为“=FIND(A3,B3,13)”，表示在 B3 单元格内字符串的第 13 个字符开始，向后查找字母“A”。函数返回结果为 17，表示第 13 个字符后面首次出现的字母 A(即 B3 单元格内字符串的第 2 个字母“A”)在 B3 单元格内字符串的第 17 个字符的位置。从图中可以看出，从 B3 单元格内字符串的第 1 个字符开始计数为 1，第 2 次出现的字母“A”刚好是第 17 个字符。这说明，即使指定了 FIND 函数的第 3 参数 start_num 为 13，FIND 函数在找到指定字符后，仍然按第 1 个字符编号为 1 的编号方式返回其位置值，而不会因为 start_num 为 13，就把第 13 个字符作为编号为 1 的字符，返回结果 5。

4. FIND 函数进行定位时，总是指定位置开始，返回找到的第 1 个匹配字符串的位置，而不管之前或其后是否还有相匹配的字符串。在图 6－3 中，A4 单元格的内容是字符“发”，C4 单元格的公式是“=FIND(A4,B4)”，表示在 B4 单元格内的字符串中，从第 1 个字符开始查找“发”这个字，可见 B4 单元格中有多个“发”字，但是公式返回值为 10，即只返回第 1 个出现的“发”字的位置，对于其后在出现的“发”，FIND 函数将“不予理会”。同样，D4 单元格中的公式为“=FIND(A4,B4,13)”，表示从 B4 的第 13 个字符开始，向后查找“发”字，函数返回的结果为 21，即第二个“发”字在 B4 单元格内字符串的位置。因为是从第 13 个字符开始找，第一个“发”在第 10 个字符的位置，因此 FIND 函数不会遇到第一个“发”字，也不会返回这个“发”字的位置值。

鉴于 FIND 函数的这个特性，我们可以把 FIND 函数想象成一个做事马马虎虎的同学，辅导员让他去找人文学院找一个叫作“玉珍”的同学，他去找了一圈回来向辅导员报告说，“玉珍”同学在人文学院 2021 级秘书学 1 班。然而事实上，人文学院有两个“玉珍”同学，另一个在 2021 级汉语言文学 3 班。这位同学都没调查清楚这个情况，刚一找到其中一个“玉珍”同学，就立刻返回报告，如果辅导员找的不是这位“玉珍”同学，就出错了。所以在日常工作中，一定要将“细心”和“责任心”放在首位，凡事“多看一眼”“多想一步”，可以避免很多不必要的失误。工作做到位，才会让服务对象满意。

5. 如果 find_text 是一个长度大于 1 的字符串，且 find_text 被完整地包含于 within_text 中，FIND 函数则会返回 find_text 第 1 个字符在 within_text 中的位置。如果找不到会返回一个 #VALUE! 错误。例如，在图 6－3 中，A5 单元格的内容是“发动机”，C5 单元格的公式为“=FIND(A5,B5)”，表示在 B5 单元格内的字符串中查找“发动机”，函数返回结果 10。B5 单元格内，第 1 个“发动机”的首字符位置刚好是 10，说明 FIND 函数在找到“发动机”后，是以“发动机”的第 1 个字符“发”在 B5 单元格内字符串中的位置作为返回值的。A6 单元格的内容为“发起”，B6 单元格的公式为“=FIND(A6,B6)”，函数返回错误值。因为在 B6 单元格内的字符串中没有完整的出现“发起”这个字符串，即使 B6 单元格中有字符“发”，A6 单元格中也有字符“发”，也会报错。可见只有在 B6 单元格中完整地包含“发起”这两个字符时，函数才会返回有效的计算结果。

## 6.8 VALUE 函数

**函数名称：**VALUE

**主要功能：**将一个代表数值的文本型字符串转换为数值型。

**使用格式：**VALUE(text)

**参数说明：**text 代表需要转换的文本型数字。

**应用举例：**如果B2单元格中是文本型数字“03”，我们在C2单元格中输入公式“=VALUE(B2)”，回车后，即可将其转换为数值型数字3。

## 6.9 TEXT函数

**函数名称：**TEXT

**主要功能：**根据指定的数字格式将相应的数字转换为文本形式。

**使用格式：**TEXT(value,format_text)

**参数说明：**value为需要转换成文本的数值或引用的单元格；format_text为指定的数字格式。

**应用举例：**如果B3单元格中保存有数值1387.67，我们在C3单元格中输入公式“=TEXT(B68, "$0.00")”，确认后显示为“$1387.67”。

**特别提醒：**format_text参数所用格式为“自定义数字格式代码”。这方面的知识请参阅本书第14章自定义数字格式的介绍。

## 6.10 数据类型转换技巧

VALUE函数和TEXT函数实现的功能是数据类型转换，这两个函数可以实现文本型数字和数值型数字的互相转换。其实，除了使用函数外，我们还可以使用其他方法实现不同数据类型的转换。

### 6.10.1 文本型数字转换为数值型数字

除了使用value函数的方法外，还可以利用运算符进行类型转换。我们可以使用“*1”和“--”(连写两个减号)的方法来实现。假如A1单元格中存放了文本格式的数字“100”，在B1单元格键入公式“=A1*1”或“=--A1”都将得到数值型数字“100”。两个减号相当于进行了两次变号运算。

### 6.10.2 逻辑值与数值的互相转换

#### 6.10.2.1 数值转换为逻辑值

数值可以直接当成逻辑值使用，其中非零值相当于逻辑值TRUE，零值相当于逻辑值FALSE。对于例8-3中的公式，我们可以将其改为“=IF(MOD(MID(A2,17,1),2),"男","女")”，即IF函数的第1参数是一个MOD函数，省略了原来公式中的比较运算“=1”的部分。因为MOD函数返回值为数值型数字，当计算结果为1时，相当于TRUE；当计算结果为0时，相当于FALSE。

#### 6.10.2.2 逻辑值转换为数值

可以利用算术运算符将逻辑值转换为数值。如果要用逻辑值进行数学运算，可以直接将逻辑值与其他值用算术运算符连接构成表达式。在表达式的计算过程中，逻辑值 TRUE 被转换为数字 1，逻辑值 FALSE 转换为数字 0。如公式“= TRUE * 100”的计算结果为数值 100；公式“= FALSE * 100”的计算结果为数值 0。

## 6.11 翻转课堂 6：省区市信息的自动提取

请下载本书素材文件，打开如图 6－4 所示的表格。表格中 A5：A17 区域为一系列地址信息，请将此地址信息中的“省”“市”“区”信息分别提取出来，放在当前行 C 列、D 列、E 列的单元格中。提取示例如 A1：E2 区域所示。如果地址中没有相关信息，则什么都不显示。如 A5 的地址里没有“省”，则对应的“省”单元格 C5 就不显示任何信息。

提示：只需写出 C5、D5、E5 单元格的公式，将公式自动填充到其他单元格即可完成本题。

省区市名称的字符长度有可能不同，如“江苏省”是 3 个字，如果出现“黑龙江省”则是 4 个字，写出的公式应该能自动判断省的名称，无论省名包含几个字符都能自动提取。市和区的问题同理。

|  | A | B | C | D | E |
|---|---|---|---|---|---|
| 1 | 示例 |  | 省 | 市 | 区 |
| 2 | 江苏省南京市江宁区汤山街道圣湖路8号 |  | 江苏省 | 南京市 | 江宁区 |
| 3 |  |  |  |  |  |
| 4 | 地址 |  | 省 | 市 | 区 |
| 5 | 北京市西城区地安门西大街49号 |  |  |  |  |
| 6 | 山西省太原市尖草坪区迎新街北一巷2号 |  |  |  |  |
| 7 | 大连市甘井子区凌工路2号 |  |  |  |  |
| 8 | 泰州市南通路118号 |  |  |  |  |
| 9 | 北京市朝阳区朝阳公园南路1号 |  |  |  |  |
| 10 | 湖北省武汉市金银潭大道96号 |  |  |  |  |
| 11 | 青岛市市北区郑州路53号 |  |  |  |  |
| 12 | 乌鲁木齐市水磨沟区红光山路3号 |  |  |  |  |
| 13 | 长沙市晚报大道218号 |  |  |  |  |
| 14 | 广西省南宁市民族大道85号 |  |  |  |  |
| 15 | 浙江省丽水市莲都区水阁工业区石牛路232号 |  |  |  |  |
| 16 | 上海市黄浦区龙华东路800号 |  |  |  |  |
| 17 | 丽江市福慧路139号 |  |  |  |  |

图 6－4 提取省区市信息

**任务难度：**★★☆

**讲解时间：**10 分钟

**任务单：**

1. 完成本章相关知识点的学习；

2. 探索 C5、D5、E5 单元格的公式的写法，以及公式各部分的含义；

3. 制作讲解 PDF/PPT 文档；

4. 安排组员上台演示与讲解，重点介绍公式各部分的含义与用法；

5. 拓展任务：在 C5 单元格写出一个 OFA 公式，填充到 C5：E17 的区域一次性解决问题。

# 第 7 章　信息与逻辑函数

在 Excel 中，信息函数与逻辑函数是两个独立的类别。在实际应用中，信息函数与逻辑函数经常结合运用以解决问题，因此将两类函数放在一章中进行介绍。根据微软官方 Office 支持网站的数据，信息函数共有 20 个，逻辑函数共有 11 个。本章介绍两个类别下最常用的函数，IF 函数、AND 函数、OR 函数、IFERROR 函数属于逻辑函数，其余的属于信息函数。

## 7.1　IF 函数

IF 函数的主要功能是根据对指定条件的逻辑判断的真假结果，返回相对应的内容。如果 IF 函数的第 1 参数的计算结果为逻辑真(TRUE)，IF 函数会将第 2 参数的计算结果作为返回值，如果第 1 参数的计算结果为逻辑假(FALSE)，会将第 3 参数的计算结果作为返回值。

**使用格式：**IF(Logical，Value_if_true，Value_if_false)

**参数说明：**Logical 代表逻辑判断表达式，其计算结果是一个逻辑值；Value_if_true 表示当参数 Logical 的计算结果为逻辑“真(TRUE)”时的函数返回值；Value_if_false 表示当参数 Logical 的计算结果为逻辑“假(FALSE)”时的函数返回值。

**例 7-1**　在 C29 单元格中输入公式：= IF(C26>= 36,"不可应聘","可以应聘")，回车以后，如果 C26 单元格中的数值大于或等于 36，则 C29 单元格显示“不可应聘”字样，反之显示“可以应聘”字样。

## 7.2　AND 函数

来自微软 Office 支持网站

**函数名称：**AND

**主要功能：**所有参数的计算结果为 TRUE 时，AND 函数返回 TRUE；只要有一个参数的计算结果为 FALSE，即返回 FALSE。

**使用格式：**AND(logical1，logical2，...)

**参数说明：**Logical1，Logical2，Logical3……表示待测试的条件值或表达式，最多 255 个。

AND 函数会根据各参数的值返回一个逻辑值。常用于判断是否满足指定的条件。如果指定的逻辑条件参数中包含非逻辑值时，则函数返回错误值“#VALUE!”。

我们可以简单地理解为，AND 函数的每一个参数都是一个比较运算表达式。AND 函数要求所有表达式的计算结果都为 TRUE，才会返回 TRUE，否则返回 FALSE。我们可以通过 AND 函数的计算结果来判断在某个应用场景下，提出的条件是否全部满足。如果全部满足 AND 函数就会返回 TRUE；否则，只要有一个条件不满足，AND 函数都会返回 FALSE，如图 7-1 所示。

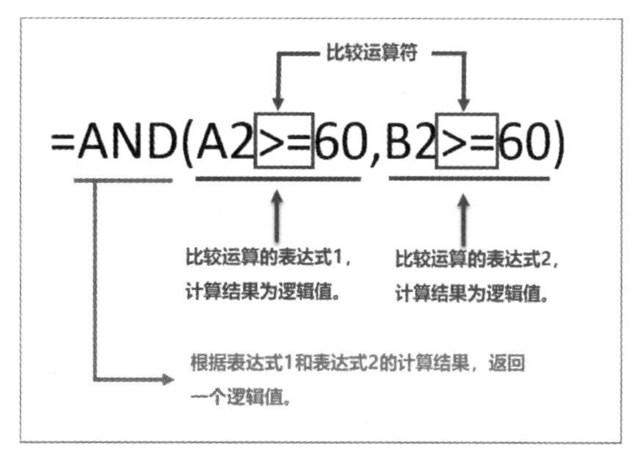


**图 7-1　AND 函数工作过程解析**

如图 7-2 所示，在 C2 单元格输入公式：= AND(A2> = 60,B2> = 60)。如果 C2 中返回 TRUE，说明 A2 和 B2 中的数值均大于等于 60，如果返回 FALSE，说明 A2 和 B2 中的数值至少有一个小于 60。

C2　=AND(A2>=60,B2>=60)

|  | A | B | C | D | E |
|---|---|---|---|---|---|
| 1 |  |  |  |  |  |
| 2 | 65 | 98 | TRUE |  |  |

C2　=AND(A2>=60,B2>=60)

|  | A | B | C | D | E |
|---|---|---|---|---|---|
| 1 |  |  |  |  |  |
| 2 | 65 | 58 | FALSE |  |  |

**图 7-2　AND 函数基础应用举例**

**例 7-2**　如图 7-3 所示，假设有一份某学院的教师信息表，现在需要在这份表格中筛选出参加某学术会议的合格人选。筛选的条件是：职称必须是“教授”，且学历必须是“博士”。如果某位教师满足上述条件，则在其对应的“是否合格”列的单元格内，显示“TRUE”，否则显示“FALSE”。

E3　=AND(B3="教授",C3="博士")

|  | A | B | C | D | E |
|---|---|---|---|---|---|
| 1 | ××学院教师信息表 |  |  |  |  |
| 2 | 姓名 | 职称 | 学历 | 参加工作时间 | 是否合格 |
| 3 | 张小华 | 副教授 | 本科 | 1985/9/1 | FALSE |
| 4 | 李永和 | 教授 | 博士 | 1988/6/10 | TRUE |
| 5 | 王鹿 | 讲师 | 硕士 | 1997/9/1 | FALSE |
| 6 | 赵雨 | 助教 | 本科 | 2003/9/3 | FALSE |

**图 7-3　利用 AND 函数进行资格筛选**

本题中提出的条件：职称必须是“教授”，且学历必须是“博士”，包含了两个条件，且两个条件必须同时满足。以第一名教师“张小华”为例，其职称信息所在的单元格为 B3，因此用比较运算表达式可将第一个条件描述为：B3 = "教授"；同理，其学历条件可描述为:C3 = "博士"。用 AND 函数测试这两个条件是否同时满足,可在 E3 单元格写出公式:= AND(B3 = "教授",C3 = "博士"),然后按下回车键,即可显示判断结果。将 E3 中的公式向下填充至 E6,即可完成本题的解答。

当然,本题中"是否合格"列的内容,完全可以显示为中文的"是"或"否",而不必让它显示为英文的"TRUE"和"FALSE"。这就需要将 AND 函数与 IF 函数结合运用。AND 函数返回值为一个逻辑值,IF 函数的第 1 参数用于条件判断,也要求是逻辑值,因此 AND 函数非常适合与 IF 函数配合使用。本题中,若想要显示"是"或"否"的提示,只需要将上述公式作为 IF 函数的第一个参数即可,E3 中完整的公式为:= IF(AND(B3 = "教授",C3 = "博士"),"是","否")。

如果将上述条件改为:职称为"副教授"及以上且学历为"博士",那么公式又该怎么写呢?又如果将条件改为:职称为"副教授"及以上且学历为"硕士"及以上,公式又该如何写?这两个问题,留给读者去思考。

## 7.3 OR 函数

OR 函数的主要功能是返回一个逻辑值,仅当所有参数值均为逻辑假(FALSE)时返回逻辑假(FALSE),否则都返回逻辑真(TRUE)。如果把 AND 函数和 OR 函数想象为两个面试官的话,AND 函数要求所有的条件必须同时满足才予以通过,而 OR 函数只要求在所有的条件中至少满足一个,就予以通过,除非全部都不满足,才不予通过。

**使用格式:**OR(logical1,logical2, ...)

**参数说明:**Logical1,Logical2,Logical3……表示待测试的条件值或表达式,最多 255 个。

**应用举例:**在 C62 单元格输入公式"=OR(A62>=100,B62>=100)"后按回车键。如果 C62 中返回 TRUE,说明 A62 和 B62 中的数值至少有一个大于或等于 100;如果返回 FALSE,说明 A62 和 B62 中的数值都小于 100。

## 7.4 错误检测函数

以"IS"开头的函数在微软 Office 支持网站中被统一划分为"IS 函数",这类函数的特点是根据参数的情况返回一个逻辑值。本书根据各函数的功能将其划分入特定的类别。

ISERROR、ISERR、ISNA 是三个错误判断函数,其参数是错误值类型,当函数检测到错误值时,返回 TRUE,表示参数存在错误;否则返回 FALSE,表示没有错误。我们可以把我们的公式片段作为这三个函数的参数,以此判断我们的公式是否存在错误,如果存在错误,还可以结合 IF 函数屏蔽错误值。在 Excel 中,错误值主要有以下类型。

## 7.4.1 Excel中的错误值类型

### 7.4.1.1 #NULL!

如果在公式中使用了不正确的区域运算符，或者在区域引用之间使用了交叉运算符(空格字符)来指定不相交的两个区域的交集，将显示此错误。

例如公式“=SUM(A2:A18 A1:E1)”的计算将产生#NULL!错误，因为公式中使用了交叉运算，而两区域A1:A16和A18:E18并不相交。

### 7.4.1.2 #DIV/0!

除数为0的错误。如果使用数值0、空白单元格或包含数值0的单元格作除数会产生此错误。

例如，在单元格中输入“=3/0”，回车后会产生#DIV/0!错误。

### 7.4.1.3 #VALUE!

值错误。在Excel中，#VALUE!表示“键入公式的方式错误，或者引用的单元格错误。”

例如，在单元格中输入=10+"hello"，回车后会产生#VALUE!错误。

### 7.4.1.4 #REF!

引用错误。引用了无效的单元格或单元格区域，或公式所引用的单元格被删除或被粘贴覆盖时会引发此错误。“REF”可以理解为“REFERENCE(引用)”的前三个字母。

例如，在单元格中键入公式“=SUM(B2,C2,D2)”后，如果删除了B列，会导致函数计算结果产生此错误。

### 7.4.1.5 #NAME?

名称错误。产生此错误是因为公式名称中出现拼写错误。

例如，键入公式“=SUN(A1:A10)”后回车，会产生此错误。因为在公式中调用SUM函数时误将函数名写成了“SUN”。

### 7.4.1.6 #NUM!

公式或函数中包含无效数值时，Excel会显示此错误。根据微软官方支持网站的介绍，如果在公式的参数中输入的数值所用数据类型或数字格式不受支持，通常会出现此错误。例如，不能输入类似$1,000的货币格式值，因为在公式中，美元符号用作绝对引用标记，而逗号则用作分隔符。若要避免#NUM!错误，请改为输入未设置格式的数字形式的值，如1000。

### 7.4.1.7 #N/A

值不存在，通常表示公式找不到要求查找的内容。一般由查找类函数VLOOKUP、HLOOKUP、XLOOKUP、LOOKUP、MATCH等函数产生。

例如，键入公式“=MATCH(0,{1,2,3})”回车后将会产生#N/A错误。因为在{1,2,3}

中不存在0，所以MATCH函数无法匹配到0，故产生#N/A错误。我们可以把查找类函数想象成一个办事员，当用户派他去查找一些信息时，如果找到了，他会回来反馈信息（返回值）；如果找不到，他会告诉你“没找到”。函数显示“#N/A”就相当于告诉你“没找到”。

#### 7.4.1.8 ########

列宽不够、日期或时间为负数。例如，如果单元格输入很长一段数据，但列宽设置的很小时会产生此错误，或在单元格输入负数，设置为日期或时间格式时都会显示一串井号（#）。

### 7.4.2 ISERROR函数

ISERROR函数的主要功能是测试表达式的计算过程是否有错。如果有错，该函数返回TRUE，反之返回FALSE。该函数可以检测出所有类型的错误值。

**使用格式：**ISERROR(value)

**参数说明：**Value表示需要测试的值或表达式。

**应用举例：**输入公式“=ISERROR(A35/B35)”回车后，如果B35单元格为空或“0”，则A35/B35存在错误，此时ISERROR函数返回TRUE，反之返回FALSE。

**特别提醒：**此函数通常与IF函数配套使用，如果将上述公式修改为：=IF(ISERROR(A35/B35),"",A35/B35)，如果B35为空或“0”，则相应的单元格显示为空，反之显示A35/B35的结果。

### 7.4.3 ISERR函数

ISERR函数的主要功能是测试表达式的计算过程是否有错。如果有错，该函数返回TRUE，反之返回FALSE。从用法上来说，该函数与ISERROR函数基本相同，主要区别是该函数不检测#N/A错误。

**使用格式：**ISERR(value)

**参数说明：**Value表示需要测试的值或表达式。

### 7.4.4 ISNA函数

ISNA函数的主要功能是测试表达式的计算过程是否会产生#N/A错误。如果有错，该函数返回TRUE，反之返回FALSE。从用法上看，该函数与上述两个函数相同，区别是该函数只检测#N/A错误。

**使用格式：**ISNA(value)

**参数说明：**Value表示需要测试的值或表达式。

### 7.4.5 ISNA、ISERR、ISERROR三者的区别

这三个函数的用法和参数的含义完全相同，区别是检测的错误类型所覆盖的范围

不同。

ISNA 函数只检测＃N/A 错误；ISERR 函数检测除＃N/A 错误以外的其他错误值；ISERROR 函数检测所有错误值。

**例 7－3** 如图 7－4 所示，表中 A 列存放了不同类型的错误值，在 B 列用 ISERROR 函数检测这些错误值，以 B2 为例，B2 中的公式为“=ISERROR(A2)”；在 C 列用 ISERR 函数检测错误值，C2 中的公式为“=ISERR(A2)”；在 D 列用 ISNA 函数检测错误值，D2 中的公式为“=ISNA(A2)”。将 B2 至 D2 的公式向下填充，函数返回值如图所示。

| | A | B | C | D |
|---|---|---|---|---|
| 1 | 错误值 | 用ISERROR检测 | 用ISERR检测 | 用ISNA检测 |
| 2 | #VALUE! | TRUE | TRUE | FALSE |
| 3 | #N/A | TRUE | FALSE | TRUE |
| 4 | #DIV/0! | TRUE | TRUE | FALSE |

**图 7－4　三种错误检测函数的区别**

只要错误检测函数检测到错误，均会返回 TRUE，没检测到错误会返回 FALSE。由图 7－4 可见，对于列出的三种错误类型，ISERROR 函数检测的结果全部为 TRUE，即 ISERROR 函数可以检测出这三种不同的错误类型；ISERR 函数对于＃N/A 错误的检测结果为 FALSE（见 C3 单元格）；ISNA 函数只有检测到＃N/A 错误时才返回 TRUE，其他错误都返回 FALSE。ISERR 函数和 ISNA 函数的检测范围相加等于 ISERROR 函数的检测范围。

### 7.4.6 利用错误检测函数屏蔽错误值

如果公式的计算过程有错误，Excel 会显示错误值。如果我们设计的表格是发给其他人使用的，则这样的公式设计对 Excel 基础较差的人员来说不够友好。如果公式没有错误，可以返回正确的结果，一切安好；一旦源数据发生了变化，导致公式计算结果出现错误值，他们可能会不知所措，因为他们有可能不知道这些错误值的符号代表什么含义。如果可以将这些错误值的符号屏蔽掉，替换成更友好的提示，可以使我们设计的公式对用户更加友好。

通常情况下，我们可以用 IF＋ISERROR 函数来屏蔽错误值。可以把我们的公式作为 ISERROR 函数的参数，再将这个 ISERROR 函数作为 IF 函数的第 1 参数，由 IF 函数根据其第 1 参数的值返回计算结果或错误提示信息。如果 ISERROR 函数返回 TRUE，则说明公式计算出现了错误，此时 IF 函数会返回其第 2 参数的值，因此我们可以将 IF 函数的第 2 参数设置为错误提示，如“您提供的数据有误”“查无此人！”“检测出错”等；如果 ISERROR 函数返回 FALSE，说明没有错误，直接返回我们的公式计算结果。因此应将 IF 函数的第 3 参数设置为与 ISERROR 函数参数相同的表达式。利用 IF＋ISERROR 函数屏蔽错误值的一般格式如下：

| IF+ISERROR 函数屏蔽错误值的一般格式 |
| --- |
| = IF(ISERROR(我们的公式),"错误提示","我们的公式") |

**例 7-4** 如图 7-5 所示,在 A2 单元格输入公式"=FIND("v","dkal")",该公式会产生错误值。这个错误值对初级用户可能不够友好,我们可以将公式改成 B2 单元格中的公式"=IF(ISERROR(FIND("v","dkal")),"无法找到指定字符",FIND("v","dkal"))",当出现错误的,会给出友好的中文提示"无法找到指定字符"。

| | A | B |
| --- | --- | --- |
| 1 | 直接使用公式 | IF+ISERROR屏蔽错误值 |
| 2 | #VALUE! | 无法找到指定字符 |

**图 7-5 利用 IF+ISERROR 函数屏蔽错误值**

利用 IF+ISERROR 函数来屏蔽错误值的缺点是公式比较冗长,在上例中,"FIND("v","dkal")"这个部分重复了两次,如果重复的部分比较长,就会导致公式很长,可读性也会降低。我们可以将这部分公式定义为名称以简化公式。当然,我们还有更简便的方法来简化公式,那就是使用 IFERROR 函数。

### 7.4.7 IFERROR 函数

利用 IFERROR 函数可以捕获和处理公式中的错误,它比 IF+ISERROR 的函数组合屏蔽错误值的用法更加的简洁。当公式计算结果为错误时,IFERROR 函数返回指定的值(一般是错误提示文本);否则它将返回公式的结果。IFERROR 函数属于逻辑函数,是在 Excel 2007 中新增的函数。

**使用格式:**IFERROR(value, value_if_error)

**参数说明:**

value 必需。检查是否存在错误的表达式。

value_if_error 必需。公式计算结果为错误时要返回的值。

对于例 7-4 中的问题,也可以使用 IFERROR 函数屏蔽错误值,在 C3 单元格中输入公式"=IFERROR(FIND("v","dkal"),"无法找到指定字符")",在出现错误时同样可以给出友好提示,如图 7-6 所示。在这个公式中,IFERROR 函数会首先检测其第一个参数"FIND("v","dkal")"是否会产生错误,如果是,则返回第二个参数;否则将第一个参数的计算结果作为函数返回值返回。

C2 fx =IFERROR(FIND("v","dkal"),"无法找到指定字符")

| | A | B | C |
| --- | --- | --- | --- |
| 1 | 直接使用公式 | IF+ISERROR屏蔽错误值 | IFERROR屏蔽错误值 |
| 2 | #VALUE! | 无法找到指定字符 | 无法找到指定字符 |

**图 7-6 利用 IFERROR 函数屏蔽错误值**

我们在设计公式时，有些函数对数据类型有一定的限制，我们可以通过格式判断函数来判断表达式计算结果的数据类型是否符合要求，并与 IF 函数相结合以应对不同的情况。ISNUMBER、ISTEXT 是较为常用的格式判断函数。

## 7.5 ISNUMBER 函数

ISNUMBER 函数的主要功能是判断其参数的值是否为数字格式(数值型)。如果是，该函数返回 TRUE，否则返回 FALSE。

**使用格式：**ISNUMBER (value)

**参数说明：**Value 表示需要测试的值或表达式。

## 7.6 ISTEXT 函数

ISTEXT 函数的主要功能是判断其参数值是否为文本格式。如果是，该函数返回 TRUE，否则返回 FALSE。

**使用格式：**ISTEXT (value)

**参数说明：**Value 表示需要测试的值或表达式。

**例 7－5** 在图 7－7 所示的表中，在输入 A2 单元格的数字“100”前，先输入了一个半角的撇号“'”，表示以文本格式输入的数字；把 A3 单元格的格式设置为文本格式后，在其中输入数字“100”；在 A4 单元格中先输入数字“100”，此时为数字格式，然后再把 A4 单元格的格式改为文本格式。之后在 B 列用 ISNUMBER 函数检测 A 列数据的格式，B2 单元格中的公式为“=ISNUMBER(A2)”，之后将 B2 单元格的公式填充到 B3 和 B4 单元格；在 C 列用 ISTEXT 函数检测 A 列的数据，C2 单元格的公式为“=ISTEXT(A2)”，再将此公式向下填充到 C3 和 C4 单元格中。从函数计算的结果来看，A2 和 A3 单元格中的数据都是文本格式，A4 单元格中的数据是数字格式。由此可见，在单元格中输入数字后，再修改单元格的格式为文本，是不能改变其数字属性的。

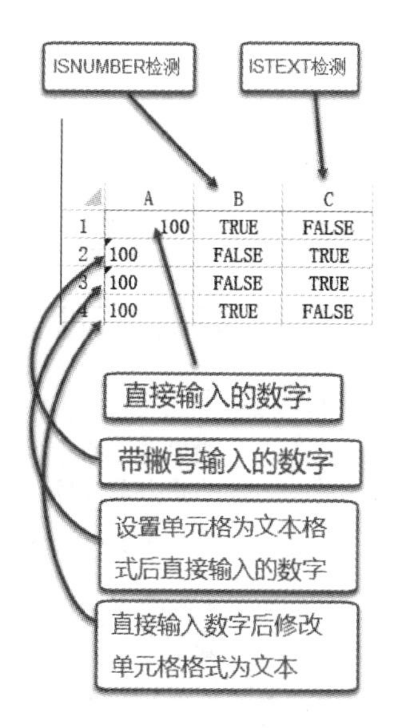


**图 7－7 利用格式判断函数检测数据格式**

## 7.7 CELL 函数

CELL 函数返回有关单元格的格式、位置或内容的信息。CELL 函数属于信息函数。

来自微软 Office 支持网站

**语法**

CELL(info_type, [reference])

CELL 函数语法具有下列参数：

| 参数 | 说明 |
|---|---|
| info_type<br>必需 | 一个文本值，指定要返回的单元格信息的类型。下面的列表显示了 Info_type 参数的可能值及相应的结果。 |
| reference<br>可选 | 需要其相关信息的单元格。<br>如果省略，则为计算时 info_type 单元格返回参数中指定的信息。如果 reference 参数是单元格区域，则 CELL 函数返回所选区域的活动单元格的信息。<br>重要：尽管从技术上来说引用是可选的，但建议在公式中包括它，除非你了解它不存在对公式结果的影响，并且希望该效果到位。省略 reference 参数无法可靠地生成有关特定单元格的信息，原因如下：<br>在自动计算模式下，当用户修改单元格时，计算可能在选择进行之前或之后触发，具体取决于用于计算 Excel。例如，Excel Windows 选择更改之前触发计算，Excel 网页版选择在之后触发计算。<br>当 Co-Authoring 编辑的其他用户进行编辑时，此函数将报告活动单元格，而不是编辑器的。<br>任何重新计算(例如按 F9)将导致函数返回新结果，即使未进行单元格编辑。 |

info_type 值

以下列表描述了可用于参数 info_type 值。

| info_type | 返回结果 |
|---|---|
| “address” | 引用中第一个单元格的引用，文本类型。 |
| “col” | 引用中单元格的列标。 |
| “color” | 如果单元格中的负值以不同颜色显示，则为值 1；否则，返回 0(零)。<br>注意：Excel 网页版、Excel Mobile 和 Excel Starter 中不支持此值。 |
| "contents" | 引用中左上角单元格的值：不是公式。 |
| "filename" | 包含引用的文件名(包括全部路径)，文本类型。如果包含目标引用的工作表尚未保存，则返回空文本("")。<br>注意：Excel 网页版、Excel Mobile 和 Excel Starter 中不支持此值。 |
| “format” | 对应于单元格数字格式的文本值。下表显示了各种格式的文本值。如果单元格为负值设置颜色格式，则返回文本值末尾的"—"。如果单元格()正值或所有值的括号，则返回文本值末尾的"()"。<br>注意：Excel 网页版、Excel Mobile 和 Excel Starter 中不支持此值。 |

续 表

| | 来自微软 Office 支持网站 |
|---|---|
| "parentheses" | 如果单元格中为正值或所有单元格均加括号，则为值 1；否则返回 0。<br>注意：Excel 网页版、Excel Mobile 和 Excel Starter 中不支持此值。 |
| "prefix" | 与单元格中的"前置标签"相对应的文本值。如果单元格文本左对齐，则返回单引号(')；如果单元格文本右对齐，则返回双引号(")；如果单元格文本居中，则返回插入字符(^)；如果单元格文本两端对齐，则返回反斜线(\)；如果是其他情况，则返回空文本("")。<br>注意：Excel 网页版、Excel Mobile 和 Excel Starter 中不支持此值。 |
| "protect" | 如果单元格没有锁定，则为值 0；如果单元格锁定，则返回 1。<br>注意：Excel 网页版、Excel Mobile 和 Excel Starter 中不支持此值。 |
| "row" | 引用中单元格的行号。 |
| "type" | 对应于单元格中数据类型的文本值。如果单元格为空，则返回"b"表示空白；如果单元格包含文本常量，则返回"l"表示标签；如果单元格包含任何其他内容，则返回"v"作为值。 |
| "width" | 返回包含 2 个项的数组。<br>数组的第一项是单元格的列宽，四舍五入为整数。列宽以默认字号的一个字符的宽度为单位。<br>数组的第二项是布尔值，如果列宽为默认值，则值为 TRUE；如果用户显式设置了宽度，则值为 FALSE。<br>注意：Excel 网页版、Excel Mobile 和 Excel Starter 中不支持此值。 |

CELL 函数的第 1 个参数 info_type 决定了 CELL 函数返回信息的类型。例如在 A5 单元格中输入公式"=CELL("address")"后回车，显示"$A$5"。因为"address"表示返回单元格的地址信息。输入公式"=CELL("filename")"后回车，如果当前文档已经保存在磁盘上，则显示"D:\个人文档\[错误检测函数.xlsx]Sheet1"。因为"filename"表示返回当前工作簿的文件路径和文件名。由上表可知，info_type 的取值有很多，分别代表了不同的信息类型，读者朋友可以一一去实验。其中有些 info_type 的取值在日常工作中使用频率较低，只需掌握较为常用的取值用法即可。需要注意的是，第 2 参数指定了 CELL 函数要提供信息的单元格地址，如果省略了第 2 参数，则 CELL 函数返回最后修改的单元格的信息。如公式"=CELL("address",B2)"，返回的是 B2 单元格的地址，因为其第 2 参数指定了 CELL 函数应返回 B2 单元格的相关信息。如果省略第 2 参数，公式"=CELL("address")"返回的是最后修改的单元格地址。读者朋友可以在 Excel 中按如下方式实验，先在一个单元格中输入上述公式，然后随机在一些单元格中输入数据，可以看到公式返回值的变化。

# 第 8 章　数学计算函数

在微软官方 Office 支持网站中，这类函数被称为数学和三角函数，总共有 82 个函数。本书根据介绍的内容，将其称为数学计算函数。数学计算函数主要用来实现各类算术运算。本章主要介绍最为常用的绝对值函数、取整函数以及乘积、乘幂、平方根函数等，由于最为常见的求和 SUM、平均值 AVERAGE 等函数一般在公共基础课中多有介绍，本书则不再介绍。

## 8.1　ABS 函数

ABS 函数的主要功能是求其参数的绝对值。

**使用格式：**ABS(number)

**参数说明：**number 代表需要求绝对值的数值或引用的单元格。number 应该是一个数值型数据，ABS 函数可以接受文本型数字数据，对于非数字的文本型数据则会报错。

**例 8－1**　在图 8－1 所示的表格中，A 列是待处理的数据。A2 中的数据为数值型数字，A3 中的数据为文本型数字，A4 中的数据为文本。在 B2 中输入公式“＝ABS(A2)”后，下拉填充到 B4。可见对于 A3 中的文本型数字，B3 中仍然可以返回正确结果；对于 A4 中的文本，B4 中返回错误值“#VALUE!”。

| | A | B |
|---|---|---|
| 1 | 数据 | ABS函数处理后数据 |
| 2 | 3 | 3 |
| 3 | -3.23 | 3.23 |
| 4 | G | #VALUE! |

**图 8－1　ABS 函数基础应用举例**

C2　=ABS(B2-A2)/B2

| | A | B | C |
|---|---|---|---|
| 1 | 测量值 | 理论值 | 误差 |
| 2 | 93 | 100 | 7% |
| 3 | 109 | 100 | 9% |
| 4 | 87 | 100 | 13% |

**图 8－2　ABS 函数应用举例**

**例 8－2**　实际工作中可以利用 ABS 函数屏蔽负号。例如在图 8－2 所示的表格中，误差为理论值与测量值的差与理论值的比值，如果将 C2 中的公式写为“=(B2-A2)/B2”回车后向下填充至 C4，则 C3 中的误差值为－9%，这显然不符合常理。可以将 C2 中的公式改为“=ABS(B2-A2)/B2”，再向下填充公式，则无论什么情况，误差值都是非负的。

## 8.2 INT 函数

INT 函数的主要功能是将数值向下取整为最接近的整数。

**使用格式：**INT(number)

**参数说明：**number 表示需要取整的数值或包含数值的单元格引用。

**应用举例：**输入公式：=INT(18.69)，确认后显示出 18。

**特别提醒：**INT 函数在取整时是向下取整，不进行四舍五入，要注意其在处理负数时，处理后数据的绝对值要大于参数的绝对值。如果输入的公式为=INT(－18.69)，则返回结果为－19。

## 8.3 TRUNC 函数

来自微软 Office 支持网站

**功能**

将数字的小数部分截去，返回整数。

**语法**

TRUNC(number，[num_digits])

TRUNC 函数语法具有下列参数：

Number　必需。需要截尾取整的数字。

num_digits　可选。用于指定取整精度的数字，num_digits 的默认值为 0(零)。

**说明**

TRUNC 和 INT 的相似之处在于两者都返回整数。TRUNC 删除数字的小数部分。INT 根据数字小数部分的值将该数字向下舍入为最接近的整数。INT 和 TRUNC 仅当作用于负数时才有所不同：TRUNC(－4.3)返回－4，而 INT(－4.3)返回－5，因为－5 是更小的数字。

**示例**

复制下表中的示例数据，然后将其粘贴进新的 Excel 工作表的 A1 单元格中。要使公式显示结果，请选中它们，按 F2，然后按 Enter。如果需要，可调整列宽以查看所有数据。

| 公式 | 说明 | 结果 |
|---|---|---|
| = TRUNC(8.9) | 将 8.9 截尾取整(8)。 | 8 |
| = TRUNC( - 8.9) | 将负数截尾取整并返回整数部分(－8)。－8 | |
| = TRUNC(0.45) | 将 0 和 1 之间的数字截尾取整，并返回整数部分(0)。 | 0 |

在微软的 Office 支持网站上，TRUNC 函数被描述为取整函数，然而 TRUNC 函数并不是纯粹的取整函数，它是根据其第 2 参数 num_digits 的值截取其第 1 参数 number 的有效部分，只有当 num_digits 的值为 0 或者省略时，TRUNC 函数才相当于取整函数。例如，键入公式“= TRUNC(8.29,1)”，回车后显示 8.2。TRUNC 函数取整的方式比较简单直接，就是直接舍弃不需要的部分，保留有效的部分，不四舍五入。

对于 TRUNC 函数和 INT 函数的区别，微软的 Office 支持网站介绍的已经比较详细。请大家注意二者的区别。

## 8.4 MOD 函数

来自微软 Office 支持网站

MOD 函数的主要功能是求出两数相除的余数。结果的符号与除数相同。

语法

MOD(number, divisor)

MOD 函数语法具有下列参数：

Number　必需。要计算余数的被除数。

Divisor　必需。除数。

备注

如果除法为 0，则 MOD 返回 #DIV/0! 错误值。

MOD 函数可以借用 INT 函数来表示：

MOD(n,d) = n - d * INT (n/d)

示例

复制下表中的示例数据，然后将其粘贴进新的 Excel 工作表的 A1 单元格中。要使公式显示结果，请选中它们，按 F2，然后按 Enter。如果需要，可调整列宽以查看所有数据。

| 公式 | 说明 | 结果 |
|---|---|---|
| =MOD(3, 2) | 3/2 的余数 | 1 |
| =MOD(-3, 2) | −3/2 的余数。符号与除数相同 | 1 |
| =MOD(3, -2) | 3/−2 的余数。符号与除数相同 | −1 |
| =MOD(-3, -2) | −3/−2 的余数。符号与除数相同 | −1 |

MOD 函数可以接受文本型数字作为其参数，MOD 函数可以自动将其转换为数值型数据后再计算结果。

**例 8-3**　我们可以根据身份证号码的第 17 位数字，判断该身份证主人的性别。如果第 17 位数字为奇数，身份证主人的性别为男性；如果第 17 为数字为偶数，则为女性。可以设计如图 8-3 所示的表格，在 A2 单元格中输入一个身份证号码，在 B2 单元格立刻显示其性别。B2 单元格的公式为“=IF(MOD(MID(A2,17,1),2)=1,"男","女")”。在该公式中，最核心的部分为 IF 函数的第 1 参数的表达式。其中 MID(A2,17,1)表示将 A2 中的身份证号码的第 17 位取出，作为 MOD 函数的第 1 参数，与数字 2 进行取余运算。表达式 MID(A2,17,1)的计算结果是一个文本型数字，将其直接作为 MOD 函数的第 1 参数仍能计算出正确结果。

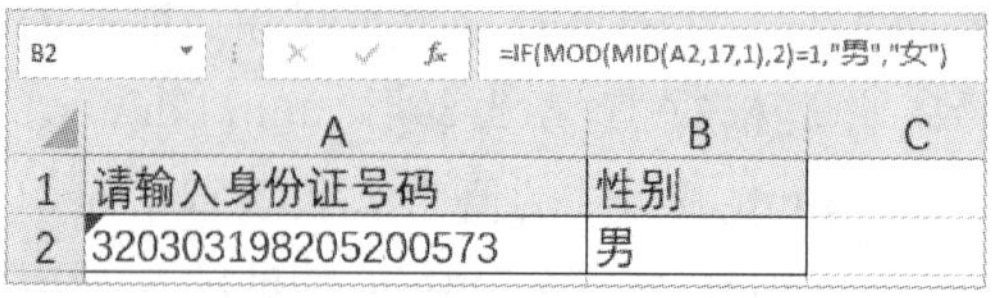

B2　=IF(MOD(MID(A2,17,1),2)=1,"男","女")

| | A | B | C |
|---|---|---|---|
| 1 | 请输入身份证号码 | 性别 | |
| 2 | 320303198205200573 | 男 | |

**图 8-3　判断身份证号码主人的性别**

## 8.5 PRODUCT 函数

**来自微软 Office 支持网站**

**说明**

PRODUCT 函数将所有参数相乘，并返回乘积值。例如，如果单元格 A1 和 A2 包含数字，可以使用公式 = PRODUCT (A1,A2)将两个数字相乘。也可使用乘法“ * ”和数学运算符“()”实现相同的操作；例如，=A1 * A2。

当需要将多个单元格相乘时，PRODUCT 函数非常有用。例如，公式 = PRODUCT (A1:A3,C1:C3)等效于 = A1 * A2 * A3 * C1 * C2 * C3。

**语法**

PRODUCT(number1, [number2], ...)

PRODUCT 函数语法具有下列参数：

number1　必需。要相乘的第一个数字或范围。

number2，...　可选。要相乘的其他数字或单元格区域，最多可以使用 255 个参数。

注意：如果参数是一个数组或引用，则只使用其中的数字相乘。数组或引用中的空白单元格、逻辑值和文本将被忽略。

**示例**

复制下表中的示例数据，然后将其粘贴进新的 Excel 工作表的 A1 单元格中。要使公式显示结果，请选中它们，按 F2，然后按 Enter 如果需要，可调整列宽以查看所有数据。

| 数据 |
|---|
| 5 |
| 15 |
| 30 |

| 公式 | 说明 | 结果 |
|---|---|---|
| = PRODUCT(A2:A4) | 计算单元格 A2 至 A4 中数字的乘积。 | 2250 |
| = PRODUCT(A2:A4, 2) | 计算单元格 A2 至 A4 中数字的乘积，然后再将结果乘以 2。 | 4500 |
| = A2 * A3 * A4 | 使用数学运算符而不是 PRODUCT 函数来计算单元格 A2 至 A4 中数字的乘积。 | 2250 |

PRODUCT 函数的用法较为简单，上述微软 Office 支持网站的解释已经非常清楚，本书不再赘述。

## 8.6 POWER 函数

来自微软 Office 支持网站

**说明**

POWER 函数返回数字乘幂的结果。

**语法**

POWER(number, power)

POWER 函数语法具有下列参数：

Number　必需。基数，可为任意实数。

power　必需。基数乘幂运算的指数。

**备注**

可以使用"^"代替 POWER，以表示基数乘幂运算的幂，例如 5^2。

**示例**

复制下表中的示例数据，然后将其粘贴进新的 Excel 工作表的 A1 单元格中。要使公式显示结果，请选中它们，按 F2，然后按 Enter。如果需要，可调整列宽以查看所有数据。

| 公式 | 说明 | 结果 |
|---|---|---|
| =POWER(5,2) | 5 的平方 | 25 |
| =POWER(98.6,3.2) | 98.6 的 3.2 次幂。 | 2401077.222 |
| =POWER(4,5/4) | 4 的 5/4 次幂 | 5.656854249 |

POWER 函数的主要功能是返回数字乘幂的计算结果。number 为底数，power 为指数。两个参数可以是任意实数，当参数 power 的值为小数时，表示计算开方值；当参数 number 取值小于 0 且参数 power 为小数时，POWER 函数将返回 #NUM! 错误值。

例如：计算 100 的平方值公式为"=POWER(100,2)"；计算 100 的平方根公式为"=POWER(100,0.5)"，因在实数范围内负数没有平方根，所以公式"=POWER(-100,0.5)"会返回 #NUM! 错误值。

## 8.7 SQRT 函数

来自微软 Office 支持网站

**说明**

SQRT 函数返回正的平方根。

**语法**

SQRT(number)

SQRT 函数语法具有下列参数：

Number　必需。要计算其平方根的数字。

**备注**

如果 number 为负数，则 SQRT 返回 #NUM! 错误值。

续　表

| 来自微软 Office 支持网站 | | |
|---|---|---|
| **示例**<br>复制下表中的示例数据，然后将其粘贴进新的 Excel 工作表的 A1 单元格中。要使公式显示结果，请选中它们，按 F2，然后按 Enter。如果需要，可调整列宽以查看所有数据。 | | |
| 数据 | | |
| －16 | | |
| 公式 | 说明 | 结果 |
| ＝SQRT(16) | 16 的平方根。 | 4 |
| ＝SQRT(A2) | －16 的平方根。由于数字为负数，因此 #NUM! 返回错误消息。 | #NUM! |
| ＝SQRT(ABS(A2)) | 避免 #NUM! 错误消息：首先使用 ABS 函数查找－16 的绝对值，然后查找平方根。 | 4 |

## 8.8　SUBTOTAL 函数

来自微软 Office 支持网站

**说明**

返回列表或数据库中的分类汇总。通常，使用 Excel 桌面应用程序中“数据”选项卡上“大纲”组中的“分类汇总”命令更便于创建带有分类汇总的列表。一旦创建了分类汇总列表，就可以通过编辑 SUBTOTAL 函数对该列表进行修改。

**语法**

SUBTOTAL(function_num，ref1，[ref2]，…)

SUBTOTAL 函数语法具有以下参数：

function_num 必需。数字 1—11 或 101—111，用于指定要为分类汇总使用的函数。如果使用 1—11，将包括手动隐藏的行；如果使用 101—111，则排除手动隐藏的行；始终排除已筛选掉的单元格。

**表 8-1　SUBTOTAL 函数的参数 function_num 的取值列表**

| Function_num(包含隐藏值) | Function_num(忽略隐藏值) | 函数 |
|---|---|---|
| 1 | 101 | AVERAGE |
| 2 | 102 | COUNT |
| 3 | 103 | COUNTA |
| 4 | 104 | MAX |
| 5 | 105 | MIN |
| 6 | 106 | PRODUCT |
| 7 | 107 | STDEV |
| 8 | 108 | STDEVP |
| 9 | 109 | SUM |
| 10 | 110 | VAR |
| 11 | 111 | VARP |

续　表

| 来自微软 Office 支持网站 |
| --- |
| ref1 必需。要对其进行分类汇总计算的第一个命名区域或引用。<br>ref2,...可选。要对其进行分类汇总计算的第 2 个至第 254 个命名区域或引用。<br>备注<br>如果 ref1 中还有其他小计，则引用 ref2,...(或嵌套小计)，将忽略这些嵌套式小计以避免双重计数。<br>当 function_num 为从 1 到 11 的常数时，SUBTOTAL 函数将包括通过“隐藏行”命令所隐藏的行中的值，该命令位于 Excel 桌面应用程序中“开始”选项卡上“单元格”组中“格式”命令的“隐藏和取消隐藏”子菜单下面。当您要对列表中的隐藏和非隐藏数字进行分类汇总时，请使用这些常数。当 function_num 为从 101 到 111 的常数时，SUBTOTAL 函数将忽略通过“隐藏行”命令所隐藏的行中的值。当您只想对列表中的非隐藏数字进行分类汇总时，请使用这些常数。<br>SUBTOTAL 函数忽略任何不包括在筛选结果中的行，不论使用什么 function_num 值。<br>SUBTOTAL 函数适用于数据列或垂直区域。不适用于数据行或水平区域。例如，当 function_num 大于或等于 101 时需要分类汇总某个水平区域时，例如 SUBTOTAL(109,B2:G2)，则隐藏某一列不影响分类汇总。但是隐藏分类汇总的垂直区域中的某一行就会对其产生影响。<br>如果任何引用都是三维引用，则 SUBTOTAL 返回 #VALUE! 错误值。 |

SUBTOTAL 函数的主要功能是返回列表或数据库中的分类汇总。

通过以上介绍的可见，SUBTOTAL 函数在其第 1 参数取不同的值时，扮演了不同函数的角色。如其第 1 参数取值为 1 或 101 时，SUBTOTAL 函数相当于 AVERAGE 函数；取值为 2 或 102 时，SUBTOTAL 函数相当于 COUNT 函数；取值为 9 或 109 时，SUBTOTAL 函数相当于 SUM 函数。它就像孙悟空一样会 72 变，进行角色扮演。但很多读者朋友会想，既然我们已经有了 AVERAGE、COUNT、SUM 这些函数，为何还需要 SUBTOTAL 函数呢？因为 SUBTOTAL 函数适用于分类汇总后的表格，对筛选后的隐藏值可以动态忽略。

**例 8－4**　在如图 8－5 所示的表格中，我们开启了筛选功能。方法是选中表头区域 A1:E1，在**数据**选项卡下点击**排序和筛选**组的**筛选**按钮(圆珠笔式按钮)，使之呈按下状态，如图 8－4 所示。则在图 8－5 所示的表格的表头上会出现下拉按钮。我们使用 SUBTOTAL 函数计算语文成绩的总分，E12 单元格的公式为“＝SUBTOTAL(109,E2:E11)”。根据表 8－1 可知，SUBTOTAL 函数的第 1 参数取值 109 时，表示此时 SUBTOTAL 函数相当于 SUM 函数，用于求和且忽略隐藏值；第 2 参数“E2:E11”是求和的区域。

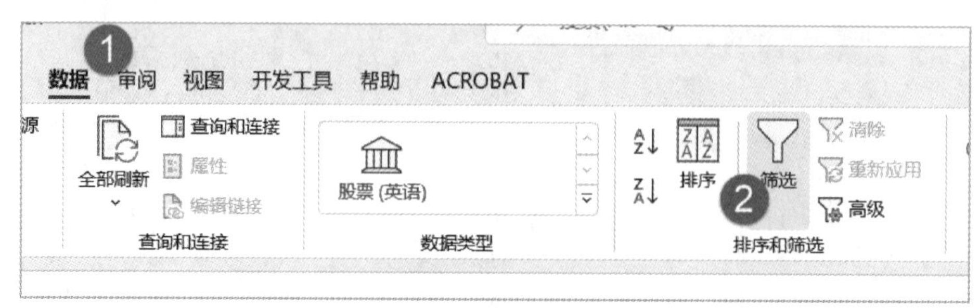


图 8－4　开启筛选功能的步骤

| | A | B | C | D | E |
|---|---|---|---|---|---|
| 1 | 学号 | 姓名 | 性别 | 所在组 | 语文 |
| 2 | 10381 | 胡彬彬 | 男 | 一组 | 85.0 |
| 3 | 10382 | 黄筱筱 | 男 | 三组 | 71.0 |
| 4 | 10383 | 季奔奔 | 女 | 二组 | 71.0 |
| 5 | 10384 | 李宸 | 女 | 一组 | 70.0 |
| 6 | 10385 | 陈可 | 男 | 一组 | 75.0 |
| 7 | 10386 | 黄雷 | 男 | 二组 | 72.0 |
| 8 | 10387 | 张以 | 男 | 一组 | 92.0 |
| 9 | 10388 | 王寻 | 男 | 二组 | 68.0 |
| 10 | 10389 | 王波 | 女 | 三组 | 67.0 |
| 11 | 10390 | 秦浩 | 女 | 三组 | 62.0 |
| 12 | | | | SUBTOTAL | 733 |
| 13 | | | | SUM | 733.0 |

**图 8-5　SUBTOTAL 函数应用举例**

为了便于对比结果，我们在 E13 单元格使用公式“=SUM(E2:E11)”对语文成绩进行求和，此时可见 SUBTOTAL 函数和 SUM 函数计算结果完全一致。

我们欲要查看“一组”的语文成绩。点击表头上“所在组”单元格旁的下拉箭头，选中“一组”，并取消其他组的选中状态，如图 8-6 所示。

点击**确定**后，表格中只显示“一组”的相关记录，其他组的相关行被隐藏，左边的行号为不连续数字，且变为蓝色，如图 8-7 所示。

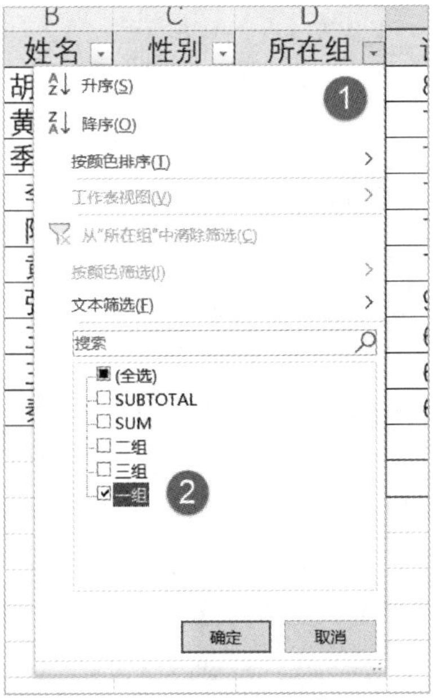

升序(S)
降序(O)
按颜色排序(T)
工作表视图(V)
从“所在组”中清除筛选(C)
按颜色筛选(I)
文本筛选(F)
搜索
(全选)
SUBTOTAL
SUM
二组
三组
一组
确定　取消

**图 8-6　筛选查看“一组”的语文成绩**

| | A | B | C | D | E |
|---|---|---|---|---|---|
| 1 | 学号 | 姓名 | 性别 | 所在组 | 语文 |
| 2 | 10381 | 胡彬彬 | 男 | 一组 | 85.0 |
| 5 | 10384 | 李宸 | 女 | 一组 | 70.0 |
| 6 | 10385 | 陈可 | 男 | 一组 | 75.0 |
| 8 | 10387 | 张以 | 男 | 一组 | 92.0 |
| 13 | | | | SUBTOTAL | 322 |
| 14 | | | | SUM | 733.0 |

**图 8-7　筛选后的表格**

筛选“一组”的数据后，我们看到 SUBTOTAL 函数求和的结果立刻发生了变化，只对当前表格显示出来的语文成绩进行了求和，而忽略了被隐藏的值；SUM 函数求和的结果则无变化，无论数据显示或隐藏，只要是其参数引用范围内的数据，都被用来求和。这就是二者的区别。

**特别提醒：**有时不必手工键入此函数和相关公式，利用 Excel 表格提供的汇总功能，可以自动插入以 SUBTOTAL 函数为主体的公式。这里所说的 Excel 表格并不是指 Excel 工作表，也不是工作表中的某一个单元格范围，而是在选中一个数据区域后，单击**插入**-**表格**命令所创建的表格。很多业界论坛和相关书籍将 Excel 表格称为“超级表”,以示和传统意义上的 Excel 数据表(数据区域)相区别。将一个数据区域转换为“超级表”后,将拥有许多非凡的功能和特性,这里不多展开,感兴趣的读者朋友可以上网搜索“Excel 超级表”的相关资料。以下仅对“超级表”中与 SUBTOTAL 函数相关的部分加以说明。

首先,需要将当前正在操作的数据区域转换为 Excel 表格(超级表)。选中数据区域内任意一个单元格,单击**插入**-**表格**命令,在弹出的**创建表**设置窗口中正确设置数据来源后,单击**确定**按钮,当前数据区域就会被转换为 Excel 表格。具体操作步骤如图 8-8 所示。

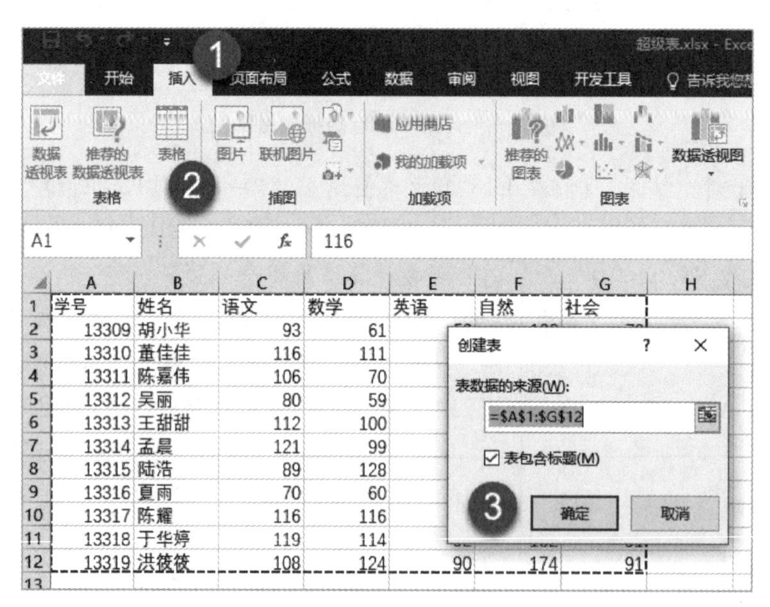


图 8-8　插入 Excel 表格

数据区域转换为表格后,外观上会发生变化,如图 8-9 所示。

| 学号 | 姓名 | 语文 | 数学 | 英语 | 自然 | 社会 |
|---|---|---|---|---|---|---|
| 13309 | 胡小华 | 93 | 61 | 53 | 132 | 73 |
| 13310 | 董佳佳 | 116 | 111 | 84 | 161 | 88 |
| 13311 | 陈嘉伟 | 106 | 70 | 80 | 152 | 88 |
| 13312 | 吴丽 | 80 | 59 | 63 | 100 | 61 |
| 13313 | 王甜甜 | 112 | 100 | 89 | 156 | 92 |
| 13314 | 孟晨 | 121 | 99 | 93 | 161 | 92 |
| 13315 | 陆浩 | 89 | 128 | 74 | 156 | 70 |
| 13316 | 夏雨 | 70 | 60 | 51 | 107 | 48 |
| 13317 | 陈耀 | 116 | 116 | 80 | 165 | 90 |
| 13318 | 于华婷 | 119 | 114 | 92 | 182 | 91 |
| 13319 | 洪筱筱 | 108 | 124 | 90 | 174 | 91 |

图 8-9　转换为 Excel 表格后的样式

将数据区域转换为 Excel 表格后,鼠标定位在数据区域内时,会出现**表格工具**-**设计**选项卡。

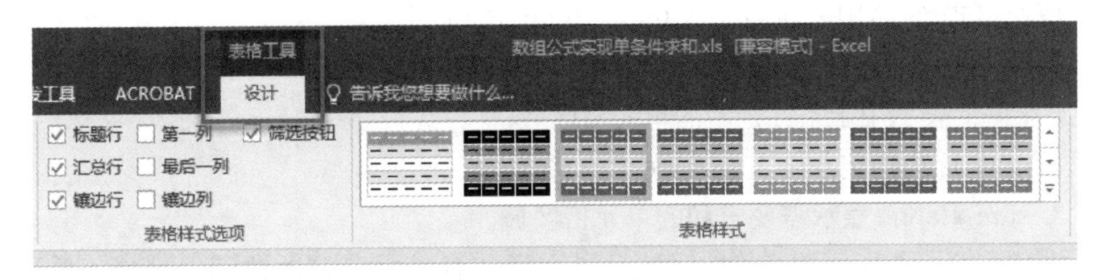


图 8-10 表格工具-设计选项卡

勾选图 8-10 中的“汇总行”复选框，当前表格下方会追加一行“汇总行”，还可以在“汇总行”各单元格的下拉列表里选择汇总的方式。选定某种汇总方式后，Excel 会自动在该单元格中填入以 SUBTOTAL 函数为主体的公式，如图 8-11 所示。

超级表.xlsx - Excel

G13 =SUBTOTAL(109,[社会])

| | A | B | C | D | E | F | G |
|---|---|---|---|---|---|---|---|
| 1 | 学号 | 姓名 | 语文 | 数学 | 英语 | 自然 | 社会 |
| 2 | 13309 | 胡小华 | 93 | 61 | 53 | 132 | 73 |
| 3 | 13310 | 董佳佳 | 116 | 111 | 84 | 161 | 88 |
| 4 | 13311 | 陈嘉伟 | 106 | 70 | 80 | 152 | 88 |
| 5 | 13312 | 吴丽 | 80 | 59 | 63 | 100 | 61 |
| 6 | 13313 | 王甜甜 | 112 | 100 | 89 | 156 | 92 |
| 7 | 13314 | 孟晨 | 121 | 99 | 93 | 161 | 92 |
| 8 | 13315 | 陆浩 | 89 | 128 | 74 | 156 | 70 |
| 9 | 13316 | 夏雨 | 70 | 60 | 51 | 107 | 48 |
| 10 | 13317 | 陈耀 | 116 | 116 | 80 | 165 | 90 |
| 11 | 13318 | 于华婷 | 119 | 114 | 92 | 182 | 91 |
| 12 | 13319 | 洪筱筱 | 108 | 124 | 90 | 174 | 91 |
| 13 | 汇总 | | | | | | 884 |

无
平均值
计数
数值计数
最大值
最小值
求和
标准偏差
方差
其他函数...

图 8-11 Excel 表格的汇总行

## 8.9 SUMIF 函数

**函数名称：**SUMIF

**主要功能：**计算符合指定条件的单元格区域内的数值和。

**使用格式:**SUMIF(Range,Criteria[,Sum_Range])

**参数说明:**

1. range 表示用于条件判断的单元格区域;

2. criteria 为指定条件表达式,为文本格式;

3. sum_Range 表示需要求和的单元格区域。

在如图 8-12 所示的表格中,要在 G3 单元格计算"一班"的成绩总分,G4 单元格中计算"二班"的成绩总分。可以在 G3 单元格中键入公式"=SUMIF($D$2:$D$12,LEFT(F3,2),$C$2:$C$12)",向下填充到 G4,即可完成本题的解答。

| | A | B | C | D | E | F | G |
|---|---|---|---|---|---|---|---|
| 1 | 学号 | 姓名 | 成绩 | 班级 | | | |
| 2 | 10701 | 王伟 | 71 | 一班 | | | |
| 3 | 10702 | 王兴 | 94 | 二班 | | 一班总分 | 572 |
| 4 | 10703 | 陈德 | 59 | 一班 | | 二班总分 | 189 |
| 5 | 10704 | 陈晓星 | 61 | 二班 | | | |
| 6 | 10705 | 陈一 | 89 | 一班 | | | |
| 7 | 10706 | 赵时 | 96 | 一班 | | | |
| 8 | 10707 | 赵菲 | 45 | 一班 | | | |
| 9 | 10708 | 张琪 | 34 | 二班 | | | |
| 10 | 10709 | 李明 | 80 | 一班 | | | |
| 11 | 10710 | 李清 | 74 | 一班 | | | |
| 12 | 10711 | 尹晓晓 | 58 | 一班 | | | |

**图 8-12 SUMIF 函数应用举例**

在上述公式中,SUMIF 函数在第 1 参数指定的区域 D2:D12 进行条件判断,所用的条件为其第 2 参数的表达式"LEFT(F3,2)"的计算结果字符串"一班",对符合条件的记录,将其在 C2:C12 区域中对应的单元格进行求和。因为公式要向下填充,需要考虑引用类型问题,条件判断的区域和求和的区域都是固定不变的,故将其第 1 参数和第 3 参数的引用类型改为绝对引用,F3 单元格的引用类型为相对引用。

特别提醒:

1. SUMIF 函数是支持单条件的求和函数,即其第 2 参数只支持一个条件;

2. SUMIF 函数的第 2 参数 Criteria 必须是文本格式,这些要求和 COUNTIF 的第 2 参数的用法要求一样;

3. SUMIF 函数的第 3 参数是可选项,省略时 SUMIF 函数既在第 1 参数指定的区域进行条件判断,又在该区域进行求和。

**例 8-5** 如果要在图 8-12 所示的表格中,计算全班成绩中大于 70 分的总分,则可在任一空单元格中键入公式"=SUMIF(C2:C12,"＞70")",回车后返回结果 504。在这个例子中,SUMIF 函数省略了第 3 参数 Sum_Range。SUMIF 函数先在 C2:C12 区域内进行条件判断,找出该区域内"＞70"的单元格,然后再对这些单元格进行求和。

这种情况下 SUMIF 函数两个参数 Criteria 和 Sum Range 的用法和 COUNTIF 函数的完全一样，区别只是 COUNTIF 函数用于单条件计数，SUMIF 函数用于单条件求和。关于 COUNTIF 函数的使用，请查阅本书 11.6 COUNTIF 函数的介绍。

## 8.10 SUMPRODUCT 函数

因为该函数涉及数组的相关知识，若不具备数值知识，请先参阅本书第 13 章数组公式的介绍，再跳转回本节学习。

来自微软 Office 支持网站

SUMPRODUCT 函数返回相应范围或数组的个数之和。默认操作是乘法，但也可以执行加减除运算。

**语法**

```
=SUMPRODUCT(array1,[array2],[array3],...)
```

SUMPRODUCT 函数语法具有下列参数：

| 参数 | 说明 |
| --- | --- |
| array1 必需 | 其相应元素需要进行相乘并求和的第一个数组参数。 |
| [array2],[array3],...可选 | 2 到 255 个数组参数，其相应元素需要进行相乘并求和。 |

**执行其他算术运算**

像往常一样使用 SUMPRODUCT，但请将分隔数组参数的逗号替换为所需的算术运算符（*、/、+、-）。执行所有操作后，结果将像往常一样进行求和。

注意：如果使用算术运算符，请考虑将数组参数括在括号中，并使用括号对数组参数进行分组以控制算术运算的顺序。

**备注**

数组参数必须具有相同的维数。否则，函数 SUMPRODUCT 将返回 #VALUE! 错误值 #REF!。例如，=SUMPRODUCT(C2:C10,D2:D5)将返回错误，因为范围的大小不同。

SUMPRODUCT 将非数值数组条目视为零。

为获得最佳性能，SUMPRODUCT 不应与完整列引用一同使用。请考虑 =SUMPRODUCT(A:A,B:B)，在此函数将 A 列中的 1048576 个单元格乘以 B 列中的 1048576 个单元格，然后再添加它们。

**示例**

D7 =SUMPRODUCT(C2:C5,D2:D5)

| | A | B | C | D |
| --- | --- | --- | --- | --- |
| 1 | | Item | Cost per Unit | Quantity |
| 2 | | Green Tea | $3.25 | 9 |
| 3 | | Chai | $2.20 | 7 |
| 4 | | Mint | $4.20 | 3 |
| 5 | | Ginger | $3.62 | 6 |
| 6 | | | | |
| 7 | | | Total Sales | $78.97 |
| 8 | | | | |

续　表

| 来自微软 Office 支持网站 |
| --- |
| 若要使用上面的示例列表创建公式，请键入 = SUMPRODUCT(C2:C5,D2:D5)并按 Enter。列 C 中的每个单元格乘以 D 列中同一行中的对应单元格，结果将相加。杂货的总量为 $78.97。<br>若要编写提供相同结果的较长公式，请键入 = C2 * D2 + C3 * D3 + C4 * D4 + C5 * D5，然后按 Enter，结果相同：$78.97。单元格 C2 乘以 D2，其结果将添加到单元格 C3 乘以单元格 D3 的结果，以此类比。 |

SUMPRODUCT 函数的功能是对多个相同尺寸的引用区域或数组进行相乘运算，最后进行求和。需要强调的是，其参数里的数组的尺寸都必须完全一致，否则会出错。SUMPRODUCT 函数会将参数里的数组依次相乘，根据 13.3.1 介绍的"尺寸相同的数组的计算规则"，这些数组的相同位置上的元素会进行相乘，生成结果数组相同位置上的元素，结果数组的尺寸与参与计算的数组尺寸相同。最后，SUMPRODUCT 函数再把结果数组的各个元素相加，将求出的和作为函数的返回值予以返回。

## 8.11　翻转课堂 7：根据月份返回季度值

设计一个表格，在 A2 单元格输入日期，B2 单元格立刻显示这个日期所在的年份及季度，如图 8－13 所示。

|  | A | B |
| --- | --- | --- |
| 1 | 请输入一个日期 | 所属季度 |
| 2 | 2018/3/3 | 2018年度第1季度 |
| 3 |  |  |

图 8－13　根据月份返回季度值

**任务难度：★★**

**讲解时间：**9 分钟

**任务单：**

1. 根据要求写出公式；

2. 做出 PDF 文档用于辅助讲解。PDF 文档内容要简洁，主题要明确。将本题解决方案中的重点难点和不易理解的部分作为文档的中心内容，对于相关函数基本用法的介绍可以省略；

3. 安排组员上台讲解。要讲清楚解题思路后，再进行演示操作。要突出重点难点，着重将公式每一部分的含义都讲解清楚，不能上台写出公式就结束讲解。

# 第 9 章　日期和时间函数

日期和时间函数主要以日期型或日期时间型数据为处理对象，返回值多为日期型、日期时间型或数值型数据，对于处理与日期和时间相关的事务有很大帮助。根据微软官方 Office 支持网站的介绍，日期和时间函数共有 25 个，本章选择其中较为常用的函数加以介绍。

## 9.1　日期型数据详解

日期和时间函数中，很多函数的参数都要求是日期型数据。因此有必要对日期型数据做一详细讲解。

通常情况下，日期型数据是以“年/月/日”的形式呈现的。然而本质上，日期型数据是数值型数据，在如图 9－1 所示的表格中，B4 单元格的数据是一个日期型数据，在 C4 单元格中用公式“＝ISNUMBER(B4)”测试其数据类型，结果返回 TRUE，说明 Excel 把日期型数据视为数值型数据。

| | A | B | C | D |
|---|---|---|---|---|
| 1 | 数据类型 | 数据 | 检测结果 | 公式 |
| 2 | 数值型 | 100 | TRUE | =ISNUMBER(B2) |
| 3 | 字符型 | 100 | FALSE | =ISNUMBER(B3) |
| 4 | 日期型 | 2018-5-23 | TRUE | =ISNUMBER(B4) |

**图 9－1　日期型数据**

日期型数据可以当作数值型数据使用，可以参与算术运算。在 Windows 系统中，日期型数据是以其日期的序列值作为数值来使用的。Excel 规定，1900 年 1 月 1 日的序列值为 1，其他日期以此推算。若要知道一个日期对应的序列值是多少，可以将日期型数据所在单元格的格式修改为“常规”，即可显示其序列值。如图 9－2 所示，将日期型

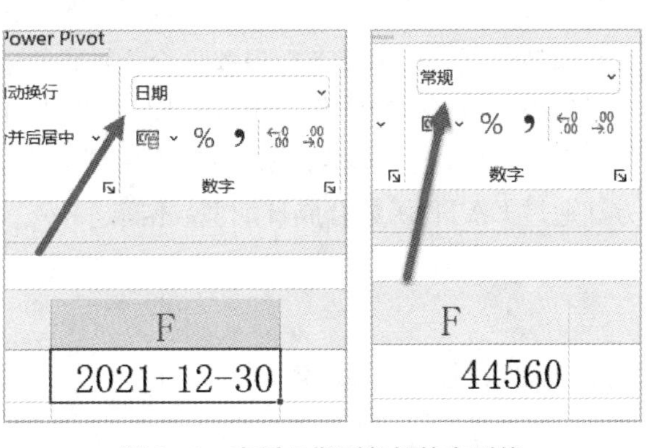


**图 9－2　查看日期型数据的序列值**

数据“2021－12－30”所在的单元格从日期型改为常规型后，可以看到其序列值为“44560”。

## 9.2 DATE 函数

**函数名称：**DATE

**主要功能：**将三个单独的值合并为一个日期。

**使用格式：**DATE(year，month，day)

**参数说明：**year 为指定的年份数值(小于 9999)；month 为指定的月份数值；day 为指定的天数。year、month、day 可以是数值型数字也可以是文本型数字。

**应用举例：**在 C20 单元格中输入公式“=DATE(2021,12,30)”，回车后，显示日期型数据“2021－12－30”。在 C21 单元格中输入公式“=DATE(2020,13,37)”，回车后显示为“2021－2－6”。

在上述公式中，月份 13 可以理解为次年 1 月，则日期变为 2021－1－37，但 1 月也没有 37 天，因此 1 月 37 日可以顺延至 2 月 6 日，故计算结果为 2021 年 2 月 6 日。

**例 9－1** 若要设计一个表格，在 A2 单元格中输入一个身份证号码，在 B2 单元格立刻显示身份证主人的出生日期，如图 9－3 所示。则可以在 B2 单元格中键入公式“=DATE(MID(A2,7,4),MID(A2,11,2),MID(A2,13,2))”后，回车即可。

B2 =DATE(MID(A2,7,4),MID(A2,11,2),MID(A2,13,2))

| | A | B | C |
|---|---|---|---|
| 1 | 请输入身份证号码 | 出生日期 | |
| 2 | 320303198205200573 | 1982/5/20 | |

图 9－3 从身份证号码中提取生日信息

在上述公式中，利用三个 MID 函数，分别中身份证号码中截取出生日期的年、月、日信息，作为 DATE 函数的参数，即可合成出生日期。MID 函数的返回值是文本型数据，将其作为 DATE 函数的参数仍然能返回正确结果，可见 DATE 函数是支持将文本型数字作为其参数使用的。本例中，利用 DATE 函数合成了身份证主人的出生日期，为日期型数据。很多读者在提取身份证号码的生日信息时，利用 MID 函数直接从身份证号码中截取 8 位数字作为出生日期，其公式为“=MID(A2,7,8)”，这样截取的出生日期为一个字符串，是文本型数据。若要进一步根据出生日期计算其年龄，建议使用本例的方法通过 DATE 函数合成日期型数据。

## 9.3 DATEDIF 函数

DATEDIF 函数的主要功能是计算两个日期之间相隔的天数、月数或年数。

来自微软 Office 支持网站

**警告**:Excel 提供了 DATEDIF 函数,以便支持来自 Lotus1-2-3 的旧版工作簿。在某些应用场景下,DATEDIF 函数计算结果可能并不正确。有关详细信息,请参阅本文中的“已知问题”部分。

**语法**

DATEDIF(start_date,end_date,unit)

| 参数 | 说明 |
| --- | --- |
| start_date<br>必需 | 表示给定期间的第一个或开始日期的日期。日期值有多种输入方式:带引号的文本字符串(例如"2001/1/30")、序列号(例如 36921,在商用 1900 日期系统时表示 2001 年 1 月 30 日)或其他公式或函数的结果(例如 DATEVALUE("2001/1/30"))。 |
| end_date<br>必需 | 用于表示时间段的最后一个(即结束)日期的日期。 |
| Unit | 要返回的信息类型,其中:<br>Unit 返回结果<br>"Y" 一段时期内的整年数。<br>"M" 一段时期内的整月数。<br>"D" 一段时期内的天数。<br>"MD" start_date 与 end_date 之间天数之差。忽略日期中的月份和年份。重要:不推荐使用“MD”参数,因为存在相关已知限制。参阅下面的“已知问题”部分。<br>"YM" start_date 与 end_date 之间月份之差。忽略日期中的天和年份<br>"YD" start_date 与 end_date 的日期部分之差。忽略日期中的年份。 |

**备注**

日期存储为可用于计算的序列号。默认情况下,1900 年 1 月 1 日的序列号为 1,2008 年 1 月 1 日的序列号为 39,448,这是因为它距 1900 年 1 月 1 日有 39,447 天。

DATEDIF 函数在用于计算年龄的公式中很有用。

如果 tart_date 大于 end_date,则结果将为#NUM!。

**示例**

| start_date | end_date | 公式 | 描述(结果) |
| --- | --- | --- | --- |
| 1/1/2001 | 1/1/2003 | =DATEDIF(Start_date,End_date,"Y") | 一段时期内的两个整年(2) |
| 6/1/2001 | 8/15/2002 | =DATEDIF(Start_date,End_date,"D") | 2001 年 6 月 1 日和 2002 年 8 月 15 日之间的天数为 440(440) |
| 6/1/2001 | 8/15/2002 | =DATEDIF(Start_date,End_date,"YD") | 忽略日期中的年份,6 月 1 日和 8 月 15 日之间的天数为 75(75) |

**已知问题**

“MD”参数可能导致出现负数、零或不准确的结果。若要计算上一完整月份后余下的天数,可使用如下方法:

续　表

| 来自微软 Office 支持网站 |
|---|

=E17-DATE(YEAR(E17),MONTH(E17),1)

| D | E | F | G |
|---|---|---|---|
| Start date | End date | Result | Unit of time |
| 1/1/2014 | 5/6/2016 | 2 | years |
| | | 4 | months |
| | | 5 | days |
| | All in one: | 2 years, 4 months, 5 days | |

此公式从单元格 E17 中的原始结束日期(5/6/2016)减去当月第一天(5/1/2016)。其原理如下:首先,DATE 函数会创建日期 5/1/2016。DATE 函数使用单元格 E17 中的年份和单元格 E17 中的月份创建日期。1 表示该月的第一天。DATE 函数的结果是 5/1/2016。然后,从单元格 E17 中的原始结束日期(即 5/6/2016)减去该日期。5/6/2016 减 5/1/2016 得 5 天。

DATEDIF 函数有 6 种使用格式,主要区别在第 3 参数,其格式如下。

| | |
|---|---|
| = DATEDIF(date1,date2,"y") | 计算两日期相差的天数 |
| = DATEDIF(date1,date2,"m") | 计算两日期相差的月数 |
| = DATEDIF(date1,date2,"d") | 计算两日期相差的年数 |
| = DATEDIF(date1,date2,"yd") | 忽略年份计算相差的天数 |
| = DATEDIF(date1,date2,"ym") | 忽略年份计算相差的月数 |
| = DATEDIF(date1,date2,"md") | 忽略年月计算相差的天数 |

**参数说明:**上述使用格式描述中的 date1 对应于微软官方描述中的 start_date,date2 对应于 end_date。当第 3 参数为"d"时,函数返回两日期相差的天数;当第 3 参数为"m"时,函数返回两日期相差的月数;当第 3 参数为"y"时,函数返回两日期相差的年数;当第 3 参数为"yd"时,函数把两日期年当成是同一年计算相差天数;当第 3 参数为" ym"时,函数把两日期当成是同一年计算相差的月数;当第 3 参数为"md"时,函数把两日期当成是同一年、同一月计算相差的天数。

此函数对于计算年龄、工龄等信息非常有效。

**例 9-2**　如果要设计一个表格,输入一个身份证号码后立刻显示该身份证主人的年龄,如图 9-4 所示。可以在例 9-1 所设计的表格的基础上,再增加一列“年龄”。利用已经算出的出生日期去计算与今天日期相差的年数,即为年龄。可以在 C2 单元格键入公式“= DATEDIF(B2,TODAY(),"y")”,算出其年龄为 39 岁。

C2　=DATEDIF(B2,TODAY(),"y")

| | A | B | C |
|---|---|---|---|
| 1 | 请输入身份证号码 | 出生日期 | 年龄 |
| 2 | 320303198205200573 | 1982/5/20 | 39 |

**图 9-4　根据身份证号码中计算年龄**

特别提醒:

1. 这是 Excel 中的一个隐藏函数,在函数向导中是找不到的,可以通过键盘直接键

入该函数;

2. 在DATEDIF函数的参数中,date1应是一个较早的日期,date2应是一个较晚日期,顺序不可颠倒,否则会出错;

3. DATEDIF计算两个日期的差值,是年月日综合比较的,并不是简单地用两个日期的年份(月份、天数)直接相减;

**例9-3** 如图9-5所示,A2单元格中是小华的生日,B2单元格中是今天的日期,假设为2020年3月1日。在C2中键入公式“=DATEDIF(A2,B2,"y")”计算小华的年龄,回车后显示为21岁。如果简单地按年份计算小华的年龄应是22岁,这里为什么显示为21岁呢?因为小华的生日是3月2日,到2020年3月2日,他才满22岁,按照“今天”的日期,他还是21岁。可见,当DATEDIF函数的第3参数为"y",计算两个日期相差的年数时,不是简单地用两个日期的年份相减,而是综合考虑年月日的。

C2 =DATEDIF(A2,B2,"y")

| | A | B | C |
|---|---|---|---|
| 1 | 小华的生日 | 今天的日期 | 小华的年龄 |
| 2 | 1998/3/2 | 2020/3/1 | 21 |

**图9-5 DATEDIF函数会综合年月日比较两个日期**

4. 当DATEDIF函数的第3参数为两个字母时,DATEDIF函数会忽略两个日期中的年份(或年月)去计算两个日期的差值。如果忽略后,前一个日期大于后一个日期,则将前一个日期视为后一个日期的上一年度(或月份)进行计算,我们可以将这种情况称为“日期前推”;或将后一个日期视为前一个日期的下一个年度(或月份)进行计算,我们可以将这种情况称为“日期后推”;

**例9-4** 如图9-6所示的表格中,在C2单元格中键入公式“=DATEDIF(A2,B2,"yd")”,然后将公式向下填充到C3和C4单元格。因为公式中DATEDIF函数的第3参数为"yd",因此要忽略年份计算两个日期相差的天数。对于A2和B2单元格的日期,忽略年份后的日期分别为“1/2”和“3/4”,忽略后A2的日期仍然小于(早于)B2的日期,则直接计算两个日期相差的天数;对于A3和B3单元格,忽略年份后的日期分别为“4/10”和“3/4”,因为4月10日要大于(晚于)3月4日,因此将“4/10”视为“3/4”所在年份的上一年的“4/10”去计算两个日期相差的天数,算出相差328天。

C2 =DATEDIF(A2,B2,"yd")

| | A | B | C |
|---|---|---|---|
| 1 | 日期1 | 日期2 | yd |
| 2 | 1991/1/2 | 1993/3/4 | 61 |
| 3 | 1991/4/10 | 1993/3/4 | 328 |
| 4 | 2001/4/3 | 2004/3/17 | 348 |

**图9-6 忽略年月后date1大于date2的情况**

可以利用DATEDIF函数第3参数为"d"的用法验证上述结论。具体做法是：将A3单元格的日期的年份，改成B3单元格日期年份的上一年度，填入A5单元格中，如图9-7所示。同时将B3单元格的日期拷贝到B5单元格，在C5单元格键入公式"=DATEDIF(A5,B5,"d")"，验证上述公式的计算结果，可以看到两个公式的计算结果一样。

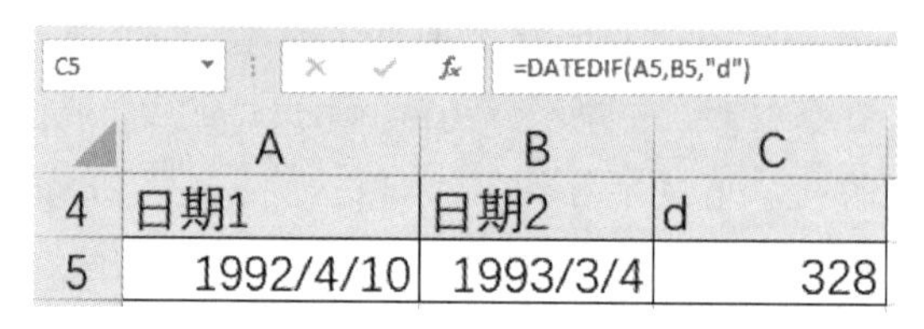

| | A | B | C |
|---|---|---|---|
| 4 | 日期1 | 日期2 | d |
| 5 | 1992/4/10 | 1993/3/4 | 328 |

图9-7　利用第3参数为"y"的公式加以验证

5. DATEDIF函数在计算两个日期差值时，会考虑闰年的因素。因此，针对"特别提醒4"提到的情况，对于同样两个日期，如果"日期前推"后，两个日期会跨越一个闰年的2月29日时，其计算结果有可能和按"日期后推"的方法的计算结果相差1天，反之亦然；

6. DATEDIF函数的计算结果是会存在Bug的。如前文所引用的微软官方Office支持网站的介绍描述，"在某些应用场景下，DATEDIF函数计算结果可能并不正确。""MD参数可能导致出现负数、零或不准确的结果。""不推荐使用MD参数"。这点需要引起注意，否则可能导致错误结果。但DATEDIF函数仍然是计算两个日期差值最方便最常用的一个函数。

## 9.4　DAY函数

**函数名称：**DAY

**主要功能：**提取一个日期型数据的天数。

**使用格式：**DAY(serial_number)

**参数说明：**serial_number代表一个日期型数据，可以是表达式、日期常量或单元格引用。

**应用举例：**输入公式"=DAY("2021-12-18")"回车后，显示18。

**特别提醒：**如果serial_number是日期常量，请包含在英文双引号中。

## 9.5　MONTH函数

**函数名称：**MONTH

**主要功能:**提取一个日期型数据的月份值。

**使用格式:**MONTH(serial_number)

**参数说明:**serial_number 代表指一个日期型数据,可以是表达式、日期常量或单元格引用。

**应用举例:**输入公式"=MONTH("2021-12-18")"回车后,显示 12。

## 9.6 YEAR 函数

**函数名称:**YEAR

**主要功能:**提取一个日期型数据的年份值。

**使用格式:**YEAR(serial_number)

**参数说明:**serial_number 代表指定的日期或引用的单元格。

**应用举例:**输入公式"= YEAR("2021-12-18")"回车后,显示 2021。

## 9.7 NOW 函数

**函数名称:**NOW

**主要功能:**给出当前系统日期和时间。其返回值是一个日期时间型数据。

**使用格式:**NOW()

**参数说明:**该函数不需要参数。

**应用举例:**输入公式"=NOW()",回车后即可显示出当前的系统日期和时间。如果系统日期和时间发生了改变,只要按 F9 功能键刷新即可。

## 9.8 TODAY 函数

**函数名称:**TODAY

**主要功能:**给出当前的系统日期。

**使用格式:**TODAY()

**参数说明:**该函数不需要参数。

**应用举例:**输入公式"=TODAY()",回车后即可显示出系统日期。

## 9.9 WEEKDAY 函数

**函数名称:**WEEKDAY

**主要功能:**返回某个日期在一周中的序列值。

**使用格式:**WEEKDAY(serial_number,return_type)

**参数说明:**serial_number 代表指定的日期或引用含有日期的单元格;return_type 代表星期序列值的表示方式。当 Sunday(星期日)为 1、Saturday(星期六)为 7 时,该参数为 1;当 Monday(星期一)为 1、Sunday(星期日)为 7 时,该参数为 2,这种情况较为符合中国人的习惯;当 Monday(星期一)为 0、Sunday(星期日)为 6 时,该参数为 3。

**应用举例:**输入公式"=WEEKDAY("2021-12-18",2)",回车后即给出"2021 12 18"对应星期数的序列值 6。

**特别提醒:**WEEKDAY 函数的返回值是一个数值型数字,这个数字描述了当前规则(由 return_type 决定)下,serial_number 所对应的日期在一周天数中的序列值。严格地说,这并不是 serial_number 的星期数。如果想要在一个单元格中键入一个日期,另一个单元格中立刻显示该日期是星期几,在学完本书的内容后有多种方法实现。这个问题的答案留给读者朋友思考。

## 9.10 翻转课堂 8:生日临近自动提醒

制作一个员工信息表,如图 9-8 所示。在 C2 单元格中输入公式,使其可以根据员工生日自动进行生日提醒,规则如下:

1. 如果员工的生日距当天超过 7 天,则没有任何提示;
2. 如果员工的生日距当天小于等于 7 天,则提示生日还有几天;
3. 如果当天是员工的生日,则提示"今天生日"。

| | A | B | C |
|---|---|---|---|
| 1 | 姓名 | 生日 | 生日提醒 |
| 2 | 小华 | 1996/1/1 | 生日还有7天 |
| 3 | 小杰 | 1996/1/2 | |
| 4 | 小明 | 1996/1/3 | |
| 5 | 小莉 | 1996/12/26 | 生日还有1天 |
| 6 | 小玲 | 1996/12/25 | 今天生日 |

图 9-8 生日临近自动提醒

**任务难度:**★★★★

**讲解时间：**15分钟

**任务单：**

1. 完成本章相关知识点的学习；
2. 根据题目的要求写出公式；
3. 制作PDF/PPT文档以辅助讲解；
4. 安排组员上台讲解公式的各个部分的含义，要能把公式解析清楚，不能只列公式，忽略讲解部分。

# 第 10 章　查找和引用函数

查找和引用类函数是非常重要的一类函数，在日常工作中的应用场景也很多。这个类别里有许多是我们熟悉的函数，如 VLOOKUP、INDEX、MATCH 等，也有很多经典的用法。根据微软官方 Office 支持网站的介绍，这个类别的函数共有 25 个。本章将集中介绍一些常用的函数。

## 10.1　INDEX 函数

来自微软 Office 支持网站

**说明**

返回由行号和列号索引选中的表或数组中元素的值。

**语法**

INDEX(array, row_num, [column_num])

INDEX 函数的数组形式具有下列参数：

array　必需。单元格区域或数组常量。

如果数组仅包含一行或一列，则相应的 row_num 或 column_num 参数是可选的。

row_num　必需，除非 column_num 存在。选择数组中的某行，函数从该行返回数值。

column_num　可选。选择数组中的某列，函数从该列返回数值。

以上是微软官方 Office 支持网站对 INDEX 函数的介绍，对初学者来说其表述不易理解。通俗地说，该函数的主要功能是返回列表或数组中的元素值，此元素由行序号 row_num 和列序号 column_num 的值确定。

在 INDEX 函数的使用格式中，array 代表单元格区域或数组常量，最常见的情况还是一个单元格区域；row_num 表示指定的行序号(如果省略 row_num，则必须有 column_num)，该参数确定了 array 中的一个行；column_num 表示指定的列序号(如果省略 column_num，则必须有 row_num)，该参数指定了 array 中的一个列。row_num 指定的行和 column_num 指定的列交叉后，会确定一个单元格，INDEX 函数就返回这个单元格的内容。INDEX 函数的工作过程如图 10 - 1 所示。

如图 10 - 2 所示，在 B13 单元格中输入公式：`=INDEX(A1:D11,5,2)`，回车后则显示出 A1:D1 单元格区域中，第 5 行和第 2 列交叉处的单元格(即 B5)中的内容。

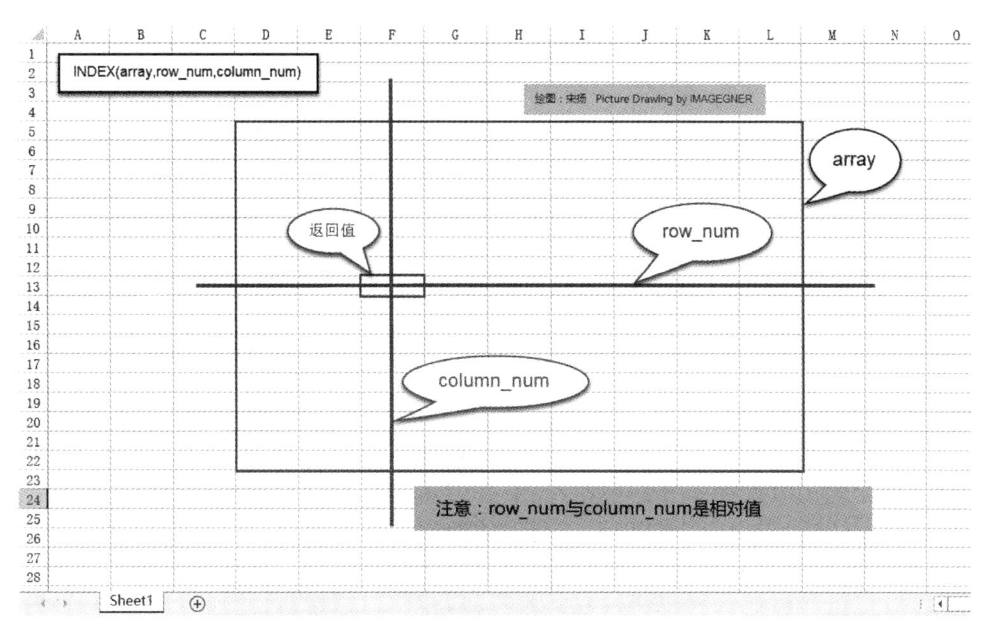


**图 10-1 INDEX 函数的工作过程图示**

|  | A | B | C | D |
|---|---|---|---|---|
| 1 | 学号 | 姓名 | 性别 | 语文 |
| 2 | 10381 | 胡彬彬 | 男 | 85.0 |
| 3 | 10382 | 黄筱筱 | 男 | 71.0 |
| 4 | 10383 | 季奔奔 | 女 | 71.0 |
| 5 | 10384 | 李宸 | 女 | 70.0 |
| 6 | 10385 | 陈可 | 男 | 75.0 |
| 7 | 10386 | 黄雷 | 男 | 72.0 |
| 8 | 10387 | 张以 | 男 | 92.0 |
| 9 | 10388 | 王寻 | 男 | 68.0 |
| 10 | 10389 | 王波 | 女 | 67.0 |
| 11 | 10390 | 秦浩 | 女 | 62.0 |
| 12 |  |  |  |  |
| 13 |  | 李宸 |  |  |

**图 10-2 INDEX 函数应用举例**

特别提醒：

1. 此处的行序号参数(row_num)和列序号参数(column_num)是相对于所引用的单元格区域而言的，不是 Excel 工作表中的行或列序号。即参数 array 所确定的区域左上角第 1 个单元格的 row_num 为 1，column_num 为 1，其他单元格以此类推。

2. array 可以是一个一维区域，如果 array 是一个单列区域，此时只需要 row_num 即可确定要返回的单元格，column_num 可省略；如果 Array 是一个单行区域，此时只需要 column_num 即可确定要返回的单元格，row_num 可省略。这两种用法可见图 10-3 中的公式。

B13 =INDEX(B1:B11,5)

| | A | B | C | D |
|---|---|---|---|---|
| 1 | 学号 | 姓名 | 性别 | 语文 |
| 2 | 10381 | 胡彬彬 | 男 | 85.0 |
| 3 | 10382 | 黄筱筱 | 男 | 71.0 |
| 4 | 10383 | 季奔奔 | 女 | 71.0 |
| 5 | 10384 | 李宸 | 女 | 70.0 |
| 6 | 10385 | 陈可 | 男 | 75.0 |
| 7 | 10386 | 黄雷 | 男 | 72.0 |
| 8 | 10387 | 张以 | 男 | 92.0 |
| 9 | 10388 | 王寻 | 男 | 68.0 |
| 10 | 10389 | 王波 | 女 | 67.0 |
| 11 | 10390 | 秦浩 | 女 | 62.0 |
| 12 | | | | |
| 13 | | 李宸 | | |

B13 =INDEX(A5:D5,2)

| | A | B | C | D |
|---|---|---|---|---|
| 1 | 学号 | 姓名 | 性别 | 语文 |
| 2 | 10381 | 胡彬彬 | 男 | 85.0 |
| 3 | 10382 | 黄筱筱 | 男 | 71.0 |
| 4 | 10383 | 季奔奔 | 女 | 71.0 |
| 5 | 10384 | 李宸 | 女 | 70.0 |
| 6 | 10385 | 陈可 | 男 | 75.0 |
| 7 | 10386 | 黄雷 | 男 | 72.0 |
| 8 | 10387 | 张以 | 男 | 92.0 |
| 9 | 10388 | 王寻 | 男 | 68.0 |
| 10 | 10389 | 王波 | 女 | 67.0 |
| 11 | 10390 | 秦浩 | 女 | 62.0 |
| 12 | | | | |
| 13 | | 李宸 | | |

**图 10－3 INDEX 函数一维区域用法**

## 10.2 MATCH 函数

来自微软 Office 支持网站

**语法**

MATCH(lookup_value, lookup_array, [match_type])

MATCH 函数语法具有下列参数：

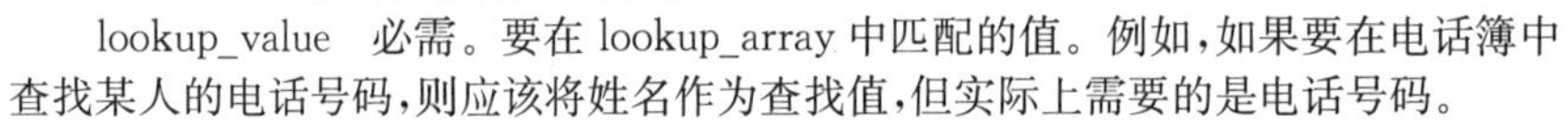

lookup_value 必需。要在 lookup_array 中匹配的值。例如，如果要在电话簿中查找某人的电话号码，则应该将姓名作为查找值，但实际上需要的是电话号码。

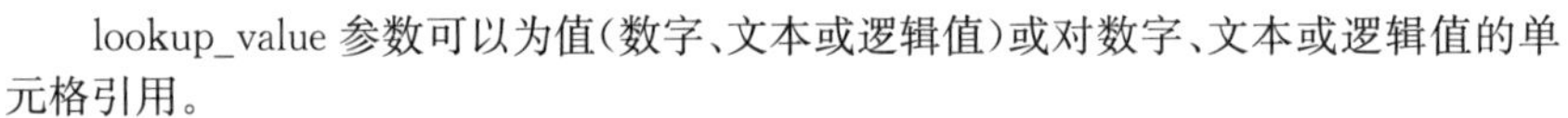

lookup_value 参数可以为值(数字、文本或逻辑值)或对数字、文本或逻辑值的单元格引用。

lookup_array 必需。要搜索的单元格区域。

match_type 可选。数字－1、0 或 1。match_type 参数指定 Excel 如何将 lookup_value 与 lookup_array 中的值匹配。此参数的默认值为 1。

下表介绍该函数如何根据 match_type 参数的设置查找值。

| Match_type | 行为 |
|---|---|
| 1 或省略 | MATCH 查找小于或等于 lookup_value 的最大值。lookup_array 参数中的值必须以升序排序，例如：...－2，－1，0，1，2，...，A－Z，FALSE，TRUE。 |
| 0 | MATCH 查找完全等于 lookup_value 的第一个值。lookup_array 参数中的值可按任何顺序排列。 |
| －1 | MATCH 查找大于或等于 lookup_value 的最小值。lookup_array 参数中的值必须按降序排列，例如：TRUE，FALSE，Z－A，...2，1，0，－1，－2，... 等等。 |

MATCH 返回匹配值在 lookup_array 中的位置，而非其值本身。例如，MATCH("b",{"a","b","c"},0)返回 2，即“b”在数组{"a","b","c"}中的相对位置。

匹配文本值时，MATCH 函数不区分大小写字母。

如果 MATCH 函数查找匹配项不成功，它会返回错误值＃N/A。

**续　表**

来自微软 Office 支持网站

如果 match_type 为 0 且 lookup_value 为文本字符串，您可在 lookup_value 参数中使用通配符：问号(?)和星号(*)。问号匹配任意单个字符，星号匹配任意一串字符。如果要查找实际的问号或星号，请在字符前键入波形符(~)。

**示例**

复制下表中的示例数据，然后将其粘贴进新的 Excel 工作表的 A1 单元格中。要使公式显示结果，请选中它们，按 F2，然后按 Enter。如果需要，可调整列宽以查看所有数据。

| 农产品 | 计数 |
|---|---|
| 香蕉 | 25 |
| 橙子 | 38 |
| 苹果 | 40 |
| 梨 | 41 |

| 公式 | 说明 | 结果 |
|---|---|---|
| =MATCH(39,B2:B5,1) | 由于此处无精确匹配项，因此函数会返回单元格区域 B2:B5 中最接近的下个最小值 (38) 的位置。 | 2 |
| =MATCH(41,B2:B5,0) | 单元格区域 B2:B5 中值 41 的位置。 | 4 |
| =MATCH(40,B2:B5,-1) | 由于单元格区域 B2:B5 中的值不是按降序排列，因此返回错误。 | #N/A |

MATCH 函数的主要功能是返回在指定方式下与指定数值匹配的数组中元素的相应位置。既然返回的是一个位置值，因此 MATCH 函数的返回值类型是数值型。

**参数说明：**lookup_value 代表需要在第 2 参数所确定的区域中查找的数值；lookup_array 表示可能包含所要查找数值的连续单元格区域或常量数组；match_type 表示查找方式的值(-1、0 或 1)。

如果 match_type 为-1，查找大于或等于 lookup_value 的最小数值，lookup_array 必须按降序排列；如果 match_type 为 1，查找小于或等于 lookup_value 的最大数值，lookup_array 必须按升序排列；如果 match_type 为 0，查找等于 lookup_value 的第一个数值，lookup_array 可以按任何顺序排列；如果省略 match_type，则默认为 1。

**应用举例：**如图 10-4 所示，在 C13 单元格中输入公式"=MATCH(B13,B2:B11,0)"，回车后则返回查找的结果"5"。说明"陈可"处在 B2:B11 这个名单列表的第 5 位。

|  | A | B | C | D |
|---|---|---|---|---|
| 1 | 学号 | 姓名 | 性别 | 语文 |
| 2 | 10381 | 胡彬彬 | 男 | 85.0 |
| 3 | 10382 | 黄筱筱 | 男 | 71.0 |
| 4 | 10383 | 季奔奔 | 女 | 71.0 |
| 5 | 10384 | 李宸 | 女 | 70.0 |
| 6 | 10385 | 陈可 | 男 | 75.0 |
| 7 | 10386 | 黄雷 | 男 | 72.0 |
| 8 | 10387 | 张以 | 男 | 92.0 |
| 9 | 10388 | 王寻 | 男 | 68.0 |
| 10 | 10389 | 王波 | 女 | 67.0 |
| 11 | 10390 | 秦浩 | 女 | 62.0 |
| 12 |  |  |  |  |
| 13 |  | 陈可 | 5 |  |

**图 10-4　MATCH 函数应用举例**

特别提醒：

1. lookup_array 应是一个一维区域，即其只能为一列或一行单元格区域或一维常量数组。

2. match_type 的三个可取值(－1、0 或 1)中，0 表示精确查找，其余两个取值表示近似查找。

## 10.3 INDEX＋MATCH 实现查找功能

利用 INDEX 函数与 MATCH 函数可以实现查找功能，是一项经典用法，以后遇到类似的问题，可以“直接套用”。

**经典用法**

在 Excel 的公式与函数应用中，有许多经典用法。所谓“经典”用法，是指这种用法已经形成了固定的使用“套路”，且这种使用“套路”可以涵盖大部分此类应用场景，在学会了一个经典用法后，今后遇到类似的问题，都可以按照这个模式套用这种固定用法。

**例 10－1** 在如图 10－5 所示的工作表中，B7:C12 是一个学生成绩表。先在 E7:F8 区域设计一个查询表格，在 E8 单元格输入一个学生的姓名，在 F8 单元格立刻返回这个学生的分数。则 F8 单元格中的公式为“=INDEX(B8:C12,MATCH(E8,B8:B12,0),2)”。

| | B | C | D | E | F |
|---|---|---|---|---|---|
| 7 | 姓名 | 分数 | | 查找人名 | 分数 |
| 8 | 胡彬彬 | 86 | | 季奔奔 | 65 |
| 9 | 黄筱筱 | 98 | | | |
| 10 | 季奔奔 | 65 | | | |
| 11 | 李宸 | 73 | | | |
| 12 | 陈可 | 59 | | | |

图 10－5 INDEX＋MATCH 查询用法示例

在上例中，公式要根据 E8 单元格中的学生姓名即时查找该生的分数，但 E8 单元格中的学生姓名是不确定的。我们不妨先把问题简单化，假设 E8 中的学生姓名是固定不变的，就是图中看到的“季奔奔”，则查询“季奔奔”成绩的公式很简单，一个 INDEX 函数就可以完成。因为“季奔奔”在 B8:C12 这个学生成绩表中处在第 3 行，其分数处在第 2 列，所以查询其成绩的公式为“＝INDEX(B8:C12,3,2)”。

再进一步考虑，如果“季奔奔”这个名字是不确定，可以是列表中任一同学的姓名，则上述公式中，INDEX 函数的第 2 参数的取值“3”，就变得不确定了。除了这个参数，其他两个参数仍然是可以确定的，因为无论是查询哪个学生的成绩，成绩表都是 B8:C12 这个区域，其成绩也都是在这个区域的第“2”列。那么如何计算 INDEX 函数的第 2 参数的取值呢？这个参数的取值，就是我们输入的学生姓名在学生成绩表的“姓名”这一列的位置值，这个位置值刚好可以通过 MATCH 函数计算得出。其公式为“=MATCH(E8,B8:B12,0)”。将这个公式作为INDEX函数的第2参数,组合成公式“=INDEX(B8:C12,MATCH(E8,B8:B12,0),2)”,即可实现成绩的查询了。

需要强调的是,在上述查询公式中,INDEX函数的第1参数是一个二维区域,MATCH函数的第2参数是一个一维区域,且这两个区域的起始行要一致。如本例中,INDEX函数的第1参数是从第8行开始的,则MATCH函数的第2参数也要从第8行开始。如果从第7行开始可以吗,当然也可以,但是两个函数的第1行都要从工作表的第7行开始。

请读者朋友思考一个问题。当我们在上例的E8单元格中输入一个并不存在的名字时,公式会报错,如图10-6所示。这个错误提示对用户不够友好,是否可以将这个错误提示变成友好的中文提示?比如“查无此人”。请结合本书7.4.6一节所介绍的知识写出公式。

| | B | C | D | E | F |
|---|---|---|---|---|---|
| 7 | 姓名 | 分数 | | 查找人名 | 分数 |
| 8 | 胡彬彬 | 86 | | 季本本 | #N/A |
| 9 | 黄筱筱 | 98 | | | |
| 10 | 季奔奔 | 65 | | | |
| 11 | 李宸 | 73 | | | |
| 12 | 陈可 | 59 | | | |

**图10-6 查询出错的情况**

## 10.4 VLOOKUP函数

VLOOKUP函数是非常常用的Excel函数,被微软官方Office支持网站列为“最常用的10个函数”之一。在办公软件的基础性教程中一般也会介绍这个函数。

来自微软Office支持网站

**语法**

VLOOKUP (lookup_value, table_array, col_index_num, [range_lookup])

| 参数名称 | 说明 |
|---|---|
| lookup_value(必需参数) | 要查找的值。要查找的值必须列于在参数中指定的单元格table_array列中。<br>例如,如果表数组跨单元格B2:D7,则lookup_value必须列B。<br>lookup_value可以是值,也可以是单元格引用。 |
| Table_array(必需参数) | VLOOKUP在其中搜索lookup_value和返回值的单元格区域。可以使用命名区域或表,并且可以在参数中使用名称,而不是单元格引用。<br>单元格区域的第一列必须包含lookup_value。单元格区域还需要包含要查找的返回值。<br>了解如何选择工作表中的区域。 |

**续　表**

<table>
<tr><td colspan="2" align="right">来自微软 Office 支持网站</td></tr>
<tr><td>col_index_num(必需参数)</td><td>对于包含(的列,列号 table_array)从 1 开始。</td></tr>
<tr><td>range_lookup(可选参数)</td><td>一个逻辑值,该值指定希望 VLOOKUP 查找近似匹配还是精确匹配:近似匹配—1/TRUE 假定表中的第一列按数字或字母顺序排序,然后搜索最接近的值。这是未指定值时的默认方法。例如,=VLOOKUP(90,A1:B100,2,TRUE)。<br>完全匹配—0/FALSE 将搜索第一列中的确切值。例如,=VLOOKUP("Smith",A1:B100,2,FALSE)。</td></tr>
<tr><td colspan="2">您需要四条信息才能构建 VLOOKUP 语法:<br>1. 要查找的值,也被称为查阅值。<br>2. 查阅值所在的区域。请记住,查阅值应该始终位于所在区域的第一列,这样 VLOOKUP 才能正常工作。例如,如果查阅值位于单元格 C2 内,那么您的区域应该以 C 开头。<br>3. 区域中包含返回值的列号。例如,如果指定 B2:D11 作为区域,则应该将 B 计为第一列,将 C 作为第二列,以此类比。<br>4. (可选)如果需要返回值的近似匹配,可以指定 TRUE;如果需要返回值的精确匹配,则指定 FALSE。如果没有指定任何内容,默认值将始终为 TRUE 或近似匹配。<br>现在将上述所有内容集中在一起,如下所示:<br>=VLOOKUP(查找值、包含查找值的范围、包含返回值的范围中的列号、近似匹配(TRUE)或精确匹配(FALSE))。</td></tr>
</table>

VLOOKUP 函数的主要功能是在数据表的首列查找指定的数值,并返回数据表中被查找到数据所在的行中指定列处的数值。

**使用格式:**VLOOKUP(lookup_value,table_array,col_index_num,range_lookup)

其使用格式可以用中文表示为:

=VLOOKUP(要查找的项,要查找位置,返回第几列,近似匹配或精确匹配)

VLOOKUP 函数的工作过程见图 10-7。

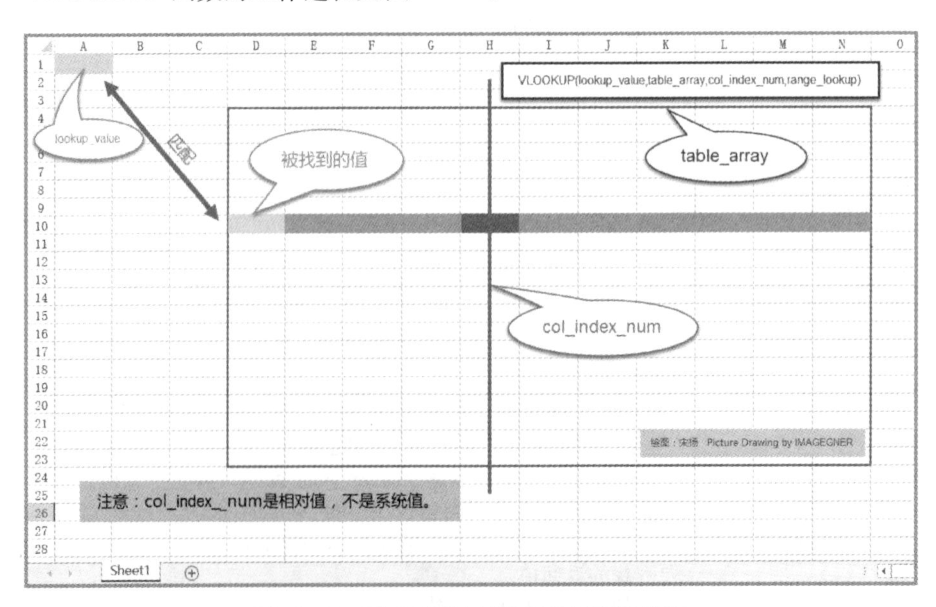


图 10-7　VLOOKUP 函数工作过程示意图

**参数说明**:lookup_value 代表需要查找的数值;table_array 代表需要在其中查找 lookup_value 的单元格区域;col_index_num 为在 table_array 区域中想要返回的列的序号(当 col_index_num 为 2 时,返回 table_array 第 2 列中的数值;为 3 时,返回第 3 列的值……);range_lookup 为一逻辑值,如果为 TRUE 或省略,表示为近似查找模式,若查找不到 lookup_value,则返回小于 lookup_value 的最大数值;如果为 FALSE,表示为精确查找模式,如果找不到 lookup_value,则返回错误值#N/A。

特别提醒:

1. VLOOKUP 函数只在 table_array 所确定的二维表的首列查找 lookup_value;如果工作在近似查找模式,则 table_array 的首列必须进行排序;

2. col_index_num 是相对值,不是 Execl 的列序号。Table_array 的第 1 列的 col_index_num 值为 1,其他列类推。

**例 10-2** 在如图 10-8 所示的成绩表的 F1:G2 区域设计一个查询功能,在 F2 单元格中输入一个学生姓名,则在 G2 单元格返回该生的成绩。G2 单元格的公式可以写为"=VLOOKUP(F2,C1:D11,2,FALSE)"。注意,因为是按学生姓名查询,故 VLOOKUP 函数的第 2 参数应把"姓名"列即 C 列作为首列,所以其第 2 参数应为"C1:D11",而不是"B1:D11"。

| | B | C | D | E | F | G |
|---|---|---|---|---|---|---|
| 1 | 学号 | 姓名 | 语文 | | 查找人名 | 分数 |
| 2 | 10381 | 胡彬彬 | 85.0 | | 季奔奔 | 71 |
| 3 | 10382 | 黄筱筱 | 71.0 | | | |
| 4 | 10383 | 季奔奔 | 71.0 | | | |
| 5 | 10384 | 李宸 | 70.0 | | | |
| 6 | 10385 | 陈可 | 75.0 | | | |
| 7 | 10386 | 黄雷 | 72.0 | | | |
| 8 | 10387 | 张以 | 92.0 | | | |
| 9 | 10388 | 王寻 | 68.0 | | | |
| 10 | 10389 | 王波 | 67.0 | | | |
| 11 | 10390 | 秦浩 | 62.0 | | | |
| 12 | | | | | | |

**图 10-8 VLOOKUP 函数应用举例**

这个问题的解决,用前面介绍的 INDEX+MATCH 的查询组合也可以实现。其实很多查找的问题,都可以用这两种方法来解决,那么这两种查找方法有各有什么优劣呢,请读者朋友们思考。

还有一个查找函数——HLOOKUP 函数,与之用法类似,学习起来也比较简单。本书不再单独介绍,感兴趣的读者朋友可以查找资料自学。

# 10.5 LOOKUP 函数

## 10.5.1 LOOKUP 函数基础用法

来自微软 Office 支持网站

LOOKUP 有两种使用方式:向量形式和数组形式

向量形式:可使用 LOOKUP 的这种形式在一行或一列中搜索值。如果要指定包含要匹配的值的区域,请使用这种形式。例如,如果要在 A 列中向下搜索值到第 6 行。

| | A | B | C |
|---|---|---|---|
| 1 | 频率 | 颜色 | |
| 2 | 4.14 | 红色 | |
| 3 | 4.19 | 橙色 | |
| 4 | 5.17 | 黄色 | |
| 5 | 5.77 | 绿色 | |
| 6 | 6.39 | 蓝色 | |
| 7 | | | |

数组形式:强烈建议使用 VLOOKUP 或 HLOOKUP,不要使用数组形式。提供数组形式是为了与其他电子表格程序兼容,这种形式的功能有限。

数组是要搜索的行和列(如表)中的值的集合。例如,如果要在 A 列和 B 列中向下搜索值到第 6 行。LOOKUP 将返回最接近的匹配项。要使用数组形式,必须对数据排序。

| | A | B |
|---|---|---|
| 1 | 频率 | 颜色 |
| 2 | 4.14 | 红色 |
| 3 | 4.19 | 橙色 |
| 4 | 5.17 | 黄色 |
| 5 | 5.77 | 绿色 |
| 6 | 6.39 | 蓝色 |
| 7 | 8.44 | 白色 |
| 8 | 9.33 | 紫色 |

**向量形式**

LOOKUP 的向量形式在单行区域或单列区域(称为"向量")中查找值,然后返回第二个单行区域或单列区域中相同位置的值。

**语法**

LOOKUP(lookup_value,lookup_vector,[result_vector])

LOOKUP 函数向量形式语法具有以下参数:

lookup_value 必需。LOOKUP 在第一个向量中搜索的值。lookup_value 可以是数字、文本、逻辑值、名称或对值的引用。

lookup_vector 必需。只包含一行或一列的区域。lookup_vector 中的值可以是文本、数字或逻辑值。

重要:lookup_vector 中的值必须按升序排列:…, −2, −1, 0, 1, 2, …, A-Z, FALSE, TRUE;否则,LOOKUP 可能无法返回正确的值。文本不区分大小写。

result_vector 可选。只包含一行或一列的区域。result_vector 参数必须与 lookup_vector 参数大小相同。

**备注**

如果 LOOKUP 函数找不到 lookup_value,则该函数会与 lookup_vector 中小于或等于 lookup_value 的最大值进行匹配。

如果 lookup_value 小于 lookup_vector 中的最小值,则 LOOKUP 会返回 #N/A 错误值。

续 表

来自微软 Office 支持网站

**矢量示例**

你可以在自己的 Excel 工作表中尝试这些示例，了解 LOOKUP 函数的工作方式。在第一个示例中，最终生成的电子表格如下所示：

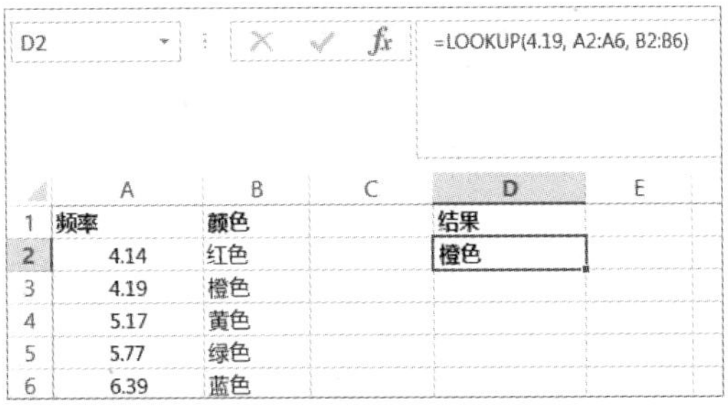

D2 =LOOKUP(4.19, A2:A6, B2:B6)

| | A | B | C | D | E |
|---|---|---|---|---|---|
| 1 | 频率 | 颜色 | | 结果 | |
| 2 | 4.14 | 红色 | | 橙色 | |
| 3 | 4.19 | 橙色 | | | |
| 4 | 5.17 | 黄色 | | | |
| 5 | 5.77 | 绿色 | | | |
| 6 | 6.39 | 蓝色 | | | |

复制下表中的数据，然后将其粘贴进新的 Excel 工作表中。

| 将此数据复制到 A 列中 | 将此数据复制到 B 列中 |
|---|---|
| 频率 | 颜色 |
| 4.14 | 红色 |
| 4.19 | 橙色 |
| 5.17 | 黄色 |
| 5.77 | 绿色 |
| 6.39 | 蓝色 |

接下来，将下表中的 LOOKUP 公式复制到工作表的 D 列中。

| 将此公式复制到 D 列中 | 下面是此公式执行的操作 | 下面是你将看到的结果 |
|---|---|---|
| 公式 | | |
| = LOOKUP(4.19, A2:A6, B2:B6) | 在 A 列中查找 4.19，然后返回 B 列中同一行内的值。 | 橙色 |
| = LOOKUP(5.75, A2:A6, B2:B6) | 在 A 列中查找 5.75，与最接近的较小值(5.17)匹配，然后返回 B 列中同一行内的值。 | 黄色 |
| = LOOKUP(7.66, A2:A6, B2:B6) | 在 A 列中查找 7.66，与最接近的较小值(6.39)匹配，然后返回 B 列中同一行内的值。 | 蓝色 |
| = LOOKUP(0, A2:A6, B2:B6) | 在 A 列中查找 0，并返回错误，因为 0 小于列 A 中的最小值(4.14)。 | #N/A |

要让这些公式显示结果，可能需要在 Excel 工作表中选择它们，按 F2，然后按 Enter。如果需要，请调整列宽以查看所有数据。

**数组形式**

提示：强烈建议使用 VLOOKUP 或 HLOOKUP，不要使用数组形式。LOOKUP 的数组形式是为了与其他电子表格程序兼容而提供的，但其功能受限。

LOOKUP 的数组形式在数组的第一行或第一列中查找指定的值，并返回数组最后一行或最后一列中同一位置的值。当要匹配的值位于数组的第一行或第一列中时，请使用 LOOKUP 的这种形式。

**语法**

LOOKUP(lookup_value，array)

LOOKUP 函数数组形式语法具有以下参数：

lookup_value 必需。LOOKUP 在数组中搜索的值。lookup_value 参数可以是数字、文本、逻辑值、名称或对值的引用。

续 表

| 来自微软 Office 支持网站 |
| --- |
| 如果 LOOKUP 找不到 lookup_value 的值,它会使用数组中小于或等于 lookup_value 的最大值。<br>如果 lookup_value 的值小于第一行或第一列中的最小值(取决于数组维度),LOOKUP 会返回 #N/A 错误值。<br>array　必需。包含要与 lookup_value 进行比较的文本、数字或逻辑值的单元格区域。<br>LOOKUP 的数组形式与 HLOOKUP 和 VLOOKUP 函数非常相似。区别在于:HLOOKUP 在第一行中搜索 lookup_value 的值,VLOOKUP 在第一列中搜索,而 LOOKUP 根据数组维度进行搜索。<br>如果数组包含宽度比高度大的区域(列数多于行数),LOOKUP 会在第一行中搜索 lookup_value 的值。<br>如果数组是正方的或者高度大于宽度(行数多于列数),LOOKUP 会在第一列中进行搜索。<br>使用 HLOOKUP 和 VLOOKUP 函数,您可以通过索引以向下或遍历的方式搜索,但是 LOOKUP 始终选择行或列中的最后一个值。<br>重要:数组中的值必须按升序排列:…, −2, −1, 0, 1, 2, …, A-Z, FALSE, TRUE;否则,LOOKUP 可能无法返回正确的值。文本不区分大小写。 |

LOOKUP 函数的知识点比较多。该函数的主要功能是在查询范围内查询用户指定的查找值,并返回另一个范围中对应位置的值。

LOOKUP 函数有两种使用格式:

1. 向量形式。

LOOKUP(lookup_value,lookup_vector,result_vector)

2. 数组形式。

LOOKUP(lookup_value,array)

微软官方 Office 支持网站强烈推荐使用向量形式。LOOKUP 函数的工作过程示意图如图 10-9 所示。

**特别强调:**

1.无论在哪种使用格式中,lookup_value 都是要被查找的数据。它可以是数字、文本、逻辑值、名称或引用。

2.“向量”即一维区域。因此 lookup_vector 和 result_vector 都为只包含一行或一列的区域,result_vector 的尺寸必须与 lookup_vector 相同。

3. 因为 LOOKUP 函数查找的机制是基于“二分法”进行查找的,所以无论哪种格式,被查找的区域都必须按升序排列。如在“向量格式”中,lookup_vector 的数值必须按升序排列。在“数组格式”中,要预先判断 LOOKUP 是在数组的第一行还是第一列中查找指定值,然后对该行或该列进行升序排序。

4. 在“数组格式”中,LOOKUP 函数查找的方向可以是水平的,也可以是垂直的。如果查找方向是水平的,LOOKUP 函数会在 array 的首行进行查找,返回末行上与被找到单元格对应的数据;如果查找方向是垂直的,LOOKUP 函数会在 array 的首列进行查找,返回末列上与被找到单元格对应的数据。具体哪个方向,要根据其第 2 参数 array 的维度来定。我们可以将这个确定查找方向的规则概括为“长边查找”。因为 array 是一个二维区域,我们可将其视为一个矩形。这个矩形的哪条边长,就在哪条边上进行查找，同时返回其对边上的对应数据。例如，如果 array 的水平边比垂直边长，LOOKUP 函数就在水平方向的第一行上查找，返回最后一行上的数据；反之则在垂直方向的第一列上查找，返回最后一列上的数据。这里长短的单位不是厘米也不是毫米，而是单元格的数量，即行数和列数的比较。还需要记住一个特殊情况，就是如果 array 是一个正方形区域（行数等于列数），仍然在垂直方向上查找。

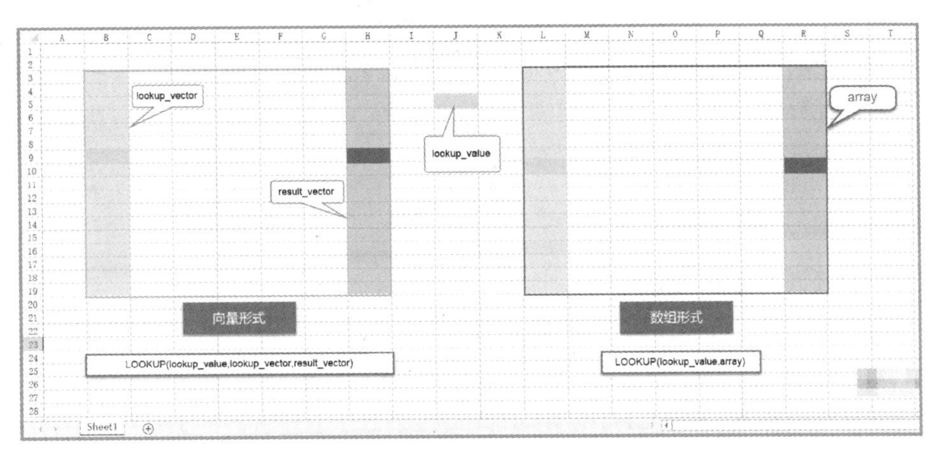


图 10－9 LOOKUP 函数工作原理示意图（以垂直查找为例）

## 10.5.2 利用 LOOKUP 函数进行多重判断

在解决需要区分多种情况以返回不同数据的问题时，很多读者朋友会采取多层 IF 函数嵌套的方式来设计公式，这样写出的公式往往比较长。而且由于存在多层函数嵌套容易出错，公式的可读性也比较差。其实在很多情况下，都可以用 LOOKUP 函数来代替多层 IF 函数嵌套的用法。

**例 10－3** 在图 10－10 所示的成绩表中，要根据学生的成绩为他们定等级。90 分及以上为“优秀”；80 分到 89 分为“良好”；70 分到 79 分为“中等”；60 到 69 分为“合格”。我们先在 G2：H5 单元格区域构造一个辅助单元格区域，然后在 E2 中键入公式“=LOOKUP(D2,$G$2:$H$5)”，按下回车键后下拉至 E11 单元格，即可完成定级。

E2 =LOOKUP(D2,$G$2:$H$5)

| | B | C | D | E | F | G | H |
|---|---|---|---|---|---|---|---|
| 1 | 学号 | 姓名 | 语文 | 等级 | | | |
| 2 | 10381 | 胡彬彬 | 85.0 | 良好 | | 60 | 合格 |
| 3 | 10382 | 黄筱筱 | 71.0 | 中等 | | 70 | 中等 |
| 4 | 10383 | 季奔奔 | 71.0 | 中等 | | 80 | 良好 |
| 5 | 10384 | 李宸 | 70.0 | 中等 | | 90 | 优秀 |
| 6 | 10385 | 陈可 | 75.0 | 中等 | | | |
| 7 | 10386 | 黄雷 | 72.0 | 中等 | | | |
| 8 | 10387 | 张以 | 92.0 | 优秀 | | | |
| 9 | 10388 | 王寻 | 68.0 | 合格 | | | |
| 10 | 10389 | 王波 | 67.0 | 合格 | | | |
| 11 | 10390 | 秦浩 | 62.0 | 合格 | | | |

图 10－10 LOOKUP 函数可以替代多次 IF 嵌套的用法

之所以可以这样用，是利用了 LOOKUP 函数近似查找的特性。LOOKUP 函数在查找数据时，如果找不到指定数据，会返回小于指定数据的最大值。用 LOOKUP 解决此类问题的关键点是，找准辅助单元格区域中的分段点，如本例中的“60、70、80、90”。其次是注意被查找区域要升序排列，如本例中的 G2:G5 区域就是按升序排列。第三是注意在公式中引用辅助单元格区域要绝对引用，因为公式要下拉填充，但查找的区域就是我们构造的辅助单元格区域，这个区域是不变的。

本例中给出的公式是按照 LOOKUP 的数组格式写的，我们也可以按照向量格式写出公式。此外，还可以尝试用多层 IF 函数嵌套的方法解决本例的问题，比较一下两种用法的优劣，这个工作交给读者朋友们去完成。

## 10.6 XLOOKUP 函数

XLOOKUP 是一个新增函数，可在 Microsoft Excel 365、Microsoft Excel 365 Mac 版、Excel 网页版和 Excel 2021 中使用，如果使用是低于上述版本的 Excel，则不支持这个函数。读者朋友如果没有安装最新版本的 Excel，可以在网页版中测试此函数。最新版的国产办公软件 WPS Office 已经开始支持这个函数了。

XLOOKUP 可说是“LOOKUP”函数家族的一个超强函数，支持更多的查询方式和功能。

来自微软 Office 支持网站

**语法**

XLOOKUP 函数搜索区域或数组，然后返回对应于它找到的第一个匹配项的项。如果不存在匹配项，则 XLOOKUP 可以返回最接近(匹配)值。

= XLOOKUP(lookup_value,lookup_array,return_array,[if_not_found],[match_mode],[search_mode])

**表 10-1　XLOOKUP 各参数用法介绍**

| 参数 | 说明 |
|---|---|
| lookup_value 必需* | 要搜索的值。<br>* 如果省略，XLOOKUP 将返回它在 lookup_array 中查找的空白 lookup_array。 |
| lookup_array 必需 | 要搜索的数组或区域。 |
| return_array 必需 | 要返回的数组或区域。 |
| [if_not_found] 可选 | 如果找不到有效的匹配项，则返回 if_not_found[if_not_found]文本。<br>如果找不到有效的匹配项，并且缺少[if_not_found]，则返回 #N/A。 |

续　表

| | 来自微软 Office 支持网站 |
|---|---|
| [match_mode]<br>可选 | 指定匹配类型：<br>0—完全匹配。如果未找到，则返回 #N/A。这是默认选项。<br>—1—完全匹配。如果没有找到，则返回下一个较小的项。<br>1—完全匹配。如果没有找到，则返回下一个较大的项。<br>2—通配符匹配，其中 *，? 和～有特殊含义。 |
| [search_mode]<br>可选 | 指定要使用的搜索模式：<br>1—从第一项开始执行搜索。这是默认选项。<br>—1—从最后一项开始执行反向搜索。<br>2—执行依赖于 lookup_array 按升序排序的二进制搜索。如果未排序，将返回无效结果。<br>2—执行依赖于 lookup_array 按降序排序的二进制搜索。如果未排序，将返回无效结果。 |

**示例**

示例 1　使用 XLOOKUP 查找区域中的国家/地区名称，然后返回其电话国家/地区代码。它包括单元格 F)2lookup_value(、lookup_array(区域 B2:B11)和 return_array(区域 D2:D11)参数。它不包括 match_mode 参数，因为 XLOOKUP 默认生成完全匹配项。

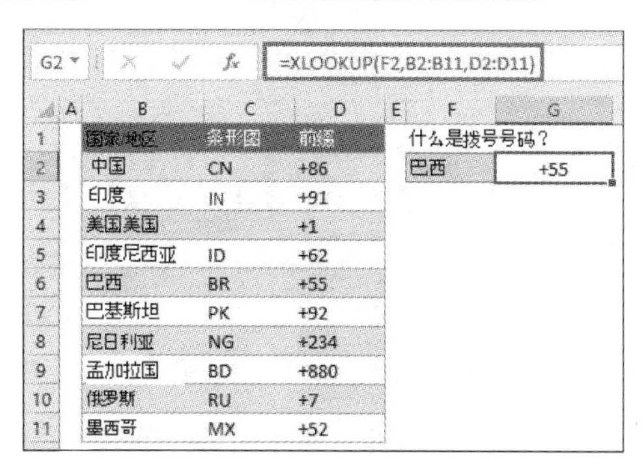

G2　=XLOOKUP(F2,B2:B11,D2:D11)

| | A | B | C | D | E | F | G |
|---|---|---|---|---|---|---|---|
| 1 | | 国家/地区 | 条形图 | 前缀 | | 什么是拨号号码？ | |
| 2 | | 中国 | CN | +86 | | 巴西 | +55 |
| 3 | | 印度 | IN | +91 | | | |
| 4 | | 美国美国 | | +1 | | | |
| 5 | | 印度尼西亚 | ID | +62 | | | |
| 6 | | 巴西 | BR | +55 | | | |
| 7 | | 巴基斯坦 | PK | +92 | | | |
| 8 | | 尼日利亚 | NG | +234 | | | |
| 9 | | 孟加拉国 | BD | +880 | | | |
| 10 | | 俄罗斯 | RU | +7 | | | |
| 11 | | 墨西哥 | MX | +52 | | | |

注意：XLOOKUP 使用查找数组和返回数组，而 VLOOKUP 使用单个表数组，后跟列索引号。在这种情况下，等效的 VLOOKUP 公式为：= VLOOKUP(F2,B2:D11,3,FALSE)。

示例 2　基于员工 ID 号查找员工信息。与 VLOOKUP 不同，XLOOKUP 可以返回包含多个项的数组，因此单个公式可以从单元格 C5:D14 返回员工姓名和部门。

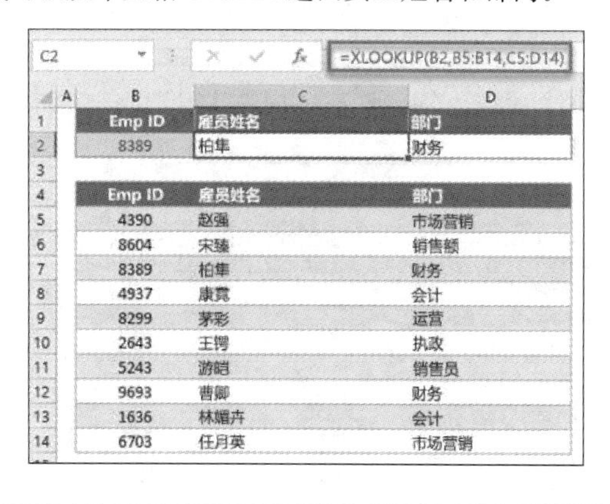

C2　=XLOOKUP(B2,B5:B14,C5:D14)

| | A | B | C | D |
|---|---|---|---|---|
| 1 | | Emp ID | 雇员姓名 | 部门 |
| 2 | | 8389 | 柏隼 | 财务 |
| 3 | | | | |
| 4 | | Emp ID | 雇员姓名 | 部门 |
| 5 | | 4390 | 赵强 | 市场营销 |
| 6 | | 8604 | 宋臻 | 销售额 |
| 7 | | 8389 | 柏隼 | 财务 |
| 8 | | 4937 | 康霓 | 会计 |
| 9 | | 8299 | 茅彩 | 运营 |
| 10 | | 2643 | 王锷 | 执政 |
| 11 | | 5243 | 游皓 | 销售员 |
| 12 | | 9693 | 曹卿 | 财务 |
| 13 | | 1636 | 林媚卉 | 会计 |
| 14 | | 6703 | 任月英 | 市场营销 |

续 表

来自微软 Office 支持网站

示例 3　将 if_not_found 参数添加到上一个示例。

C2　=XLOOKUP(B2,B5:B14,C5:D14," ID not found" )

| | B | C | D |
|---|---|---|---|
| 1 | Emp ID | 雇员姓名 | 部门 |
| 2 | 1234 | ID 未找到 | |
| 3 | | | |
| 4 | Emp ID | 雇员姓名 | 部门 |
| 5 | 4390 | 赵强 | 市场营销 |
| 6 | 8604 | 宋臻 | 销售额 |
| 7 | 8389 | 柏隼 | 财务 |
| 8 | 4937 | 康霁 | 会计 |
| 9 | 8299 | 茅彩 | 运营 |
| 10 | 2643 | 王锷 | 执政 |
| 11 | 5243 | 游皑 | 销售员 |
| 12 | 9693 | 曹御 | 财务 |
| 13 | 1636 | 林媚卉 | 会计 |
| 14 | 6703 | 任月英 | 市场营销 |

示例 4　在 C 列中查找单元格 E2 中输入的个人收入，在 B 列中查找匹配的税率。它将 if_not_found 参数(0,)未找到任何值。参数 match_mode 参数设置为 1，这意味着该函数将查找完全匹配项，如果找不到匹配项，则返回下一个较大的项。最后，search_mode 参数设置为 1，这意味着函数将搜索第一个项到最后一个项。

F2　=XLOOKUP(E2,C2:C7,B2:B7,0,1,1)

| | B | C | D | E | F |
|---|---|---|---|---|---|
| 1 | 税率 | 最大收入 | | 收入 | 税率 |
| 2 | 10% | $9,700 | | $46,523 | 24% |
| 3 | 22% | $39,475 | | | |
| 4 | 24% | $84,200 | | | |
| 5 | 32% | $160,726 | | | |
| 6 | 35% | $204,100 | | | |
| 7 | 37% | $510,300 | | | |

注意：lookup_array 列位于列 return_array 右侧，而 VLOOKUP 只能从左到右查找。

示例 5　使用嵌套的 XLOOKUP 函数来执行垂直和水平匹配。它首先在 B 列中查找"总利润"，然后在表的首行中查找第 1 季度(区域 C5:F5)，最后返回两者交叉处的值。这类似于同时使用 INDEX 和 MATCH 函数。
提示：你也可以使用 XLOOKUP 替换 HLOOKUP 函数。

D3　=XLOOKUP(D2,$B6:$B17,XLOOKUP($C3,$C5:$G5,$C6:$G17))

| | B | C | D | E | F | G |
|---|---|---|---|---|---|---|
| 2 | | Quarter | Gross Profit | [illegible] | 利润 | |
| 3 | | Qtr1 | $25,000 | $19,342 | 29.3% | |
| 5 | Income Statement | Qtr1 | Qtr2 | Qtr3 | Qtr4 | [illegible] |
| 6 | 总销售额 | $50,000 | $78,200 | $89,500 | $91,250 | $308,950 |
| 7 | 销售成本 | ($25,000) | ($42,050) | ($59,450) | ($60,450) | ($186,950) |
| 8 | 总利润 | $25,000 | $36,150 | $30,050 | $30,800 | $122,000 |
| 10 | 总额 | ($899) | ($791) | ($202) | ($412) | ($2,304) |
| 11 | 旅游点 | ($513) | ($853) | ($150) | ($956) | ($2,472) |
| 12 | $23588 之前的收入 | | $34,506 | $29,698 | $29,432 | $117,224 |
| 14 | Tax | ($4,246) | ($6,211) | ($5,346) | ($5,298) | ($21,100) |
| 16 | 净利润 | $19,342 | $28,295 | $24,352 | $24,134 | $96,124 |
| 17 | 利润 | 29.3% | 27.8% | 23.4% | 27.6% | 26.9% |

**续　表**

| 来自微软 Office 支持网站 |
|---|
| 注意：单元格 D3:F3 中的公式为：= XLOOKUP(D2,$B6:$B17,XLOOKUP($C3,$C5:$G5,$C6:$G17))。 |

示例 6　使用 SUM 函数和两个嵌套的 XLOOKUP 函数对两个范围之间的所有值求和。在这种情况下，我们需要对香蕉、香蕉和包括梨(介于两者之间)的值求和。

D3　=SUM(XLOOKUP(B3,B6:B10,E6:E10):XLOOKUP(C3,B6:B10,E6:E10))

| | A | B | C | D | E |
|---|---|---|---|---|---|
| 1 | | | | | |
| 2 | | 开始 | 结束 | 汇总 | |
| 3 | | Grape | 香蕉 | $110.70 | |
| 4 | | | | | |
| 5 | | 乘积 | Qty | 价格 | 汇总 |
| 6 | | Apple | 23 | $0.52 | $11.90 |
| 7 | | Grape | 98 | $0.77 | $75.28 |
| 8 | | 梨木 | 75 | $0.24 | $18.16 |
| 9 | | Banana | 95 | $0.18 | $17.25 |
| 10 | | 樱桃 | 42 | $0.16 | $6.80 |

单元格 E3 中的公式为：= SUM(XLOOKUP(B3,B6:B10,E6:E10):XLOOKUP(C3,B6:B10,E6:E10))

它如何工作？XLOOKUP 返回一个范围，因此在计算时，公式最终如下所示：= SUM($E$7:$E$9)。您可以通过选择具有类似于此公式的 XLOOKUP 公式的单元格，然后选择**公式-公式审核-计算公式**，然后选择**计算**以逐步执行计算，即可自行了解其工作方式。

通过上面的介绍可知，XLOOKUP 不再像 VLOOKUP 那样只能在首列查找数据，而是可以在任意列查找数据，从任意列返回结果。

**例 10-4**　在如图 10-11 所示的表格中，我们要通过输入学生姓名，查询学生的班级和职务信息。则 C14 单元格中的公式可以写为“= XLOOKUP(B14,D2:D11,B2:B11)”，D14 单元格中的公式可以写为“= XLOOKUP(B14,D2:D11,C2:C11)”。

| | A | B | C | D | E | F |
|---|---|---|---|---|---|---|
| 1 | 学号 | 班级 | 职务 | 姓名 | 性别 | 语文 |
| 2 | 10381 | 中文1 | 班长 | 胡彬彬 | 男 | 85.0 |
| 3 | 10382 | 中文2 | 副班长 | 黄筱筱 | 男 | 71.0 |
| 4 | 10383 | 中文2 | 学习委员 | 季奔奔 | 女 | 71.0 |
| 5 | 10384 | 中文1 | 生活委员 | 李宸 | 女 | 70.0 |
| 6 | 10385 | 中文4 | 文体委员 | 陈可 | 男 | 75.0 |
| 7 | 10386 | 中文3 | 无 | 黄雷 | 男 | 72.0 |
| 8 | 10387 | 中文2 | 班长 | 张以 | 男 | 92.0 |
| 9 | 10388 | 中文4 | 团支书 | 王寻 | 男 | 68.0 |
| 10 | 10389 | 中文1 | 无 | 王波 | 女 | 67.0 |
| 11 | 10390 | 中文2 | 班长 | 秦浩 | 女 | 62.0 |
| 12 | | | | | | |
| 13 | | 姓名 | 班级 | 职务 | | |
| 14 | | 李宸 | 中文1 | 生活委员 | | |

**图 10-11　XLOOKUP 函数应用举例**

从上述公式中可以看到，XLOOKUP 函数查找的列为“姓名”列，不是表格的首列，返回信息所用的列为“班级”列和“职务”列。所以相比较于 VLOOKUP，XLOOKUP 的使用更为灵活。

如果输入的学生姓名不在列表中，其他查找函数会返回错误值＃N/A。如果在使用 VLOOKUP、LOOKUP 等函数时遇到这个问题，要屏蔽这个错误值还需要结合 IF 函数和错误检测函数或 IFERROR 函数来实现。类似的思考题我们曾在 10.3 一节的末尾提出过。但是如果使用 XLOOKKUP 函数，其第 4 参数（可选参数）可以直接设置查找不到的提示文本。如在上例中，如果找不到学生姓名，就提示“查无此人”，可以修改 C14 单元格中的公式为“=XLOOKUP(B14,D2:D11,B2:B11,"查无此人")”，显示效果如图 10－12 所示。

C14　=XLOOKUP(B14,D2:D11,B2:B11,"查无此人")

| | A | B | C | D | E | F |
|---|---|---|---|---|---|---|
| 1 | 学号 | 班级 | 职务 | 姓名 | 性别 | 语文 |
| 2 | 10381 | 中文1 | 班长 | 胡彬彬 | 男 | 85.0 |
| 3 | 10382 | 中文2 | 副班长 | 黄筱筱 | 男 | 71.0 |
| 4 | 10383 | 中文2 | 学习委员 | 季奔奔 | 女 | 71.0 |
| 5 | 10384 | 中文1 | 生活委员 | 李宸 | 女 | 70.0 |
| 6 | 10385 | 中文4 | 文体委员 | 陈可 | 男 | 75.0 |
| 7 | 10386 | 中文3 | 无 | 黄雷 | 男 | 72.0 |
| 8 | 10387 | 中文2 | 班长 | 张以 | 男 | 92.0 |
| 9 | 10388 | 中文4 | 团支书 | 王寻 | 男 | 68.0 |
| 10 | 10389 | 中文1 | 无 | 王波 | 女 | 67.0 |
| 11 | 10390 | 中文2 | 班长 | 秦浩 | 女 | 62.0 |
| 12 | | | | | | |
| 13 | | 姓名 | 班级 | 职务 | | |
| 14 | | 张可可 | 查无此人 | 查无此人 | | |

**图 10－12　XLOOKUP 函数的自定义错误提示**

利用 XLOOKUP 函数的第 5 参数（取值及含义请参阅表 10－1 XLOOKUP 各参数用法介绍），我们可以指定近似匹配模式。这样 XLOOKUP 就可以实现与 LOOKUP 一样的多重判断的用法（该用法请参阅 10.5.2 的介绍）。

**例 10－5**　对于例 10－3 中的问题，我们也可以用 XLOOKUP 函数来解决。E2 单元格的公式为“=XLOOKUP(D2,$G$2:$G$5,$H$2:$H$5,,－1)”。这里 XLOOKUP 的第 5 参数的取值为－1，表示如果查找不到精确值，就匹配小于被查找数据的最大值。注意，这里第 4 参数可以留空，但不可以省略。计算结果如图 10－13 所示。

E2　=XLOOKUP(D2,$G$2:$G$5,$H$2:$H$5,,-1)

| | A | B | C | D | E | F | G | H |
|---|---|---|---|---|---|---|---|---|
| 1 | 学号 | 姓名 | 性别 | 语文 | 等级 | | | |
| 2 | 10381 | 胡彬彬 | 男 | 85.0 | 良好 | | 60 | 合格 |
| 3 | 10382 | 黄筱筱 | 男 | 71.0 | 中等 | | 70 | 中等 |
| 4 | 10383 | 季奔奔 | 女 | 71.0 | 中等 | | 80 | 良好 |
| 5 | 10384 | 李宸 | 女 | 70.0 | 中等 | | 90 | 优秀 |
| 6 | 10385 | 陈可 | 男 | 75.0 | 中等 | | | |
| 7 | 10386 | 黄雷 | 男 | 72.0 | 中等 | | | |
| 8 | 10387 | 张以 | 男 | 92.0 | 优秀 | | | |
| 9 | 10388 | 王寻 | 男 | 68.0 | 合格 | | | |
| 10 | 10389 | 王波 | 女 | 67.0 | 合格 | | | |
| 11 | 10390 | 秦浩 | 女 | 62.0 | 合格 | | | |

**图 10－13　XLOOKUP 近似匹配举例**

## 10.7 OFFSET 函数

来自微软 Office 支持网站

**说明**

返回对单元格或单元格区域中指定行数和列数的区域的引用。返回的引用可以是单个单元格或单元格区域。可以指定要返回的行数和列数。

**语法**

OFFSET(reference,rows,cols,[height],[width])

OFFSET 函数语法具有下列参数:

reference 必需。要基于偏移量的引用。引用必须引用单元格或相邻单元格区域;否则,OFFSET 返回#VALUE! 错误值。

rows 必需。需要左上角单元格引用的向上或向下行数。使用 5 作为 rows 参数,可指定引用中的左上角单元格为引用下方的 5 行。Rows 可为正数(这意味着在起始引用的下方)或负数(这意味着在起始引用的上方)。

cols 必需。需要结果的左上角单元格引用的从左到右的列数。使用 5 作为 cols 参数,可指定引用中的左上角单元格为引用右方的 5 列。cols 可为正数(这意味着在起始引用的右侧)或负数(这意味着在起始引用的左侧)。

height 可选。需要返回的引用的行高。height 必须为正数。

width 可选。需要返回的引用的列宽。width 必须为正数。

**备注**

如果工作表边缘上的行和 cols 偏移引用,OFFSET 返回#REF! 错误值。

如果省略 height 或 width,则假设其高度或宽度与 reference 相同。

OFFSET 实际上并不移动任何单元格或更改选定区域;它只是返回一个引用。OFFSET 可以与任何期待引用参数的函数一起使用。例如,公式 SUM(OFFSET(C2,1,2,3,1))可计算 3 行 1 列区域(即单元格 C2 下方的 1 行和右侧的 2 列的 3 行 1 列区域)的总值。

OFFSET 函数的主要功能是以指定的单元格为基准点,通过一定量的偏移得到新的引用。所以 OFFSET 函数的返回值是一个引用,这决定了 OFFSET 函数往往不是一个公式中最外层的函数,而是充当其他函数的参数。

**参数说明:**reference 为函数引用的基准点,可以理解为偏移开始的起点。rows 指从基准点上下偏移的行数,取值为正值,表示从基准点开始向下偏移;取值为负值,表示向上偏移;取值为 0 表示不偏移。cols 指定偏移的列数,取值为正值,表示从基准点开始向右偏移;取值为负值,表示向左偏移;取值为 0 表示不偏移。Height 为可选参数,用于指定偏移后引用区域的行数,width 为可选参数,用于指定偏移后引用区域的列数。

OFFSET 函数的工作原理如图 10-14 所示。从图中可以看出,OFFSET 函数只需要前 3 个参数,就可以从基准点 B5,偏移到 H10。如果不需要指定偏移后引用区域的尺寸,则第 4、5 参数可以省略,偏移后的区域尺寸默认和基准点的尺寸一样。如果需要在偏移后,指定偏移后区域的尺寸,则需要指定第 4、5 参数的值。

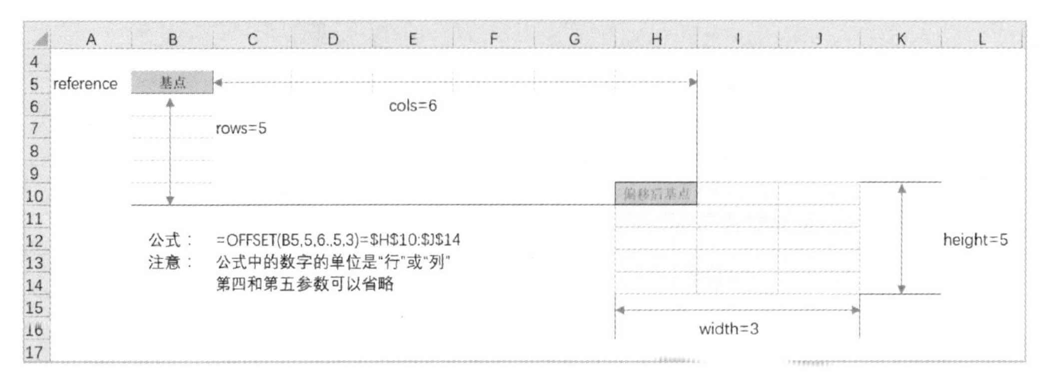


**图 10-14 OFFSET 函数工作原理示意图**

OFFSET 函数可以和 MATCH、COUNTA 等函数组合使用，实现区域的动态引用。

**例 10-6** 如图 10-15 所示有一份业绩表，列出了员工 1～6 月的业绩。在 C12 单元格输入一个员工的姓名，在 C13 单元格立即返回该员工 6 个月的业绩合计。当前表格中并没有合计列。当然，我们也可以自己增加一个合计列，然后利用查找函数根据人名查找业绩合计。如果不构造辅助单元格区域，直接写公式，则 C13 单元格中的公式为"=SUM(OFFSET(A1,MATCH(C12,A2:A8,0),1,1,6))"。

C13 =SUM(OFFSET(A1,MATCH(C12,A2:A8,0),1,1,6))

| | A | B | C | D | E | F | G |
|---|---|---|---|---|---|---|---|
| 1 | 姓名 | 一月业绩 | 二月业绩 | 三月业绩 | 四月业绩 | 五月业绩 | 六月业绩 |
| 2 | 胡彬彬 | 2423 | 8511 | 6622 | 5508 | 7390 | 3535 |
| 3 | 黄筱筱 | 5455 | 2444 | 3230 | 5824 | 2441 | 4112 |
| 4 | 季奔奔 | 5424 | 2503 | 3223 | 3324 | 3554 | 3621 |
| 5 | 李宸 | 5455 | 3226 | 5578 | 3654 | 3214 | 7851 |
| 6 | 陈可 | 5745 | 3840 | 3622 | 3515 | 2414 | 2725 |
| 7 | 黄雷 | 5455 | 2456 | 3532 | 2545 | 3624 | 9514 |
| 8 | 张以 | 2455 | 4739 | 2422 | 3345 | 3554 | 8480 |
| 9 | | | | | | | |
| 10 | | | | | | | |
| 11 | | | | | | | |
| 12 | | 请输入姓名 | 胡彬彬 | | | | |
| 13 | | 半年业绩 | 33989 | | | | |

**图 10-15 OFFSET 函数与 MATCH 函数组合实现动态引用**

当前公式中的核心部分就是 OFFSET 函数。在本例中，OFFSET 函数的 5 个参数中有 4 个都是可以确定的。函数的第 1 参数为 A1，即以 A1 单元格为基准点；因为输入的人员姓名不固定，故函数的第 2 参数即偏移的行数不确定；因为要计算 6 个月的业绩，所以偏移的列数是固定值 1，因为从基准点 A1 向右偏移 1 列，即可到达要计算业绩合计的区域的首列；偏移之后单元格区域的高和宽也是固定的，分别是 1 和 6。

函数的第 2 参数——偏移的行数可以利用 MATCH 函数即时计算得出。在 A2:A8 的区域匹配输入的人员姓名，匹配到的位置值刚好是从 A1 开始偏移的行数。最外层再用一个 SUM 函数求和即可完成本题的计算。当然，我们还可以用同样的方法，计算某位员工 2 个月或 3 个月的业绩合计，只需对本例的公式稍加修改即可。

利用 OFFSET 函数和 COUNTA 函数的组合也可以实现动态区域引用。具体示例请参阅本书第 150 页的例 11－1。

## 10.8 INDIRECT 函数

来自微软 Office 支持网站

**语法**

INDIRECT(ref_text,[a1])

INDIRECT 函数语法具有以下参数：

ref_text 必需。对包含 A1 样式引用、R1C1 样式引用、定义为引用的名称或作为文本字符串对单元格的引用的单元格的引用。如果 ref_text 不是有效的单元格引用，则 INDIRECT 返回＃REF！错误值。

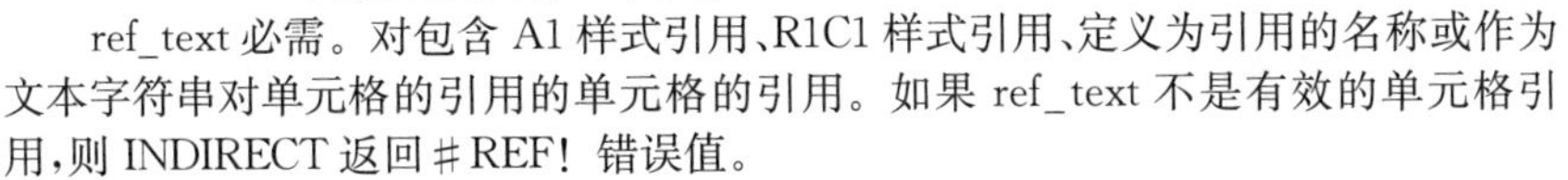

如果 ref_text 引用外部引用(工作簿)，则必须打开另一个工作簿。如果源工作簿未打开，INDIRECT 返回＃REF！错误值。

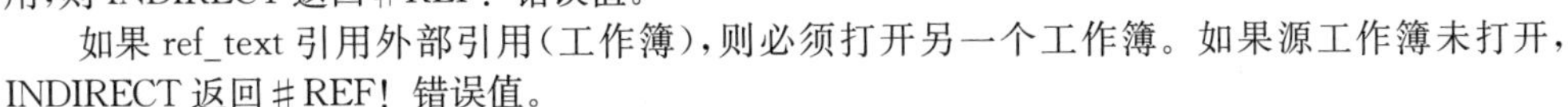

如果 ref_text 单元格区域超出行限制 1048576 或列限制 16384(XFD)，INDIRECT 返回＃REF！错误。

注意此行为与早于 Excel 的版本不同，Excel 2007 忽略超出的限制并返回值。

a1 可选。一个逻辑值，用于指定包含在单元格 ref_text 中的引用的类型。

如果 a1 为 TRUE 或省略，ref_text 被解释为 A1 样式的引用。

如果 a1 为 FALSE，则将 ref_text 解释为 R1C1 样式的引用。

INDIRECT 函数的主要功能是返回由文本字符串指定的引用单元格的内容。

**参数说明：**ref_text 是一个文本字符串，可以是一个字符串常量，也可以是一个包含文本的单元格引用，ref_text 文本的内容为对某个单元格(区域)的引用，该引用可以是 A1 样式的引用、R1C1 样式的引用、定义为引用的名称。如果 ref_text 不是合法的单元格的引用，INDIRECT 函数返回错误值＃REF！。a1 为一逻辑值，指明包含在单元格 ref_text 中的引用的类型。如果 a1 为 TRUE 或省略，ref_text 被解释为 A1 样式的引用。如果 a1 为 FALSE，ref_text 被解释为 R1C1 样式的引用。

**例 10－7** 在如图 10－16 所示的表格中，A8 单元格中的公式为“＝INDIRECT(B6)”，其计算结果显示为“hello”。因为该公式的参数 B6 是一个单元格引用，INDIRECT 函数会首先引用 B6 单元格的内容，即字符串"A3"，INDIRECT 函数读取这个字符串的内容并取得对 A3 单元格的引用，而 A3 单元格的内容为“hello”，故公式的计算结果为“hello”。

| | A | B | C | D |
|---|---|---|---|---|
| 1 | | | | |
| 2 | | | | |
| 3 | hello | | | |
| 4 | | about | | |
| 5 | | | | |
| 6 | | A3 | | |
| 7 | | | | |
| 8 | hello | =INDIRECT(B6) | | |
| 9 | A3 | =INDIRECT("B6") | | |
| 10 | A3 | =INDIRECT(MID(B4,2,1)&ROW(A3)*2) | | |
| 11 | hello | =INDIRECT(INDIRECT("B6")) | | |

**图 10－16 INDIRECT 函数应用举例**

A9 单元格中的公式为“＝INDIRECT

("B6")",其中 INDIRECT 函数的参数是一个字符串常量"B6",该字符串的内容就是对 B6 单元格的引用,于是 INDIRECT 函数就取得对 B6 单元格的引用,显示 B6 的内容“A3”。

A10 单元格中的公式为“=INDIRECT(MID(B4,2,1)&ROW(A3)*2)”,其中 INDIRECT 函数的参数是一个表达式“MID(B4,2,1)&ROW(A3)*2”,而这个表达式的计算结果就是字符串"B6",因此 INDIRECT 函数取得对 B6 单元格的引用,显示其内容“A3”。

在 A11 单元格中,外层 INDIRECT 函数的参数是另一个 INDIRECT 函数,内层 INDIRECT 函数的参数是字符串"B6",根据之前的分析,该函数的计算结果是字符串“A3”,因此 INDIRECT 对 A3 单元格进行引用显示“hello”。

## 10.9 COLUMN 函数

**函数名称:**COLUMN

**主要功能:**显示所引用单元格的列标号值。

**使用格式:**COLUMN(reference)

**参数说明:**reference 为引用的单元格。如果省略参数 reference,则该参数被视为对 COLUMN 函数所在单元格的引用。

**应用举例:**在 C11 单元格中输入公式“=COLUMN(B11)”,回车后显示为 2(即 B 列的列序号值 2)。若将公式改为“=COLUMN()”,回车后显示为 3,即默认使用公式当前所在的单元格 C11 为参数。

## 10.10 ROW 函数

**函数名称:**ROW

**主要功能:**显示所引用单元格的行标号值。

**使用格式:**ROW(reference)

**参数说明:**reference 为引用的单元格。如果省略参数 reference,则该参数被视为对 ROW 函数所在单元格的引用。

**应用举例:**在 C11 单元格中输入公式“= ROW(B21)”,回车后显示为 21(即 B21 的行号 21)。若将公式改为“=ROW()”,回车后显示为 11,即默认使用公式当前所在的单元格 C11 为参数。

## 10.11 翻转课堂 9:根据身份证自动判断星座

请设计一个如图 10-17 所示的表格。在 A2 单元格填入一个身份证号码,在 B2

单元格立刻显示身份证主人的星座。请写出 B2 单元格的公式。

| | A | B |
|---|---|---|
| 1 | 请输入身份证号码 | 您的星座是 |
| 2 | 320303198205200573 | 金牛座 |

**图 10－17 根据身份证自动判断星座**

**任务难度：**★★★

**讲解时间：**8 分钟

**任务单：**

1. 掌握 10.5.2 所介绍的函数用法；

2. 根据要求写出公式，本题有多种解法，请尽可能写出基于不同函数用法的公式；

3. 做出 PDF/PPT 文档用于辅助讲解。先讲思路，再重点讲解公式各部分的含义，对于函数的基本用法不再重复讲解。

## 10.12 翻转课堂 10：LOOKUP 近似查找实现多重判断

请下载本书素材文件，打开如图 10－18 所示的表格。如果 C 列的库存数大于 600，则在对应 D 列单元格显示“货品积压”，小于等于 600 大于等于 500 显示“库存正常”，小于 500 大于 200 显示“库存紧张”，小于等于 200 显示“库存不足”。请使用 LOOKUP 函数近似查找的方法写出 D2 单元格的公式。

| | A | B | C | D |
|---|---|---|---|---|
| 1 | 编号 | 品名 | 存货量 | 提示 |
| 2 | A001 | 冲锋衣 | 203 | 库存紧张 |
| 3 | A002 | 软壳衣 | 865 | 货品积压 |
| 4 | A003 | 冲锋裤 | 709 | 货品积压 |
| 5 | A004 | 户外头巾 | 482 | 库存紧张 |
| 6 | A005 | 渔夫帽 | 337 | 库存紧张 |
| 7 | A006 | 羽绒服 | 569 | 库存正常 |
| 8 | A007 | 登山鞋 | 191 | 库存不足 |
| 9 | A008 | 太阳镜 | 560 | 库存正常 |

**图 10－18 库存情况提示**

**任务难度：**★★★

**讲解时间：**7 分钟

**任务单：**

1. 掌握 10.5.2 所介绍的函数用法；

2. 根据要求写出公式；

3. 做出 PDF/PPT 文档用于辅助讲解。PDF 文档内容要简洁，主题要明确。将本题解决方案中的重点难点，不易理解的部分作为文档的中心内容，对于函数基本用法的介绍可以省略。

## 10.13 翻转课堂 11：根据身份证号码返回籍贯

请设计一个如图 10－19 所示的表格。在 A2 单元格填入一个身份证号码，在 B2 单元格立刻显示身份证主人的籍贯。请写出 B2 单元格的公式。

| | A | B |
|---|---|---|
| 1 | 请输入身份证号码 | 您的籍贯是 |
| 2 | 320303198205200573 | 江苏省徐州市云龙区 |

图 10－19 根据身份证号码返回籍贯

**任务难度：**★★

**讲解时间：**8 分钟

**任务单：**

1. 掌握查找类函数的用法；

2. 本题需要一些数据作为支撑，请上网搜集这些数据的相关信息并获取这些数据；

3. 找出本题的解法，写出公式；

4. 制作 PDF/PPT 文档用于辅助讲解。先讲思路，再重点讲解公式各部分的含义。

# 第 11 章　统计与求和函数

统计函数的家族非常庞大，包括 110 个函数。其中不少都是在统计学领域内才会较多用到的专业函数，可用于计算各种数理统计的系数、概率值、各种分布、方差、标准差、置信区间等。本章仅介绍在通用领域较为常用的函数。

## 11.1　LARGE 函数

**函数名称**：LARGE

**主要功能**：返回一组数中第 k 个最大值。

**使用格式**：LARGE(array,k)

**参数说明**：array 代表要进行统计的一组数值，可以是常量数组或一个单元格区域的引用；k 代表需要返回的数字的排序位置（从大到小）。

如公式"=LARGE({1,2,3,4,5,6,7,8,9},2)"的计算结果为 8。因为公式要返回数组{1,2,3,4,5,6,7,8,9}中第 2 大的值，即"8"。同理，公式"=LARGE({1,2,3,4,5,6,7,8,9},6)"返回值为 4。关于数组的知识，请参阅本书第 13 章数组公式的介绍。

LARGE 函数虽然简单，但将其与其他函数相结合列出公式用于实际问题的解决时并不简单，读者朋友可以将本章最后的翻转课堂 14 的题目作为练习题，来挑战一下自己的公式编写水平。

## 11.2　SMALL 函数

**函数名称**：SMALL

**主要功能**：返回指定的第 k 个最小值。

**使用格式**：SMALL(array,k)

**参数说明**：array 代表要进行统计的一组数值，可以是常量数组或一个单元格区域的引用；k 代表需要返回的数字的排序位置（从小到大）。

如公式"=SMALL ({1,2,3,4,5,6,7,8,9},2)"的计算结果为 2。因为公式要返回数组{1,2,3,4,5,6,7,8,9}中第 2 小的值，即"2"。同理，公式"=SMALL({1,2,3,4,5,6,7,8,9},6)"返回值为 6。

## 11.3　COUNT 函数

**函数名称:**COUNT

**主要功能:**针对指定区域中的数据进行计数,能被计数的数值包括数字和日期,而错误值、逻辑值或其他文本将被忽略。

**使用格式:**COUNT(value1,value2,……)

**参数说明:**value1,value2,……为单元格引用、表达式或常量。

请注意,COUNT 函数只统计包含数字和日期的单元格个数。在第 152 页的例 11-2 中,在 B2 单元格中键入公式"=COUNT(A1:A11)",对 A1:A11 区域中包含数字和日期的单元格个数进行统计,结果为 5。A5 单元格中的数据"104"为文本型数字,没被统计在内。C2 单元格显示的是 B2 单元格的公式。

## 11.4　COUNTA 函数

**函数名称:**COUNTA

**主要功能:**用于统计非空单元格的个数,输入了任何数据的单元格都属于非空单元格。

**使用格式:**COUNTA(value1,value2,……)

**参数说明:**value1,value2,……为单元格引用、表达式或常量。

在例 11-2 中,在 B3 单元格中键入公式"=COUNTA(A1:A11)",统计 A1:A11 区域中非空单元格的个数,结果为 10。只有 A10 是一个空单元格(未输入任何数据的单元格)没被统计在内。A8 单元格中包含了一个空格,A9 单元格中包含了一个空字符串(""),均被视为非空单元格。

将 COUNTA 函数与 OFFSET 函数组合使用,可以实现对数据区域的动态引用。

**例 11-1**　如图 11-1 所示,小明在 Excel 建了一张表,用来记录他每月的花费。随着时间的推移,小明会在该表的末尾不断追加新的消费记录。每当小明追加一条新的消费记录时,D2 单元格中的"消费合计"数额就会自动更新,则 D2 单元格中的公式可以写成"=SUM(OFFSET(C2,1,0,COUNTA(C:C)-1,1))"。

| | A | B | C | D |
|---|---|---|---|---|
| 1 | 我的消费 | | | 本月消费合计 |
| 2 | 日期 | 项目 | 消费 | 3158 |
| 3 | 1月1日 | 冰淇淋 | 9 | |
| 4 | 1月2日 | 打车 | 35 | |
| 5 | 1月3日 | 请朋友吃饭 | 350 | |
| 6 | 1月4日 | 去乐园玩 | 460 | |
| 7 | 1月5日 | 奶茶 | 29 | |
| 8 | 1月6日 | 超市购物 | 187 | |
| 9 | 1月7日 | 买衣服 | 1999 | |
| 10 | 1月8日 | 优盘 | 89 | |

图 11-1　OFFSET+COUNTA 实现动态引用 1

如图 11 - 2 所示，当追加 1 月 9 日的消费记录时，消费合计的数额自动更新。

| | A | B | C | D |
|---|---|---|---|---|
| 1 | 我的消费 | | | 本月消费合计 |
| 2 | 日期 | 项目 | 消费 | 3168 |
| 3 | 1月1日 | 冰淇淋 | 9 | |
| 4 | 1月2日 | 打车 | 35 | |
| 5 | 1月3日 | 请朋友吃饭 | 350 | 合计数额自动更新 |
| 6 | 1月4日 | 去乐园玩 | 460 | |
| 7 | 1月5日 | 奶茶 | 29 | |
| 8 | 1月6日 | 超市购物 | 187 | |
| 9 | 1月7日 | 买衣服 | 1999 | 追加一条新的 |
| 10 | 1月8日 | 优盘 | 89 | 消费记录 |
| 11 | 1月9日 | 圆珠笔 | 10 | |

**图 11 - 2　OFFSET+COUNTA 实现动态引用 2**

在本例中，以 C2 单元格为基准利用 OFFSET 函数偏移出一个动态区域的引用，这个引用刚好可以囊括所有的消费记录数额。再把这个引用作为 SUM 函数的参数，对这个区域进行求和即可。函数“COUNTA(C:C)”是求整个 C 列的非空单元格的个数，因为多算了一个表头单元格“消费”，所以要减去 1。再把这个数值作为 OFFSET 函数偏移后的区域的高度值，即可实现对一个动态区域的引用。本例中的动态区域的“动态变化”特性，就体现在“COUNTA(C:C)”这一部分。因为 OFFSET 函数的其他参数都是固定值，只有其第 4 参数“高度值”是跟随“COUNTA(C:C)”的计算结果动态变化的。当然，本例完全可以用一个公式“=SUM(C:C)”来解决问题。但是如果题目要求改一下，比如要动态计算 1 月 5 日以后的消费合计，SUM 函数就不适用了。因此动态引用区域还是有其特定的应用场景的。

如果要使用动态引用，需要注意两点：(1) 要计算的数字区域必须连续，不能断开。所谓“断开”，是指数字区域中间有空单元格，如图 11 - 3 所示。这会导致偏移后的区域不能囊括所有需要计算的数字单元格，从而产生错误结果；(2) 包含动态引用公式的单元格，不能和数字区域处在同一列。如本例中，如果把 D2 单元格的公式放到 C 列最下面，就会导致错误，会弹出“存在一个或多个循环引用”的提示。

| | A | B | C | D |
|---|---|---|---|---|
| 1 | 我的消费 | | | 本月消费合计 |
| 2 | 日期 | 项目 | 消费 | 3129 |
| 3 | 1月1日 | 冰淇淋 | 9 | |
| 4 | 1月2日 | 打车 | 35 | |
| 5 | 1月3日 | 请朋友吃饭 | 350 | 空单元格 |
| 6 | 1月4日 | 去乐园玩 | 460 | |
| 7 | 1月5日 | 奶茶 | | |
| 8 | 1月6日 | 超市购物 | 187 | |
| 9 | 1月7日 | 买衣服 | 1999 | |
| 10 | 1月8日 | 优盘 | 89 | |
| 11 | 1月9日 | 圆珠笔 | 10 | |

**图 11 - 3　OFFSET+COUNTA 的动态引用中不能出现空单元格**

## 11.5 COUNTBLANK 函数

**函数名称:**COUNTBLANK

**主要功能:**用于统计空单元格的个数,包括仅有空字符串的单元格。

**使用格式:**COUNTBLANK(value1,value2,……)

**参数说明:**value1,value2,……为单元格引用、表达式或常量。

**例 11-2** 在如图 11-4 所示的表格中,A1:A11 单元格区域中包含了不同类型的数据,其中 A8 单元格的内容是一个空格,A9 单元格的内容是一个空字符串(通过输入公式"=""""获得),A10 单元格是没有内容的空单元格。分别使用 COUNT、COUNTA、COUNTBLANK 函数对这个区域进行统计,结果如 B2:B4 单元格的内容所示,B2、B3、B4 单元格中的公式如 C2、C3、C4 单元格所示。

| | A | B | C |
|---|---|---|---|
| 1 | 100 | | |
| 2 | #DIV/0! | 5 | =COUNT(A1:A11) |
| 3 | 102 | 10 | =COUNTA(A1:A11) |
| 4 | 103 | 2 | =COUNTBLANK(A1:A11) |
| 5 | 104 | | |
| 6 | 105 | | |
| 7 | TRUE | | |
| 8 | ← 空格 | | |
| 9 | ← 空串 | | |
| 10 | ← 空单元格 | | |
| 11 | 2018/3/1 | | |

**图 11-4 COUNT 函数家族在统计上的区别**

从统计的结果中可以看出,COUNT 函数只统计 A1:A11 单元格区域中包含数字和日期的单元格个数,结果为 5;COUNTA 函数统计这个区域中非空单元格的个数,因此 A10 单元格不计算在内,结果为 10;COUNTBLANK 函数统计这个区域中空单元格的个数,但是该函数也把包含空字符串的单元格统计在内,因此 A9 和 A10 单元格都是符合条件的单元格,结果为 2。

# 11.6　COUNTIF 函数

## 11.6.1　COUNTIF 基础用法简介

来自微软 Office 支持网站

COUNTIF 是一个统计函数，用于统计满足某个条件的单元格的数量。例如，统计特定城市在客户列表中出现的次数。

COUNTIF 的最简形式为：=COUNTIF(要检查哪些区域？要查找哪些内容？)

例如：

=COUNTIF(A2:A5,"London")

=COUNTIF(A2:A5,A4)

**语法**

COUNTIF(range，criteria)

| 参数名称 | 说明 |
|---|---|
| range(必需) | 要进行计数的单元格组。区域可以包括数字、数组、命名区域或包含数字的引用。空白和文本值将被忽略。 |
| criteria(必需) | 用于决定要统计哪些单元格的数量的数字、表达式、单元格引用或文本字符串。<br>例如，可以使用 32 之类数字，“>32”之类比较，B4 之类单元格，或“苹果”之类单词。<br>COUNTIF 仅使用一个条件。如果要使用多个条件，请使用 COUNTIFS。 |

**示例**

要在 Excel 中使用这些示例，请复制下表中的数据，然后将其粘贴进新工作表的 A1 单元格中。

| 数据 | 数据 |
|---|---|
| 苹果 | 32 |
| 橙子 | 54 |
| 桃子 | 75 |
| 苹果 | 86 |
| **公式** | **说明** |
| =COUNTIF(A2:A5,"苹果") | 统计单元格 A2 到 A5 中包含“苹果”的单元格的数量。结果为“2”。 |
| =COUNTIF(A2:A5,A4) | 统计单元格 A2 到 A5 中包含“桃子”(A4 中的值)的单元格的数量。结果为 1。 |
| =COUNTIF(A2:A5,A2)+COUNTIF(A2:A5,A3) | 计算单元格 A2 到 A5 中苹果(A2 中的值)和橙子(A3 中的值)的数量。结果为 3。此公式两次使用 COUNTIF 表达式来指定多个条件，每个表达式一个条件。也可以使用 COUNTIFS 函数。 |
| =COUNTIF(B2:B5,">55") | 统计单元格 B2 到 B5 中值大于 55 的单元格的数量。结果为“2”。 |
| =COUNTIF(B2:B5,"<>"&B4) | 统计单元格 B2 到 B5 中值不等于 75 的单元格的数量。与号(&)合并比较运算符不等于(<>)和 B4 中的值，因此为 =COUNTIF(B2:B5,"<>75")。结果为“3”。 |

续 表

| | 来自微软 Office 支持网站 |
|---|---|
| =COUNTIF(B2:B5,">=32")-COUNTIF(B2:B5,">85") | 统计单元格 B2 到 B5 中值大于(>)或等于(=)32 且小于(<)或等于(=)85 的单元格的数量。结果为“3”。 |
| =COUNTIF(A2:A5,"*") | 统计单元格 A2 到 A5 中包含任何文本的单元格的数量。通配符星号(*)用于匹配任意字符。结果为“4”。 |
| =COUNTIF(A2:A5,"?????es") | 统计单元格 A2 到 A5 中正好为 7 个字符且以字母“es”结尾的单元格的数量。通配符问号(?)用于匹配单个字符。结果为“2”。 |
| **常见问题** | |
| 问题 | 出错原因 |
| 为长字符串返回了错误值。 | 使用 COUNTIF 函数匹配超过 255 个字符的字符串时,将返回不正确的结果。<br>要匹配超过 255 个字符的字符串,请使用 CONCATENATE 函数或连接运算符 &。例如,=COUNTIF(A2:A5,"longstring"&"another longstring")。 |
| 预期将返回一个值,然而未返回任何值。 | 请务必将 criteria 参数用括号括起来。 |
| 引用其他工作表时,COUNTIF 公式出现#VALUE! 错误。 | 当包含该函数的公式引用已关闭工作簿中的单元格或区域并计算这些单元格的值时,会出现此错误。要使此功能发挥作用,必须打开该其他工作簿。 |
| **最佳做法** | |
| 要执行的操作 | 原因 |
| 请注意,COUNTIF 将忽略文本字符串中的大小写。 | criteria 不区分大小写。换句话说,字符串“apples”和字符串“APPLES”将匹配相同的单元格。 |
| 使用通配符。 | 可以在 criteria 中使用通配符,即问号(?)和星号(*)。问号匹配任何单个字符,星号匹配任何字符序列。如果要查找实际的问号或星号,则在字符前键入代字号(~)。<br>例如,=COUNTIF(A2:A5,"apple?")将计算"apple"的所有实例,最后一个字母可能有所不同。 |
| 请确保您的数据中不包含错误的字符。 | 统计文本值数量时,请确保数据没有前导空格、尾部空格、直引号与弯引号不一致或非打印字符。否则,COUNTIF 可能返回非预期的值。尝试使用 CLEAN 函数或 TRIM 函数。 |
| 为方便起见,请使用命名区域 | COUNTIF 支持公式中的命名区域(如=COUNTIF(fruit,">=32")-COUNTIF(水果,">85")。命名区域可位于当前工作表中,也可位于同一工作簿中的另一张工作表中,甚至来自另一个工作簿。若要从另一个工作簿引用,还必须打开该第二个工作簿。 |

COUNTIF 函数的主要功能是统计某个单元格区域中符合指定条件的包含数字的单元格数目。

**参数说明:**range 代表要统计的单元格区域;criteria 表示指定的条件表达式。

**应用举例:**在 C19 单元格中输入公式“=COUNTIF(B1:B15,">=80")”,回车后即可统计出 B1 至 B15 单元格区域中，数值大于等于 80 的单元格数目。

**特别提醒：**使用该函数时需要注意两点。

1. criteria 只能支持一个条件。如果要统计一个班级成绩表中，语文成绩在 70 分和 80 分之间的人数，只能用两个 COUNTIF 函数相减。假设语文成绩分布在 B2:B51 的单元格区域内，公式“=COUNTIF(B2:B51,"70=＜B2＜=80")”“=COUNTIF(B2:B51,AND("B2＞=70,B2＜=80"))”都是错误的。正确的公式应为“=COUNTIF(B2:B51, "B2＞=70")-COUNTIF(B2:B51, "B2＞80")”;

2. criteria 必须是文本格式。criteria 可以是字符串常量，也可以是单元格引用，不论哪种形式，都需要保证 criteria 是文本格式，也就是一段文本，其内容描述了一个条件。

## 11.6.2　COUNTIF 查找重复值的典型用法

重复值的判定可以有两种标准。第一种，如果数据在表中第 N(N＞1)次出现，算作重复值。换句话说，若数据在表中首次出现，不算重复值，再次出现的算作重复值；第二种情况，如果数据在表中不是唯一值，则该数据及其所有副本都算作重复值。我们先来看按照第一种判定标准判断重复值的例子。

**例 11-3**　假设班长在图 11-5 所示的表格中录入了一些班级学生的信息，其中有些信息不小心重复录入了。现在 D 列设置了一个“重复提示”列，按学号进行重复检查，若发现重复录入的信息，在 D 列对应的单元格上会显示“重复录入”的提示。

在 D2 单元格中输入公式“=COUNTIF($A$2:A2,A2)”，按下回车键后，将公式下拉填充到 D13 单元格，则所有计算结果“大于 1”的行，都是学号重复的行。这个公式的含义就是：看一看当前行以上，有没有和当前行的学号重复的。如果有，计算结果肯定大于 1。因为公式是以当前行的学号为条件，计算从第 1 个学号开始到当前行学号的范围内符合条件的单元格的个数。如果之前的学号没有重复，则只有当前行学号这一个符合条件的值，如果之前有重复的学号，计算结果肯定不是 1，而是大于 1。其实通过这个公式，我们不仅能知道前面是否有重复值，还能知道前面有几个重复值，重复值的个数是计算结果减 1。

| | A | B | C | D |
|---|---|---|---|---|
| 1 | 学号 | 姓名 | 性别 | 重复提示 |
| 2 | 10381 | 胡彬彬 | 男 | 1 |
| 3 | 10382 | 黄筱筱 | 男 | 1 |
| 4 | 10383 | 季奔奔 | 女 | 1 |
| 5 | 10384 | 李宸 | 女 | 1 |
| 6 | 10385 | 陈可 | 男 | 1 |
| 7 | 10386 | 黄雷 | 男 | 1 |
| 8 | 10387 | 张以 | 男 | 1 |
| 9 | 10388 | 王寻 | 男 | 1 |
| 10 | 10389 | 王波 | 女 | 1 |
| 11 | 10390 | 秦浩 | 女 | 1 |
| 12 | 10382 | 黄筱筱 | 男 | 2 |
| 13 | 10386 | 黄雷 | 男 | 2 |

**图 11-5　COUNTIF 查找重复值的第一种用法**

如果想要给出更友好的中文提示，只需要结合 IF 函数即可。将 D2 单元格的公式改为“=IF(COUNTIF($A$2:A2,A2)＞1,"重复录入","")”后填充至 D13 单元格即可，这个公式的核心仍然是 COUNTIF 函数。更改后的表格显示效果如图 11-6 所示。

D2 =IF(COUNTIF($A$2:A2,A2)>1,"重复录入","")

| | A | B | C | D |
|---|---|---|---|---|
| 1 | 学号 | 姓名 | 性别 | 重复提示 |
| 2 | 10381 | 胡彬彬 | 男 | |
| 3 | 10382 | 黄筱筱 | 男 | |
| 4 | 10383 | 季奔奔 | 女 | |
| 5 | 10384 | 李宸 | 女 | |
| 6 | 10385 | 陈可 | 男 | |
| 7 | 10386 | 黄雷 | 男 | |
| 8 | 10387 | 张以 | 男 | |
| 9 | 10388 | 王寻 | 男 | |
| 10 | 10389 | 王波 | 女 | |
| 11 | 10390 | 秦浩 | 女 | |
| 12 | 10382 | 黄筱筱 | 男 | 重复录入 |
| 13 | 10386 | 黄雷 | 男 | 重复录入 |

**图 11－6　COUNTIF 与 IF 相结合查找重复值的第二种用法**

下面我们给出 COUNTIF 函数查找之前重复值的通用公式：

| COUNTIF 函数查找之前重复值的通用公式 |
|---|
| ＝COUNTIF(第一个单元格(绝对引用):当前单元格引用，当前单元格引用) |

如果按照第二种判定标准判断重复值，则比较简单。只要在全部学号数据范围内，以当前学号为条件用 COUNTIF 函数计算符合条件的单元格数量，如果计算结果大于 1，则该行上的学号就是重复值。对于本例，我们直接给出一步到位的公式“＝IF(COUNTIF($A$2:$A$13,A2)>1,"重复录入","")”，计算结果如图 11－7 所示。

D2 =IF(COUNTIF($A$2:$A$13,A2)>1,"重复录入","")

| | A | B | C | D | E |
|---|---|---|---|---|---|
| 1 | 学号 | 姓名 | 性别 | 重复提示 | |
| 2 | 10381 | 胡彬彬 | 男 | | |
| 3 | 10382 | 黄筱筱 | 男 | 重复录入 | |
| 4 | 10383 | 季奔奔 | 女 | | |
| 5 | 10384 | 李宸 | 女 | | |
| 6 | 10385 | 陈可 | 男 | | |
| 7 | 10386 | 黄雷 | 男 | 重复录入 | |
| 8 | 10387 | 张以 | 男 | | |
| 9 | 10388 | 王寻 | 男 | | |
| 10 | 10389 | 王波 | 女 | | |
| 11 | 10390 | 秦浩 | 女 | | |
| 12 | 10382 | 黄筱筱 | 男 | 重复录入 | |
| 13 | 10386 | 黄雷 | 男 | 重复录入 | |

**图 11－7　COUNTIF 与 IF 相结合查找重复值的第二种用法**

下面我们给出COUNTIF函数查找全部重复值的通用公式：

| COUNTIF查找全部重复值的通用公式 |
| --- |
| =COUNTIF(全部待检测数据(绝对引用),当前单元格引用) |

至此，我们学习了一系列函数名以“COUNT”开头的函数，这些函数具有相似的特性，因此可以把它们归为一组，进行学习和利用。本书将COUNT、COUNTA、COUNTBLANK、COUNTIF加上在第12章介绍的DCOUNT函数(本书第165页)合称为**COUNT函数家族**。

## 11.7 RANK函数

**函数名称：**RANK

**主要功能：**返回某一数值在数字列表中的排位。

**使用格式：**RANK(number,ref,order)

**参数说明：**number代表需要排序的数值；ref代表排序数值所处的数字列表；order代表排序方式参数(如果为“0”或者忽略，则按降序排名；如果为非“0”值，则按升序排名)。

**例11-4** 在如图11-8所示的成绩表中，需要根据语文成绩确定每个学生的名次，则E2单元格中的公式为“=RANK(D2,$D$2:$D$11)”。

| | A | B | C | D | E |
| --- | --- | --- | --- | --- | --- |
| 1 | 学号 | 姓名 | 性别 | 语文 | 排名 |
| 2 | 10381 | 胡彬彬 | 男 | 85.0 | 2 |
| 3 | 10382 | 黄筱筱 | 男 | 71.0 | 5 |
| 4 | 10383 | 季奔奔 | 女 | 71.0 | 5 |
| 5 | 10384 | 李宸 | 女 | 70.0 | 7 |
| 6 | 10385 | 陈可 | 男 | 75.0 | 3 |
| 7 | 10386 | 黄雷 | 男 | 72.0 | 4 |
| 8 | 10387 | 张以 | 男 | 92.0 | 1 |
| 9 | 10388 | 王寻 | 男 | 68.0 | 8 |
| 10 | 10389 | 王波 | 女 | 67.0 | 9 |
| 11 | 10390 | 秦浩 | 女 | 62.0 | 10 |

**图11-8 RANK函数应用举例**

通过本例可以看出，使用RANK函数排名的好处是在不改变原表的数据顺序的情况下进行排名。学会了这个函数之后，以后再遇到排名的情况，就不需要按某列数值排序了，因为那样会打乱表格原来的顺序。

**特别提醒：**

1. 在大多数应用场景下，考虑到公式需要被填充到其他单元格中，RANK 函数的 number 参数采用相对引用形式，ref 参数采取绝对引用形式；

2. RANK 函数采用的是美式排名方式，当出现 N 个相同的值排名并列第 M 名的情况时，下一个名次为 N+M。这样做可以保证最后一名的名次值和总人数保持一致。如上例中，有两个第 5 名，则下一位同学的名次为第 7 名，跳过了第 6 名；

3. 在微软官方 **Office** 支持网站的介绍中，RANK 函数被归为兼容性函数一类。RANK 函数作为较为老旧的函数，在未来的 Excel 版本中可能不再会被支持。这个函数已经逐渐被新函数 RANK.AVG 和 RANK.EQ 所代替。关于这两个新函数的用法，请参阅微软官方 **Office** 支持网站的介绍。

## 11.8 FREQUENCY 函数

来自微软 Office 支持网站

FREQUENCY 函数计算值在值范围内出现的频率，然后返回垂直数字数组。例如，使用函数 FREQUENCY 可以在分数区域内计算测验分数的个数。由于 FREQUENCY 返回一个数组，所以它必须以数组公式的形式输入。

**语法**

FREQUENCY(data_array，bins_array)

FREQUENCY 函数语法具有下列参数：

data_array 必需。要对其频率进行计数的一组数值或对这组数值的引用。如果 data_array 中不包含任何数值，则 FREQUENCY 返回一个零数组。

bins_array 必需。要将 data_array 中的值插入到的间隔数组或对间隔的引用。如果 bins_array 中不包含任何数值，则 FREQUENCY 返回 data_array 中的元素个数。

**备注**

注意：如果你有当前版本的 Microsoft 365，则只需在输出区域的左上角单元格中输入公式，然后单击 Enter 以确认公式为动态数组公式即可。否则，必须首先选择输出区域，在输出区域的左上角单元格中输入公式(公式必须作为遗留的数组公式进行输入)，然后按 Ctrl+Shift+Enter 进行确认(后文简称“三键结束”)，Excel 将使用大括号将公式括起来。有关数组公式的详细信息，请参阅数组公式指南和示例。

返回的数组中的元素比 bins_array 中的元素多一个。返回的数组中的额外元素返回最高的间隔以上的任何值的计数。例如，在对输入到三个单元格中的三个值范围(间隔)进行计数时，确保将 FREQUENCY 输入到结果的四个单元格。额外的单元格将返回 data_array 中大于第三个间隔值的值的数量。

函数 FREQUENCY 将忽略空白单元格和文本。

续 表

| | 来自微软 Office 支持网站 |
|---|---|
| 示例 | |

C21

| | A | B | C |
|---|---|---|---|
| 1 | 分数 | 箱 | |
| 2 | 79 | 70 | |
| 3 | 85 | 79 | |
| 4 | 78 | 89 | |
| 5 | 85 | | |
| 6 | 50 | | |
| 7 | 81 | | |
| 8 | 95 | | |
| 9 | 88 | | |
| 10 | 97 | | |
| 11 | | | |
| 12 | 公式 | =FREQUENCY(A2:A10, B2:B4) | |
| 13 | | | 公式说明 |
| 14 | 输出 | 1 | 箱数小于等于 70 的得分个数 |
| 15 | | 2 | 箱数介于 71 至 79 之间的得分个数 |
| 16 | | 4 | 箱数介于 80 至 89 之间的得分个数 |
| 17 | | 2 | 箱数大于等于 90 的得分个数 |
| 18 | | | |

FREQUENCY 函数的主要功能是以一列垂直数组返回某个区域中数据的频率分布。该函数的使用涉及数组公式的知识，如果不具备该方面的知识，请先学习本书第 13 章数组公式的内容。

**参数说明：**data_array 表示用来计算频率的一组数据或单元格区域，简单说就是要被统计的单元格区域；bins_array 表示为 data_array 进行分隔的一列数值，简单说就是分段统计的分段点数值。

**例 11－5** 在如图 11－9 所示的表格中，要按照 F5:F9 单元格区域所示的分数段统计人数，可以使用 FREQUENCY 函数。首先在 G5:G8 区域设置分段点的值为 59、69、79、89，再选中 H5:H9 的区域，在保持该区域选中的情况下，键入公式"=FREQUENCY(C2:C12,G5:G8)"，之后按 Ctrl＋Shift＋Enter 组合键结束公式的键入，即可计算出各分数段的人数。

| | A | B | C | D | E | F | G | H |
|---|---|---|---|---|---|---|---|---|
| 1 | 学号 | 姓名 | 成绩 | | | | | |
| 2 | 10701 | 王伟 | 71 | | | | | |
| 3 | 10702 | 王兴 | 94 | | | | | |
| 4 | 10703 | 陈德 | 59 | | | 分数段 | 分段点 | 人数 |
| 5 | 10704 | 陈晓星 | 61 | | | 0-59 | 59 | 4 |
| 6 | 10705 | 陈一 | 89 | | | 60-69 | 69 | 1 |
| 7 | 10706 | 赵时 | 96 | | | 70-79 | 79 | 2 |
| 8 | 10707 | 赵菲 | 45 | | | 80-89 | 89 | 2 |
| 9 | 10708 | 张琪 | 34 | | | 90-100 | | 2 |
| 10 | 10709 | 李明 | 80 | | | | | |
| 11 | 10710 | 李清 | 74 | | | | | |
| 12 | 10711 | 尹晓晓 | 58 | | | | | |

图 11－9 FREQUENCY 函数应用举例

通过上例可以认识到，使用FREQUENCY函数有以下几个注意点：

1. 必须以数组公式的形式使用FREQUENCY函数，因此要预判结果数组的尺寸，结束公式时要三键(Ctrl＋Shift＋Enter)结束。

2. 要正确设置分段点数值。如本例中为什么将59、69、79、89这几个数字作为分段点数值？这需要把握住FREQUENCY函数分段点设置的特性。FREQUENCY函数的分段点分出的区间都是左开右闭区间。要根据这个特性确定分段点数值。如第2个分段点为G6单元格，其值为69，结合上一个分段点的值59，G6单元格分出的分数区间为大于59且小于等于69，假设分数都是整数，其划分出的分数段刚好是60—69分。本例中各分段点数值分出的区间如图11－10所示，可见这样设置分段点，分出的分数段区间正好与F5:F9单元格区域所示的分数段相一致。

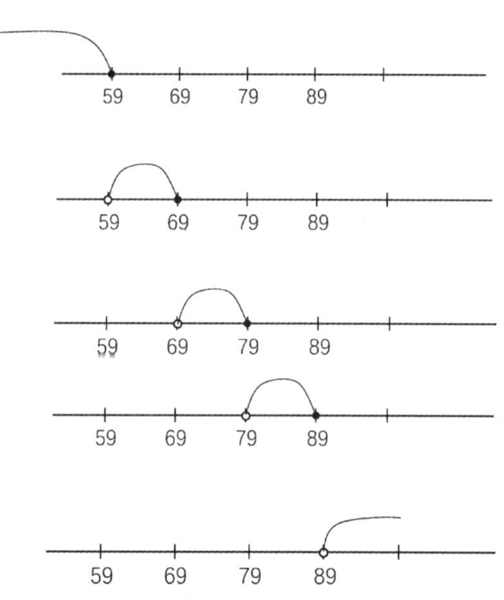


**图11－10 FREQUENCY分段点数值设置分析**

3. N个分段点，分出N＋1个区间，因此在选择FREQUENCY函数的计算结果数组时，要选择比分段点数量多1的单元格区域。

4. FREQUENCY函数是以垂直数组返回计算结果的，因此其结果数组是一个纵向排列的单元格区域。

## 11.9 分段统计问题的解决方案

分段统计问题是我们日常工作中经常遇到的问题，在学习了统计类函数，尤其是COUNT函数家族的用法后，我们掌握了多种方法来解决分段统计问题，在此做一汇总。

1. 利用两个COUNTIF函数相减实现分段统计。分段统计可能涉及多个分段，对每一个分段的统计，都需要两个COUNTIF函数相减才能实现；

2. 利用FREQUENCY函数；

3. 利用DCOUNT函数。因为DCOUNT函数支持多条件计数，因此可以轻松应对分段统计问题。关于DCOUNT函数的用法，可以参阅本书12.2一节的介绍；

4. 因为分段统计问题的实质是多条件计数问题，因此可以使用数组公式的“多条件计数”的用法来解决。关于这方面的知识可以参阅本书13.5一节的介绍。

## 11.10　翻转课堂 12:隔行自动编号

如图 11－11 所示,表中有“编号”和“内容”两列。如果在内容列下方的单元格内输入数据,则在序号列中与该内容同行的单元格内会自动填入序号。如在 B5 中输入“易拉宝”,则 A5 中会自动根据上下文的情况填入序号“2”。注意,内容列的内容可能是不连续的单元格区域,则序号列的序号也可能是不连续的单元格区域,但要求自动填入的序号必须是连续的编号。请问 A2 中的公式应该如何写?要保证 A2 中的公式在向下填充时仍然有效,请自己建表,再写公式。

| | A | B |
|---|---|---|
| 1 | 编号 | 内容 |
| 2 | 1 | 文印费 |
| 3 | | |
| 4 | | |
| 5 | 2 | 易拉宝 |
| 6 | | |
| 7 | 3 | 服装费 |
| 8 | | |
| 9 | 4 | 场地费 |
| 10 | | |
| 11 | | |

**图 11－11　隔行自动编号**

**任务难度:**★☆

**讲解时间:**6 分钟

**任务单:**

1. 掌握 COUNTA 函数的用法;
2. 找出本题的解法,写出公式;
3. 制作 PDF/PPT 文档用于辅助讲解;
4. 安排组员上台讲解。先讲思路,再重点讲解公式各部分的含义。

## 11.11　翻转课堂 13:根据工号查找重复值

请下载本书素材文件,打开如图 11－12 所示的表格。D 列是秘书键入的工号,工号具有唯一性。E 列有一个重复检查功能。如果在 D 列某个单元格中,秘书错误的录入了一个已经存在的工号,则旁边的 E 列单元格中立刻会显示提示,告诉秘书该工号重复录入。请写出 E2 单元格的公式并将其向下填充到 E7 单元格,完成本题的制作。

| | A | B | C | D | E |
|---|---|---|---|---|---|
| 1 | 学号 | 姓名 | 性别 | 工号 | 重复检查 |
| 2 | 10381 | 胡彬彬 | 男 | 65465315665464 | |
| 3 | 10382 | 黄筱筱 | 男 | 64165561661566 | 重复 |
| 4 | 10383 | 季奔奔 | 女 | 72135886315351 | |
| 5 | 10384 | 李宸 | 女 | 51022156465133 | |
| 6 | 10385 | 陈可 | 男 | 64165561661566 | 重复 |
| 7 | 10386 | 黄雷 | 女 | 32752197274545 | |

**图 11－12　隔行自动编号**

**任务难度:**★★☆

**讲解时间:**8 分钟

**任务单:**

1. 掌握 COUNTIF 函数查找重复值的用法;
2. 将上述用法与本题的具体情况相结合,写出解决问题的公式;
3. 制作 PDF/PPT 文档用于辅助讲解;
4. 安排组员上台讲解。应注重思路及公式各部分含义的讲解;
5. 拓展练习:本题也可以使用数组公式来解题,请写出解答本题的数组公式(需完成第 13 章数组公式的学习)。

## 11.12 翻转课堂 14:查找全班成绩排名前 5 名和后 5 名

现有如图 11-13 所示的一张成绩表。请写出公式,自动整理出全班前 5 名和后 5 名的名单。

| | A | B | C | D | E | F | G |
|---|---|---|---|---|---|---|---|
| 1 | 学号 | 姓名 | 成绩 | 班级 | | | |
| 2 | 10701 | 王伟 | 71 | 一班 | | 前5名名单 | |
| 3 | 10702 | 王兴 | 94 | 二班 | | 姓名 | 成绩 |
| 4 | 10703 | 陈德 | 59 | 一班 | | | |
| 5 | 10704 | 陈晓星 | 61 | 二班 | | | |
| 6 | 10705 | 陈一 | 89 | 一班 | | | |
| 7 | 10706 | 赵时 | 96 | 一班 | | | |
| 8 | 10707 | 赵菲 | 45 | 一班 | | | |
| 9 | 10708 | 张琪 | 34 | 二班 | | | |
| 10 | 10709 | 李明 | 80 | 一班 | | 后5名名单 | |
| 11 | 10710 | 李清 | 74 | 一班 | | 姓名 | 成绩 |
| 12 | 10711 | 尹晓晓 | 58 | 一班 | | | |
| 13 | 10712 | 于文 | 63 | 二班 | | | |
| 14 | 10713 | 吴天 | 42 | 二班 | | | |
| 15 | 10714 | 陈驰 | 68 | 一班 | | | |
| 16 | 10715 | 吴小豪 | 30 | 一班 | | | |
| 17 | 10716 | 李文强 | 91 | 二班 | | | |
| 18 | 10717 | 姚辰 | 65 | 一班 | | | |
| 19 | 10718 | 周煜 | 70 | 二班 | | | |
| 20 | 10719 | 沈德义 | 45 | 二班 | | | |
| 21 | 10720 | 李时杰 | 80 | 二班 | | | |
| 22 | 10721 | 王义 | 82 | 二班 | | | |
| 23 | 10722 | 王时 | 63 | 二班 | | | |
| 24 | 10723 | 陈正 | 58 | 一班 | | | |
| 25 | 10724 | 陈强 | 73 | 一班 | | | |
| 26 | 10725 | 陈飞 | 59 | 二班 | | | |
| 27 | 10726 | 赵小刚 | 77 | 一班 | | | |
| 28 | 10727 | 赵毅 | 56 | 一班 | | | |
| 29 | 10728 | 张醒生 | 85 | 二班 | | | |
| 30 | 10729 | 李杰 | 57 | 一班 | | | |
| 31 | 10730 | 李一泓 | 42 | 二班 | | | |
| 32 | 10731 | 尹时 | 66 | 二班 | | | |
| 33 | 10732 | 于贤 | 75 | 一班 | | | |
| 34 | 10733 | 吴其 | 57 | 二班 | | | |
| 35 | 10734 | 陈天 | 30 | 一班 | | | |
| 36 | 10735 | 吴强 | 90 | 一班 | | | |
| 37 | 10736 | 李方刚 | 82 | 二班 | | | |
| 38 | 10737 | 姚盛 | 63 | 二班 | | | |
| 39 | 10738 | 周世杰 | 36 | 一班 | | | |
| 40 | 10739 | 沈青 | 45 | 一班 | | | |
| 41 | 10740 | 李飞 | 54 | 一班 | | | |

**图 11-13 查找前 5 名与后 5 名名单**

具体要求：

1. 在 F4 单元格创建公式后向下填充至 F8 单元格，即可自动列出全班成绩前 5 名的学生姓名；

2. 在 G4 单元格创建公式后向下填充至 G8 单元格，即可自动列出全班成绩前 5 名的学生成绩；

3. 在 F12 单元格创建公式后向下填充至 F16 单元格，即可自动列出全班成绩后 5 名的学生姓名；

4. 在 G12 单元格创建公式后向下填充至 G16 单元格，即可自动列出全班成绩后 5 名的学生成绩。

若有必要，可适当构造辅助单元格(区域)。

**任务难度：**★★★★

**讲解时间：**15 分钟

**任务单：**

1. 掌握 OFFSET、MATCH、LARGE 函数的用法；
2. 综合运用上述函数，结合本题的具体要求，写出解决问题的公式；
3. 制作 PDF/PPT 文档用于辅助讲解；
4. 安排组员上台讲解。应注重解题思路及公式各部分含义的讲解。

# 第 12 章　数据库函数

在 Excel 的函数库中，有一类以字母 D 开头的函数，我们称之为数据库函数。这些函数的名称和功能由表 12 - 1 列出。其中用灰色底纹标出的函数，本书中称之为"常用数据库函数"。

表 12 - 1　数据库函数

| 函数 | 说明 |
|---|---|
| DAVERAGE 函数 | 返回所选数据库条目的平均值 |
| DCOUNT 函数 | 计算数据库中包含数字的单元格的数量 |
| DCOUNTA 函数 | 计算数据库中非空单元格的数量 |
| DGET 函数 | 从数据库提取符合指定条件的单个记录 |
| DMAX 函数 | 返回所选数据库条目的最大值 |
| DMIN 函数 | 返回所选数据库条目的最小值 |
| DPRODUCT 函数 | 将数据库中符合条件的记录的特定字段中的值相乘 |
| DSTDEV 函数 | 基于所选数据库条目的样本估算标准偏差 |
| DSTDEVP 函数 | 基于所选数据库条目的样本总体计算标准偏差 |
| DSUM 函数 | 对数据库中符合条件的记录的字段列中的数字求和 |
| DVAR 函数 | 基于所选数据库条目的样本估算方差 |
| DVARP 函数 | 基于所选数据库条目的样本总体计算方差 |

## 12.1　常用数据库函数的特点

常用数据库函数具有以下特点：

1. 常用数据库函数的函数名，都是由普通函数名加上字母 D 构成。如 DSUM 函数的函数名由字母 D 和普通函数 SUM 的函数名组合而来。（注：普通函数的说法是相对于数据库函数而言的）。

2. 常用数据库函数和与之对应的普通函数功能相似，且多了条件筛选的功能。如 SUM 函数是无条件的求和，DSUM 函数是对符合条件的数据进行求和；COUNTA 函数是求指定区域的非空单元格个数，而 DCOUNTA 是求符合条件的单元格中非空单元格的个数；AVERAGE 是求平均值，DAVERAGE 是求符合条件的数据的平均值等。

3. 常用函数的参数列表都一样，都是由（database，field，criteria）构成，且每个参数的含义、用法均相同。

通过函数名可以看出，数据库函数的名称往往是由普通函数名前加上字母“D”构成。从函数的功能角度看，数据库函数也是在普通函数功能的基础上增加了条件筛选功能，因此我们可以将这些常用数据库函数理解为普通函数增加了条件筛选功能后的“超级版本”。

## 12.2　常用数据库函数用法举例

我们将以 DCOUNT 函数为例演示常用数据库函数的用法，其他常用数据库函数的用法完全一样，只是实现的功能不同。

**函数名称：**DCOUNT

**主要功能：**返回列表或数据库中满足指定条件的记录字段（列）中包含数字的单元格的个数。

**使用格式：**DCOUNT（database，field，criteria）

**参数说明：**

database 表示构成列表或数据库的单元格区域。database 是数据库的意思，在 Excel 中表现为一个二维单元格区域。

field 表示函数执行统计操作所使用的数据列（在 database 的第一行必须要有表头项）。

criteria 是一个包含条件的单元格区域。

**例 12－1**　在如图 12－1 所示的工作表的 F5 单元格中输入公式“＝DCOUNT(A1:D11,4,F1:G2)”，回车后即可求出“语文”列中，成绩大于等于 75 小于等于 85 的单元格数目，也即这个分数段的人数。

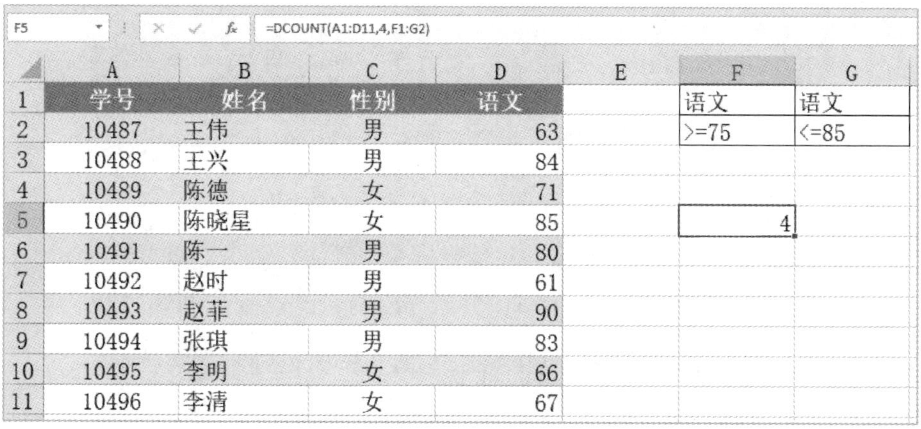

F5　=DCOUNT(A1:D11,4,F1:G2)

| | A | B | C | D | E | F | G |
|---|---|---|---|---|---|---|---|
| 1 | 学号 | 姓名 | 性别 | 语文 | | 语文 | 语文 |
| 2 | 10487 | 王伟 | 男 | 63 | | >=75 | <=85 |
| 3 | 10488 | 王兴 | 男 | 84 | | | |
| 4 | 10489 | 陈德 | 女 | 71 | | | |
| 5 | 10490 | 陈晓星 | 女 | 85 | | 4 | |
| 6 | 10491 | 陈一 | 男 | 80 | | | |
| 7 | 10492 | 赵时 | 男 | 61 | | | |
| 8 | 10493 | 赵菲 | 男 | 90 | | | |
| 9 | 10494 | 张琪 | 男 | 83 | | | |
| 10 | 10495 | 李明 | 女 | 66 | | | |
| 11 | 10496 | 李清 | 女 | 67 | | | |

**图 12－1　DCOUNT 函数应用举例**

在公式"=DCOUNT(A1:D11,4,F1:G2)"中，第1参数是"A1:D11"，即整个数据表，对应于使用格式中的database；第2参数"4"表示第1参数所确定的数据表的第"4"列，对应可使用格式中的field；第3参数"F1:G2"是包含了条件的单元格区域，即条件区域，对应于使用格式中的criteria。条件区域的具体设置方法见本章12.3节的介绍。

**特别提醒：**DOUNT函数的第2参数"Field"不能选中一整列，而只能给出该列的序号、列标题(字段名)或列标题的单元格引用。如上述公式如果改成"=DCOUNT(A1:D11,D1:D11,F1:G2)"就是错误的，因为第2参数引用了数据表中的一整列；如果改成以下形式都是正确的："=DCOUNT(A1:D11,"语文",F1:G2)""=DCOUNT(A1:D11,D1,F1:G2)"。

学会了DCOUNT函数的用法，其他常用数据库函数的用法基本上也就可以掌握了。因为它们之间除了函数和功能不同外，其3个参数的语法、含义、用法完全相同。比如对于图12-1所示的成绩表，要计算语文成绩大于等于75小于等于85的这些同学的语文平均分，你会写出公式吗?

数据库函数功能强大，可以在公式非常简洁的情况下，实现复杂筛选条件下的求和、求平均值、计数等统计和计算。这主要依赖于其强大的多条件的筛选功能，而这项功能的实现主要依靠其第3参数Criteria——条件区域的设置。

## 12.3 数据库函数条件区域设置详解

我们将以图12-2所示的销售表为例，介绍条件区域设置的方法。

| | A | B | C | D | E | F | G |
|---|---|---|---|---|---|---|---|
| 1 | 销售日期 | 品名 | 数量 | 单价 | 金额 | 商标 | 销售员 |
| 2 | 2018/1/1 | 台钻 | 328 | 400 | 131200 | 博世 | 王兴 |
| 3 | 2018/1/1 | 电锤 | 567 | 529 | 299943 | 博世 | 王兴 |
| 4 | 2018/1/1 | 测距仪 | 314 | 129 | 40506 | 威克士 | 王兴 |
| 5 | 2018/1/1 | 角磨机 | 568 | 203 | 115304 | 威克士 | 陈晓星 |
| 6 | 2018/1/2 | 测距仪 | 333 | 100 | 33300 | 威克士 | 赵菲 |
| 7 | 2018/1/2 | 角磨机 | 359 | 183 | 65697 | 史丹利 | 赵菲 |
| 8 | 2018/1/2 | 台钻 | 326 | 380 | 123880 | 博世 | 张琪 |
| 9 | 2018/1/3 | 测距仪 | 337 | 121 | 40777 | 威克士 | 赵菲 |
| 10 | 2018/1/4 | 台钻 | 397 | 383 | 152051 | 博世 | 王兴 |
| 11 | 2018/1/5 | 测距仪 | 371 | 106 | 39326 | 博世 | 王兴 |
| 12 | 2018/1/6 | 角磨机 | 367 | 194 | 71198 | 博世 | 王兴 |
| 13 | 2018/1/6 | 台钻 | 564 | 395 | 222780 | 威克士 | 王兴 |
| 14 | 2018/1/6 | 电锤 | 302 | 455 | 137410 | 博世 | 王兴 |
| 15 | 2018/1/7 | 测距仪 | 390 | 106 | 41340 | 博世 | 张琪 |
| 16 | 2018/1/8 | 电锤 | 461 | 482 | 222202 | 威克士 | 张琪 |
| 17 | 2018/1/8 | 台钻 | 423 | 389 | 164547 | 史丹利 | 赵菲 |
| 18 | 2018/1/8 | 角磨机 | 484 | 204 | 98736 | 博世 | 张琪 |
| 19 | 2018/1/9 | 测距仪 | 562 | 108 | 60696 | 博世 | 王兴 |
| 20 | 2018/1/9 | 电锤 | 424 | 474 | 200976 | 博世 | 陈晓星 |
| 21 | 2018/1/9 | 台钻 | 559 | 382 | 213538 | 威克士 | 陈晓星 |
| 22 | 2018/1/9 | 角磨机 | 439 | 201 | 88239 | 威克士 | 陈晓星 |

**图12-2 销售表**

首先，从数据库的角度看，表格的一行称为一条“记录”，如第5行的各个单元格一起为一条记录；表格的一列称为一个“字段”，表格的表头即第一行，称为“字段名”或“列标签”。如“销售日期”“数量”“单价”等都是字段名。

条件区域至少包含两行内容。在默认情况下，第一行为字段名，第二行为条件参数。如果条件参数为空，则表示任意条件。在大多数情况下，第一行的字段名应使用数据表中已经存在的字段名，且必须完全一致。当然也可以使用数据表中不存在的字段名，这种情况不在本书介绍的范围内。

同一列中包含多个条件参数，表示并列的逻辑“或”，满足其中任一条件的记录均能计入函数统计的范围。例如，图12－3中的条件区域表示“销售员”字段可以为“王兴”或“陈晓星”或“赵菲”。

| 销售员 |
| --- |
| 王兴 |
| 陈晓星 |
| 赵菲 |

**图12－3 逻辑“或”的条件区域**

| 销售员 | 商标 |
| --- | --- |
| 王兴 | 博世 |

**图12－4 逻辑“与”的条件区域**

同一行中包含多个条件参数，表示逻辑“与”，同时满足这些条件的记录可以被函数计入统计范围。例如，图12－4中的条件区域表示“销售员”字段的值为“王兴”同时“商标”字段的值为“博世”的记录。我们可以概括为“上下或，左右与”。

如果条件区域包含多行多列，则参照上面两条规则进行逻辑组合。规则为“先看行，后看列”。例如，图12－5中的条件区域表示记录需要满足的条件是被销售员“陈晓星”销售出去的商标为“博世”商品或被任意销售员销售出去的商标为“威克士”的商品。在这个条件区域中，除了第一行为字段名，下面的单元格先横着看，第二行的条件解释为“被销售员陈晓星销售出去的商标为博世的商品”；第三行的条件解释为“被任意销售员销售出去的商标为“威克士”的商品”。两个条件是纵向排列为上下关系，所以是“或”的关系。

| 销售员 | 商标 |
| --- | --- |
| 陈晓星 | 博世 |
| | 威克士 |

| 销售员 | 商标 | | |
| --- | --- | --- | --- |
| 陈晓星 | 博世 | 条件1 | 上下关系 |
| | 威克士 | 条件2 | |

**图12－5 逻辑“或”和“与”组合条件区域**

对于文本字段，可以使用通配符。通配符包括“*”“?”和“～”。其中“*”表示任意个字符，“?”表示任意单个字符，“～”表示转义字符。例如图12－6中的条件区域表示统计所有姓“王”的销售员的记录。

| 销售员 |
| --- |
| 王* |

**图12－6 使用通配符的条件区域**

| 销售员 | 数量 |
| --- | --- |
| <>"赵菲" | >500 |

**图12－7 使用比较运算符的条件区域**

在条件参数中，除了直接使用文本和数值外，还可以使用比较运算符与文本或数值组成比较运算表达式，表示比较的条件。例如，图 12－7 中的条件区域表示销售员“不等于赵菲”且数量“大于 500”的记录。用通俗的语言可表达为“除赵菲以外的销售员销售的数量大于 500 的记录”。

条件区域的设置除了用于数据库函数外，还可以用于高级筛选。选中要筛选的数据区域，在**数据**标签页的**排序和筛选**组中点击**高级**按钮(如图 12－8 所示)，即可打开高级筛选的设置窗口，如图 12－9 所示。在高级筛选的设置窗口中，有一个引用条件区域的选项，其条件区域的设置规则与本节介绍的规则完全相同。

图 12－8　打开“高级筛选”的步骤

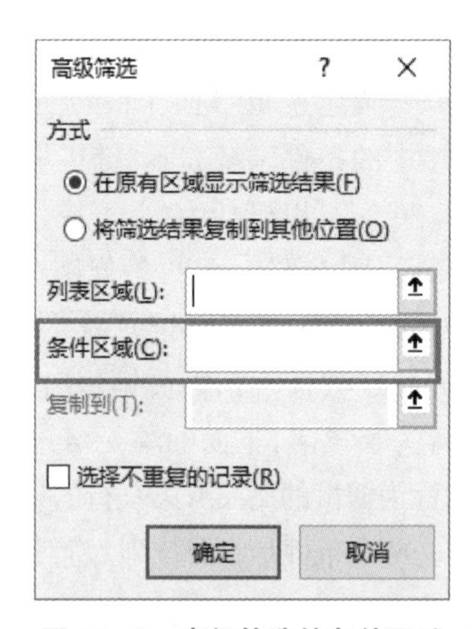


图 12－9　高级筛选的条件区域

下面我们做个练习：请口述图 12－10 中的各条件区域所描述的条件。

| 销售员 |
| --- |
| 张琪 |
| 赵菲 |
| 陈晓星 |

| 品名 | 销售员 | 金额 |
| --- | --- | --- |
| 测距仪 | | |
| | 陈晓星 | |
| | | >10000 |

| 品名 | 销售员 | 金额 |
| --- | --- | --- |
| 台钻 | 王兴 | >13000 |

| 金额 | 金额 |
| --- | --- |
| >10000 | <20000 |
| <3000 | |

| 销售员 | 金额 |
| --- | --- |
| 张琪 | >3000 |
| 赵菲 | >5000 |

图 12－10　条件区域练习

# 第 13 章　数组公式

就如同普通公式以单元格引用或常量为处理对象，数组公式是以数组为处理对象的公式，其返回值可以是数组，也可以是单个数值。数组公式功能强大，相比普通公式计算效率更高，占用内存更少，而且可以省略一些计算的中间公式，同时能够保证在特定范围内公式的同一性，提高安全性。数组公式中最常用的技巧莫过于利用数组公式进行多条件的计数和求和。要使用数组公式，必须先了解数组的相关知识。

## 13.1　数组

在 Excel 中，数组是具有某种联系的多个元素的组合。如，一个数据区域存储了某班级的学生信息，这个学生信息表就可以理解为一个数组。每一个学生信息，就是组成数组的元素。数组元素的数据类型可以是 Excel 中任一常见的类型，如数值、文本、日期、逻辑值、错误值等。

### 13.1.1　数组的类型

在 Excel 中，可以把数组分为常量数组、单元格区域数组和内存数组，内存数组本书不做介绍。

#### 13.1.1.1　常量数组

之前我们介绍过其他类型的常量，如数值、文本、日期等，也可以把常量数组视为常量的一种类型。常量数组可以同时包含多种数据类型。如果要在公式中使用常量数组，需要用“{ }”将构成常量数组的元素括起来，这就和我们在使用文本常量时，要用一对""把文本括起来是一个道理。需要注意的是，公式中常量数组的这对“{ }”是用键盘键入的，这与后面提到的数组公式外侧的一对“{ }”不同，数组公式的“{ }”是通过同时按下“Ctrl＋Shift＋Enter”三个键自动生成的。常量数组中，行中(或列间)的元素用逗号“,”分隔，行之间用分号“;”分隔。例如，{12,"XZIT",TRUE,#null!}是一个 1 行 4 列的常量数组，而{1,2,3;4,5,6}则为一个 2 行 3 列的常量数组。常量数组不能包含其他数组、公式或函数。当输入下列的公式时，Excel 将显示警告消息：{1,2,A1:B10}或{1,2,SUM(A2:B10)}。另外，数组不能包含百分号、货币符号、逗号或圆括号。

#### 13.1.1.2　单元格区域数组

单元格区域数组就是一个连续的单元格区域。之所以把一个区域理解为数组，是因为其出现在数组的用法中，或出现在了数组公式中，否则它就是一个普通的单元格区域。在数组公式中“A1:B8”是一个8行2列的单元格区域数组。

### 13.1.2 数组的维数

数组可以分为一维数组和二维数组。一维数组就是一个单行或单列数据的集合，一维数组也可表现为常量数组和单元格区域数组，如A1:B1、{1,2,3,4,5,6}等。二维数组是一个多行多列的数据集合，如A1:D11,{1,2,3;4,5,6}。这和我们前面提到的“一维区域”和“二维区域”的概念比较相似。只是“区域”的概念是针对单元格区域而言的，而数组则不仅限于此。

### 13.1.3 数组的尺寸

本书所指的数组的尺寸，指的是数组的行列数值。如A1:D11，是一个11行4列的数组。这里的“11行4列”就是这个数组的尺寸。

## 13.2 数组公式简介

数组公式就是对数组进行计算并返回一个或多个结果的公式。普通公式的计算对象往往是单个数据，即便是引用了一个单元格区域，也是将单元格区域的每一个单元格作为一个独立的元素进行计算。而数组公式可以理解为把普通公式的计算对象由单个数据扩展为一个数组，即把数组视为一个整体作为公式的计算对象进行计算。这种看法有助于从逻辑上对数组公式的内容加以理解，当然数组公式在内部计算时，还是会层层分解，最终落实到对每个数组元素的计算上。至于其计算结果，可能还是一个数组，也可能是单个数据，这取决于要解决问题的具体情况。数组公式也被称为“CSE公式”，这是因为在结束数组公式时，需要按Ctrl+Shift+Enter组合键。

我们可以通过一个简单的例子了解数组公式。

**例13-1** 如图13-1所示的表中，要在D2:D8单元格区域计算商品的销售金额。销售金额等于单价乘以数量。按照普通公式的写法，需要在D2单元格中键入公式“=B2*C2”，回车后再将公式填充到D3:D8的单元格区域中。

| | A | B | C | D |
|---|---|---|---|---|
| 1 | 商品 | 销售数量 | 销售单价 | 销售金额 |
| 2 | 无铅焊台 | 322 | 480 | =B2*C2 |
| 3 | 焊膏 | 260 | 19 | |
| 4 | 电烙铁 | 687 | 67 | |
| 5 | 剥线钳 | 891 | 87 | |
| 6 | 螺丝批组合 | 536 | 99 | |
| 7 | 烙铁架 | 723 | 40 | |
| 8 | 热风枪 | 173 | 210 | |

**图13-1 普通公式**

按照数组公式的写法，我们需要先选中 D2:D8 的单元格区域，在保持该区域选中的情况下，键入公式"=B2:B8*C2:C8"，然后按下 Ctrl+Shift+Enter 组合键结束公式，如图 13-2 所示。计算结果会自动填充到 D2:D8 的每一个单元格中。

| | A | B | C | D |
|---|---|---|---|---|
| 1 | 商品 | 销售数量 | 销售单价 | 销售金额 |
| 2 | 无铅焊台 | 322 | =B2:B8*C2:C8 | |
| 3 | 焊膏 | 260 | 19 | |
| 4 | 电烙铁 | 687 | 67 | |
| 5 | 剥线钳 | 891 | 87 | |
| 6 | 螺丝批组合 | 536 | 99 | |
| 7 | 烙铁架 | 723 | 40 | |
| 8 | 热风枪 | 173 | 210 | |

**图 13-2 数组公式**

两种方法的计算结果并无不同。但在解决某些问题时，数组公式具有一定的优势。

### 13.2.1 数组公式的优缺点

根据微软官方 **Office** 支持网站的介绍，数组公式是功能强大的公式，可用于执行通常无法通过标准工作表函数完成的复杂计算。数组公式具有以下优点：

1. 公式的一致性。在数组公式的结果单元格中，其公式具有一致性。例如在例 13-1 中，单击 D2:D8 中的任一单元格，看到的都是相同的公式，如图 13-3 所示。这种一致性有助于确保更高的准确性。

2. 更高的安全性。如果数组公式的结果仍然是一个数组，用户不能只修改数组公式的结果单元格中的某一部分。例如在图 13-4 中，单击 D6 单元格并按 Delete 键，Excel 会弹出提示拒绝删除操作。必须选择整个结果数组的单元格区域(D2:D8)，然后才能修改数组公式。

D6 {=B2:B8*C2:C8}

| | A | B | C | D |
|---|---|---|---|---|
| 1 | 商品 | 销售数量 | 销售单价 | 销售金额 |
| 2 | 无铅焊台 | 322 | 480 | 154560 |
| 3 | 焊膏 | 260 | 19 | 4940 |
| 4 | 电烙铁 | 687 | 67 | 46029 |
| 5 | 剥线钳 | 891 | 87 | 77517 |
| 6 | 螺丝批组合 | 536 | 99 | 53064 |
| 7 | 烙铁架 | 723 | 40 | 28920 |
| 8 | 热风枪 | 173 | 210 | 36330 |

**图 13-3 数组公式的一致性**

| | A | B | C | D |
|---|---|---|---|---|
| 1 | 商品 | 销售数量 | 销售单价 | 销售金额 |
| 2 | 无铅焊台 | 322 | 480 | 154560 |
| 3 | 焊膏 | | | 4940 |
| 4 | 电烙铁 | | | 46029 |
| 5 | 剥线钳 | | | 77517 |
| 6 | 螺丝批组合 | | | 53064 |
| 7 | 烙铁架 | | | 28920 |
| 8 | 热风枪 | 173 | 210 | 36330 |

Microsoft Excel
无法更改部分数组。
确定

**图 13-4 无法修改数组公式的局部**

3. 系统开销较小。对于很多问题，可以使用一个数组公式加以解决，而不必使用多个公式。例如，例 13-1 中使用了一个数组公式。如果使用普通公式"=B2*C2"，则要使用 7 个不同的公式，而计算结果并无不同。

当然数组公式也有一定的缺点。对于数据量过大的表格(如上千行的数据表格)不建议使用数组公式，因为这会使计算机的运行开销增大，导致运行速度变慢甚至卡顿。对于大数据量的处理，推荐使用 Power BI。

### 13.2.2 数组公式的标志

在 Excel 中，数组公式是以大括号"{}"来标识的，如图 13-5 所示。

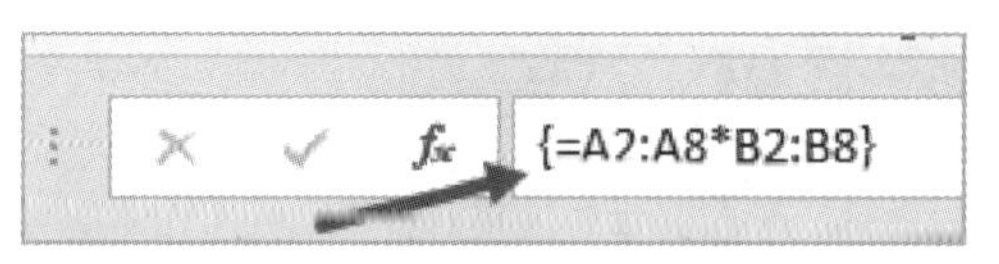


图 13-5 数组公式的标志

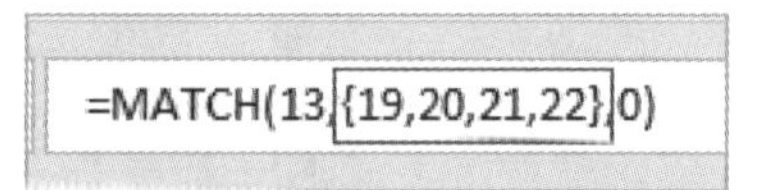


图 13-6 常量数组的大括号

输入数组公式时，用 Ctrl+Shift+Enter 键结束公式的输入即可自动创建大括号，这就好比我们在使用普通公式时，需要按回车键来结束公式。但若在公式的某部分使用常量数组，则需自己键入大括号，如图 13-6 所示。

许多读者朋友在实际操作时，往往分不清常量数组和数组公式大括号的区别，其实这很容易。常量数组的大括号是常量数组的定界符，需要手动键入，而且它只出现在数组公式的局部；数组公式的大括号不需要专门键入，只要用 Ctrl+Shift+Enter 组合键结束（后文简称"三键结束"）数组公式的输入，它就会自动创建。最主要的一点是，数组公式的大括号永远都只出现在整个数组公式的最外侧，把公式的等号也括在了里面，如图 13-5 所示。

### 13.2.3 数组公式与普通公式的判别方法

根据微软官方介绍，并无严格的区分数组公式和普通公式的概念。所谓数组公式，是使用 Excel 公式的一种方式，是在完成公式录入时利用 Ctrl+Shift+Enter 组合键通知 Excel 进行基于数组的多重计算。所谓普通公式，就是直接以回车键结束公式的录入。

在实际的应用中，何时将当前的公式作为普通公式，使用回车键结束；何时将当前的公式作为数组公式，用三键结束，很多朋友读者往往分不清楚。其实我们可以从以下几点来把握：

#### 1. 函数的原始定义中是否支持数组的多重计算

所谓函数的原始定义，指的是微软官方对该函数的最基本用法的定义。例如，SUM 函数的原始定义为：SUM(number1,[number2],...)，其中的参数 number1 为必需参数，表示要相加的第一个数字。该数字可以是 4 之类的数字，B6 之类的单元格引用或 B2:B8 之类的单元格范围。参数 number2 为必需参数，表示要相加的第二个数字……

在上述 SUM 函数的原始定义中，其参数的类型并未指定支持数组类型，也未声明支持数组的多重计算。此时如果要将数组作为 SUM 函数的参数，就需要三键结束，而不能够用回车键结束。否则可能导致结果不正确或出现错误值信息。

如果函数的原始定义中其参数支持数组的多重计算，则可以用回车键结束，视为普通公式。如 SUMPRODUCT 函数，其函数的原始定义为：=SUMPRODUCT（array1，[array2]，[array3]，...），array1 为必需参数，表示其相应元素需要进行相乘并求和的第一个数组参数。[array2]，[array3]，...为可选参数，表示第 2 到 255 个数组参数，其相应元素需要进行相乘并求和。

在上述 SUMPRODUCT 函数的原始定义中，其参数已经被定义为支持数组，且该函数的内部计算支持数组间的多重计算（乘法计算），因此使用该函数时可以直接按回车键，不需要三键结束。

例如在某个按指定条件求和的问题中，公式“=SUM((D2:D13>6)*(D2:D13<10)*D2:D13)”和“=SUMPRODUCT((D2:D13>6)*(D2:D13<10),D2:D13)”都为该题的解法，但用 SUM 函数设计的公式就要三键结束，而用 SUMPRODUCT 函数设计的公式则不需要，因为在用 SUM 函数设计的公式中，“D2:D13>6”“D2:D13<10”都涉及了数组的计算，这些表达式的计算结果也为数组，SUM 函数的原始定义不支持这样的用法，因此要三键结束，这相当于告诉 Excel，这个公式要按照数组公式的标准进行解释，否则会导致计算结果不正确。而用 SUMPRODUCT 函数设计的公式中，也存在“D2:D13>6”“D2:D13<10”这样的数组计算表达式，但因为 SUMPRODUCT 函数的原始定义中，就支持数组作为其参数，因此不需要向 Excel“特别强调”其特殊性，就作为普通公式用回车键结束即可。

**2. 运算符的操作数为数组**

在 Excel 中，普通公式中各类运算符的操作数通常都不是数组，因此把数组作为运算符操作数的情况下，又不满足上一条判别标准的公式需要三键结束。

在键入公式时，只要公式的任何一个局部计算，按照上述标准进行判断属于三键结束的情况，则整个公式都需要三键结束。

### 13.2.4　动态数组公式自动溢出

需要特别指出的是，由于 Microsoft 365 具备数组公式的自动溢出功能，故在该版本的 Excel 中使用数组公式可以不用三键结束，低版本的 Excel 仍需要按照 13.2.3 介绍的标准判断是否需要三键结束。

下面通过一个简单的例子，演示 Microsoft 365 的自动溢出功能。

**例 13－2**　在如图 13－7 所示的表格中，我们要使用数组公式计算“销售额”这一列的值。在 Excel 2019 及之前的版本中，我们需要先预判结果数组所在的区域，本例中为 C2:C8。选中 C2:C8 区域，在保持选中的情况下，输入公式“=A2:A8*B2:B8”后按三键结束，完成数组公式的键入。

| | A | B | C |
|---|---|---|---|
| 1 | 单价 | 数量 | 销售额 |
| 2 | 10 | 21 | |
| 3 | 20 | 25 | |
| 4 | 30 | 29 | |
| 5 | 40 | 33 | |
| 6 | 50 | 37 | |
| 7 | 60 | 41 | |
| 8 | 70 | 45 | |

1.键入公式“=A2:A8*B2:B8”后直接按ENTER键

2. 公式会自动填充到余下的单元格

**图 13－7　动态数组自动溢出**

在 Microsoft 365 的 Excel 中，我们只需要选中 C2 单元格，输入公式"=A2:A8*B2:B8"后直接回车键结束，Excel 会自动判断数组公式的范围是 C2:C8，并自动将公式从 C2 单元格溢出到 C2:C8 的每一个单元格中，这称之为"自动溢出"，如图 13-7 所示。

因此在 Microsoft 365 的 Excel 中，输入此类数组公式不用三键结束。

## 13.3 数组的计算

在数组的计算问题上，不论哪种情况，只需要弄清楚两个问题，就能把握数组之间的计算规律：

**1. 结果数组的尺寸**

数组的计算，其结果可能只是一个数据，放在一个单元格里，也可能是一个数组。对于后一种情况要先判断数组公式的计算结果是一个什么尺寸的数组，进而要先选择同样尺寸的单元格区域，再输入数组公式进行计算。

**2. 结果数组的各个元素是如何计算得到的**

为了能对我们键入的数组公式的结果有所把握，我们需要预先判断结果数组的各个元素是由哪些数据通过何种计算得到的。

下面以数组的乘法计算为例进行讲解。其计算规则同样适用于其他类型的计算。在本部分的讲解中，我们将数组表示为"X(m,n)"的形式。其中 X 是数组的名称，m 表示数组的行数，n 表示数组的列数。

### 13.3.1 尺寸相同数组的计算

尺寸相同的数组的计算规则为：

1. 结果数组与参与计算的数组尺寸相同；

2. 参与计算数组的对应元素分别计算，生成结果数组的对应元素。这里的对应元素，指的是相同位置上的元素。

用表达式可以表示为：

设参与计算的两个数组为 A(M,N)、B(M,N)，则通过计算的结果数组为 C(M,N)，且数组 C 的第 m 行第 n 列的元素由下列表达式计算得出：

```
C(m,n) = f(A(m,n),B(m,n))
```

注：M 为数组的行数，N 为数组的列数，1<=m<=M，1<=n<=N，字母 f 表示某种运算，以下同。

图 13-8 演示了尺寸相同数组的运算规则。该图示以两个数组的运算为例，其运算规则同样适用于两个以上数组的运算。图中演示了第一列数组元素的计算过程，其他位置上的元素以此类推。该规则对一维和二维数组均适用。

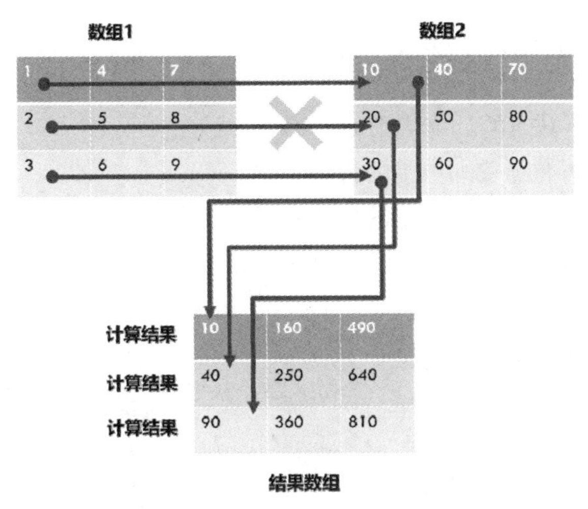


图 13－8　尺寸相同数组的运算

## 13.3.2　数组与单一的数据的计算

数组与单一的数据的计算规则为：

1. 结果数组与参与计算的数组尺寸相同；

2. 数组的每一个元素分别与单一数值进行运算，生成结果数组的对应元素。

用表达式表示为：

设参与计算的数组为 A(M,N)、单一数据为 B，则结果数组为 C(M,N)，且数组 C 的第 m 行第 n 列的元素由下列表达式计算得出：

```
C(m,n) = f(A(m,n),B)
```

注：1<=m<=M，1<=n<=N

图 13－9 演示了数组与单一的数据的运算规则。该图示以二维数组和单一数据的运算为例，其运算规则同样适用于一维数组和单一数据的运算。图中演示了第一列的数组元素的计算过程，其他位置上的元素以此类推。

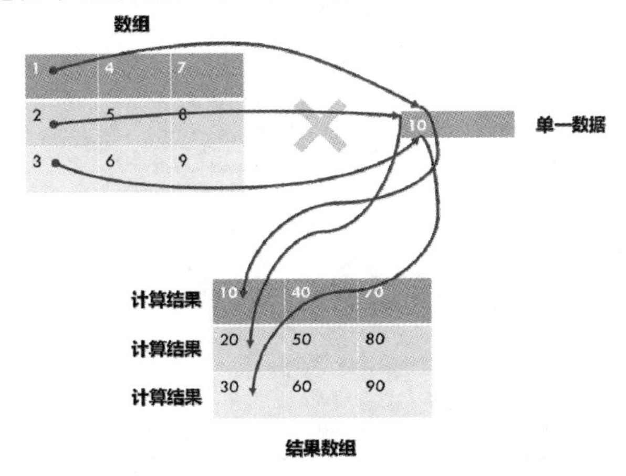


图 13－9　数组与单一的数据的运算

### 13.3.3 单列数组与单行数组的计算

单列数组与单行数组的计算规则为：

1. 结果数组的行数与单列数组的行数相同；

2. 结果数组的列数与单行数组的列数相同；

3. 单列数组的每一行与单行数组的每一个元素分别计算，生成结果数组同一行上的对应元素，如图 13 - 10 所示。

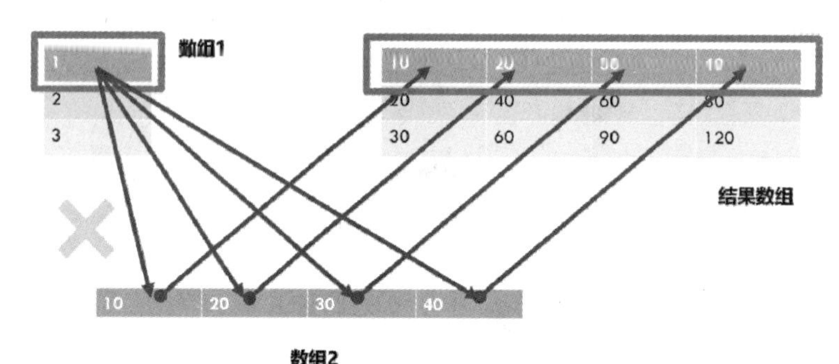


图 13 - 10　单列数组与单行数组的计算

用表达式可以描述为：

设参与计算的两个数组为 A(M,1)、B(1,N)，则通过计算的结果数组为 C(M,N)，且数组 C 的第 m 行第 n 列的元素由下列表达式计算得出：

```
C(m,n) = f(A(m,1),B(1,n))
```

注：1<=m<=M，1<=n<=N

### 13.3.4 单列数组与行数相同的二维数组的计算

单列数组与行数相同的二维数组的计算规则为：

1. 结果数组与参与计算的二维数组尺寸相同。

2. 单列数组每一行上的元素与二维数组同一行的每一个元素分别计算，生成结果数组的对应元素，如图 13 - 11 所示。

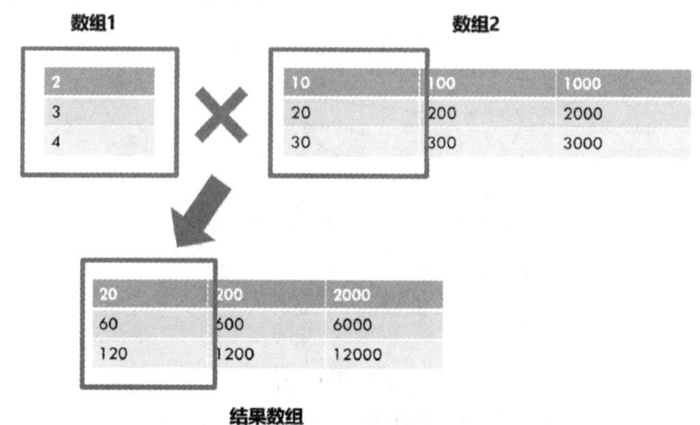


图 13 - 11　单列数组与行数相同的二维数组的运算

用表达式可以描述为：

设参与计算的两个数组为 A(M,1)、B(M,N)，则通过计算的结果数组为 C(M,N)，且数组 C 的第 m 行第 n 列的元素由下列表达式计算得出：

```
C(m,n) = f(A(m,1),B(m,n))
```

注：1<=m<=M，1<=n<=N

单行数组与列数相同的二维数组的运算规则与此类似，只是把行换成列，把列换成行，请读者朋友们自行研究，在此不再赘述。

### 13.3.5 尺寸不同的数组计算

尺寸不同的数组计算可以分为以下几种情况：

1. 行数不相等的单列数组与二维数组的计算；
2. 列数不相等的单行数组与二维数组的计算；
3. 行、列数不相同的二维数组的计算。

在情况 1、2 中，其计算规则与 13.3.4 介绍的规则一致，情况 3 的计算规则与 13.3.1 介绍的规则一致。不同之处是会有多出的数据存在无法匹配的情况。所谓"无法匹配"是指按照相应的数组计算规则，对于某一数组的某一元素，另一数组中应与其进行运算的元素位置上没有有效数据，无法与之完成相应的运算，无法生成结果数组对应元素的有效数据值，从而只能产生错误值。

我们以图 13－12 所示的数组为例进行讲解。数组 1 和数组 2 是尺寸不同的数组。如果要将数组 1 和数组 2 进行加法运算，需要预先判断结果数组的尺寸。

| | A | B | C | D | E | F | G | H | I | J |
|---|---|---|---|---|---|---|---|---|---|---|
| 1 | | | | | | | | | | |
| 2 | | 数组1 | | | | | 结果1 | | | |
| 3 | | 10 | 23 | 35 | 50 | | 110 | 88 | 106 | #N/A |
| 4 | | 20 | 25 | 36 | 52 | | 220 | 91 | 109 | #N/A |
| 5 | | 30 | 27 | 37 | 54 | | 330 | 94 | 112 | #N/A |
| 6 | | | | | | | #N/A | #N/A | #N/A | #N/A |
| 7 | | 数组2 | | | | | | | | |
| 8 | | 100 | 65 | 71 | | | 结果2 | | | |
| 9 | | 200 | 66 | 73 | | | 110 | 88 | 106 | |
| 10 | | 300 | 67 | 75 | | | 220 | 91 | 109 | |
| 11 | | 400 | 68 | 77 | | | 330 | 94 | 112 | |

**图 13－12 尺寸不同的数组计算**

首先，我们将结果数组的行列数都取参与计算数组的最大值。两个数组的列数最大为值 4，两个数组的行数值最大为 4，因此我们将结果数组的尺寸定为 4×4 的数组。我们选择 G3:J6 的区域为结果数组的区域，在保持该区域选中的情况下，键入公式"=B3:E5+B8:D11"后三键结束。结果如图中"结果 1"所示。可见两个数组的计算遵循 13.3.1 介绍的规则，即两个数组对应位置上的元素进行加法运算，生成结果数组对应位置上的元素。但是由于数组 1 中 E3:E5 区域中的元素，在数组 2 中没有元素与之对应，从而无法完成加法运算，导致结果数组 J3:J5 区域中的元素产生错误值#N/A。同理，数组 2 中 B11:D11 区域中的元素，在数组 1 中也无元素与之对应，导致结果数组的 G6:I6 区域产生错误值#N/A。而J6单元格在两个数组中都无元素与之对应,也产生错误值#N/A。

第二次计算,我们将结果数组的行列数都取参与计算的数组的最小值。则结果数组的尺寸为3×3,我们将G9:I11的区域作为结果数组的区域,同样键入公式"=B3:E5+B8:D11"后三键结束。结果如图中"结果2"所示。可见结果数组的各元素均为有效值,且与结果1中的对应区域的元素值完全一致。

由此得出结论,尺寸不同的数组的运算,根据情况的不同,其计算规则符合13.3.1和13.3.4介绍的规则。其结果数组的行列数为参与计算的数组的最大值。由于参与计算的数组尺寸不同,存在数组元素间的运算无法匹配有效数据的问题,导致结果数组对应位置上的元素产生错误值。尺寸不同的数组的运算,其结果数组有效值区域的行列数为参与计算数组的行列数的最小值。

## 13.4 数组作为函数参数时的计算规则

许多人将数组之间的计算规则和数组作为函数参数时的计算规则搞混。其实两种情况很容易区分,数组之间的计算一般都有运算符参与,数组是运算符的操作数。数组作为函数参数的情况就是单纯地将数组作为某个函数的参数。如公式"=A2:A15*B2:B15",这里乘法运算符"*"两边的操作数为数组,那么这个公式涉及的就是数组之间的计算;公式"=MID(D2,D5:D22,1)",其第二个参数为数组"D5:D22",这就是将数组作为函数参数使用的情况。

数组作为函数参数时,若该函数的原始定义中支持以数组作为参数,则按照原始定义进行计算,否则将按照本节介绍的规则进行计算:将数组的每一个元素都作为该函数的当前参数进行计算,生成结果数组的对应元素,结果数组的尺寸与参与计算的数组尺寸一致。

**例13-3** 如图13-13所示,D2单元格里存放了一个文本格式的身份证号码,现要把这个身份证号码的每一位数字提取出来单独放在一个单元格中。可在D5:D22单元格区域构建一个由数字1～18组成的递增序列,选中E5:E22的单元格区域,在保持该区域选中的情况下,键入公式"=MID(D2,D5:D22,1)",然后三键结束,则在E5:E22的单元格区域中提取了身份证号码的每一位数字到独立单元格中。

| | D | E |
|---|---|---|
| 1 | 身份证号码 | |
| 2 | 320301199602032347 | |
| 3 | | |
| 4 | 位数 | 提取各位数字 |
| 5 | 1 | 3 |
| 6 | 2 | 2 |
| 7 | 3 | 0 |
| 8 | 4 | 3 |
| 9 | 5 | 0 |
| 10 | 6 | 1 |
| 11 | 7 | 1 |
| 12 | 8 | 9 |
| 13 | 9 | 9 |
| 14 | 10 | 6 |
| 15 | 11 | 0 |
| 16 | 12 | 2 |
| 17 | 13 | 0 |
| 18 | 14 | 3 |
| 19 | 15 | 2 |
| 20 | 16 | 3 |
| 21 | 17 | 4 |
| 22 | 18 | 7 |

图13-13 数组作为函数参数使用的情况

在本例中，数组D5:D22充当了MID函数的第2个参数。因为MID函数的原始定义中，并没有规定其第2参数可以使用数组，因此本例中MID函数的用法不属于原始用法，而是数组用法，按照本节中介绍的规则，公式的结果仍是数组，其尺寸与数组D5:D22相同，因此选择E5:E22的单元格区域作为结果数组的区域。Excel会把数组D5:D22的每一个元素代入MID函数的第2参数，计算出一个结果，作为结果数组E5:E22对应位置上的元素。例如，Excel会把数组D5:D22的第1个元素即D5单元格带入MID函数的第2参数，形成公式“=MID(D2,D5,1)”，计算出结果“3”，放到E5单元格中；接着会把数组D5:D22的第2个元素即D6单元格带入MID函数的第2参数，形成公式“=MID(D2,D6,1)”，计算出结果“2”，放到E6单元格中；进而会把数组D5:D22的第3个元素即D7单元格带入MID函数的第2参数，形成公式“=MID(D2,D7,1)”，计算出结果“0”，放到E7单元格中……直至处理到D22单元格，完成计算。

## 13.5　利用数组实现条件求和与计数

可以实现条件求和与计数的函数有很多，如SUMIF、SUMIFS、COUNTIF、COUNTIFS、DSUM、DCOUNT等。这些函数有些只支持单一条件，有些支持多条件，但它们都有一个共同点，就是它们都是“天生”支持附带条件计算的。利用数组，我们可以让一些“天生”不具备附带条件计算的函数，也具备附带条件计算的功能，而且想支持几个条件都可以。我们将通过以下案例来学习这一非常实用的公式技巧。

**例13-4**　如图13-14所示，在这张学生成绩表中，要统计男生中大学语文成绩高于80分的总分。通过对题意的分析，我们可知这里包含了两个条件：1. 性别为“男”；2. 大学语文的成绩要高于80分。其公式可以这样写：“=SUM((C2:C11="男")*(D2:D11>80)*D2:D11)”三键结束；或者写成“=SUMPRODUCT((C2:C11="男")*(D2:D11>80),D2:D11)”，回车键结束。

| | A | B | C | D | E | F | G | H | I |
|---|---|---|---|---|---|---|---|---|---|
| 1 | 学号 | 姓名 | 性别 | 大学语文 | 高等数学 | 英语 | 统计学 | 企业管理 | 总分 |
| 2 | 10381 | 胡彬彬 | 男 | 85.0 | 91.0 | 92.0 | 95.0 | 96.0 | 459.0 |
| 3 | 10382 | 黄筱筱 | 男 | 71.0 | 92.0 | 92.0 | 90.0 | 97.0 | 442.0 |
| 4 | 10383 | 季奔奔 | 女 | 71.0 | 90.0 | 98.0 | 91.0 | 87.0 | 437.0 |
| 5 | 10384 | 李宸 | 女 | 70.0 | 89.0 | 87.0 | 89.0 | 95.0 | 430.0 |
| 6 | 10385 | 陈可 | 男 | 75.0 | 89.0 | 100.0 | 86.0 | 88.0 | 438.0 |
| 7 | 10386 | 黄雷 | 男 | 72.0 | 84.0 | 95.0 | 82.0 | 91.0 | 424.0 |
| 8 | 10387 | 张以 | 男 | 92.0 | 88.0 | 88.0 | 72.0 | 90.0 | 430.0 |
| 9 | 10388 | 王寻 | 男 | 68.0 | 83.0 | 96.0 | 77.0 | 83.0 | 407.0 |
| 10 | 10389 | 王波 | 女 | 67.0 | 69.0 | 89.0 | 67.0 | 83.0 | 375.0 |
| 11 | 10390 | 秦浩 | 女 | 62.0 | 78.0 | 96.0 | 70.0 | 21.0 | 327.0 |

**图13-14　利用数组进行条件求和和计数**

公式中“C2:C11="男"”是第一个条件的表达式，是数组和单一数据的运算，其中C2:C11是数组，文本常量"男"是单一数据，二者进行比较运算，生成一个由逻辑值组成的数组，我们暂且称之为数组A。“D2:D11>80”是第二个条件的表达式，其计算结果也生成一个逻辑数组，我们称之为数组B。数组A和数组B有同样的尺寸。表达式“(C2:C11="男")*(D2:D11>80)”就相当于数组A乘以数组B。两个同样尺寸的逻辑数组相乘，结果仍是一个同样尺寸的数组C。因为数组A和数组B都是逻辑数组，他们相乘时，会先将TRUE转换为1，FALSE转换为0，因此结果数组C是一个由数字0和1组成数组。其中值为1的数组元素对应的原数据表中的记录，表示两个条件均满足的记录；值为0的数组元素对应的原数据表中的记录，表示两个条件中至少有一个不满足的记录。最后一步，将数组C和D2:D11相乘，生成结果数组D，表示过滤大学语文成绩中，没有满足两个条件的记录。因为D2:D11就是大学语文的成绩，这里将其视为一个数组，将其与数组C相乘，就是D2:D11这个数组的每一个元素与数组C的对应元素相乘，如果数组C某一行的元素值为0，则结果数组D的对应元素为0，如果数组C某一行的元素值为1，则结果数组D的对应元素为数组D2:D11的对应元素值。因此结果数组D中保留了符合两个条件的学生的大学语文成绩，不符合条件的学生成绩都被清零。最后，结果数组D作为SUM函数的参数，相当于对结果数组D求和，也就是对符合两个条件的学生成绩求和。用SUMPRODUCT函数设计的公式，其原理与SUM函数的公式相同，这里就不再分析了。

本例中包含了两个条件，用了两个条件表达式相乘，表示两个条件“同时满足”的意思。如果要同时满足更多条件，只需要把更多条件表达式相乘即可。

如果把图13-14所示的问题稍微改一下，改成统计男生中大学语文成绩高于80分的学生人数。则公式可以写成“=SUM((C2:C11="男")*(D2:D11>80))”或“=SUMPRODUCT((C2:C11="男")*(D2:D11>80))”。请注意，这里SUMPRODUCT函数的参数是两个表达式相乘，不可以写成“=SUMPRODUCT((C2:C11="男"),(D2:D11>80))”，即省掉两个表达式相乘的运算符“*”，改成函数的参数分隔符“,”，有的读者朋友会认为SUMPRODUCT函数会自动将两个参数相乘，因此不需要再写乘号“*”。但是如果这样写，SUMPRODUCT函数的两个参数均为逻辑值数组，SUMPRODUCT函数在将两个数组相乘时，不会自动将逻辑值转换为数值再相乘，因此计算出的结果数组元素全是0。只有使用运算符“*”，才会将逻辑值转换为数值再相乘。相比于上一个问题的公式，这里只是去掉了最后一步计算数组D的步骤。根据上一问题的分析，计算到结果数组C这一步时，可知结果数组C是一个由数字0和1组成数组。直接对这个数组求和，就是在计算满足条件的个数。因此把上一问题的公式稍加修改，就可以得到条件计数的公式。由此我们可以概括出利用数组进行条件求和和条件计数的通用公式。

| 利用数组进行条件求和的通用公式 |
| --- |
| =SUM((条件1*条件2*……*条件n)*(要求和的数据集)) |
| =SUMPRODUCT((条件1*条件2*……*条件n),(要求和的数据集)) |

| 利用数组进行条件计数的通用公式 |
| --- |
| = SUM(条件 1 * 条件 2 * …… * 条件 n) |
| = SUMPRODUCT((条件 1 * 条件 2 * …… * 条件 n)) |

注意:上述通用公式中,如果用 SUM 函数写公式,要三键结束;不论是用 SUM 函数还是 SUMPRODUCT 函数,条件表达式之间的乘号“ * ”不可省略,如果只有 1 个条件,进行计数时条件表达式要乘以 1,即“条件表达式 * 1”。

## 13.6 翻转课堂 15:按工号进行条件汇总

请下载本书素材文件,打开如图 13 - 15 所示的表格。请在 B14 单元格写公式,计算工号中包含“A”的员工销售的压缩机的销量汇总。

| | A | B | C | D |
| --- | --- | --- | --- | --- |
| 1 | 工号 | 姓名 | 产品 | 销量 |
| 2 | 54ERGAS16 | 胡永 | 压缩机 | 6526 |
| 3 | HJMKHY065 | 杨芸 | 冷凝器 | 9648 |
| 4 | 96MGHF116 | 罗万紫 | 冷凝器 | 8977 |
| 5 | FFASF6466FVG | 李迪迪 | 排烟机 | 9849 |
| 6 | DJG6496632KK | 周燕 | 压缩机 | 8973 |
| 7 | 9646SHAJYULK | 顾本 | 压缩机 | 7889 |
| 8 | 64165HDTRRJH | 曹菠菠 | 冷凝器 | 9787 |
| 9 | 6JS6JGHKAJY | 杨超群 | 压缩机 | 9873 |
| 10 | GFI9479FCAS | 荣大陆 | 排烟机 | 4898 |
| 11 | | | | |
| 12 | 指定产品 | 压缩机 | | |
| 13 | 工号包含 | A | | |
| 14 | 汇总 | | | |

**图 13 - 15 按工号进行条件汇总**

**任务难度:**★★★☆

**讲解时间:**12 分钟

**任务单:**

1. 掌握利用数组进行条件汇总和条件计数的用法;
2. 将上述用法与本题的具体情况相结合,写出解决问题的公式;
3. 制作 PDF/PPT 文档用于辅助讲解;
4. 安排组员上台讲解。应注重思路及公式各部分含义的讲解。

## 13.7　翻转课堂 16：判断身份证号码有效性

请设计一个如图 13－16 所示的表格。在 A2 单元格填入一个身份证号码，在 B2 单元格立刻显示身份证号码是否有效。请写出 B2 单元格的公式。

|  | A | B |
|---|---|---|
| 1 | 请输入身份证号码 | 有效性验证 |
| 2 | 320303198205200573 | 无效号码 |

**图 13－16　判断身份证号码有效性**

**任务难度：**★★★

**讲解时间：**10 分钟

**任务单：**

1. 掌握数组公式的用法；
2. 掌握“13.4 数组作为函数参数时的计算规则”一节介绍的知识点；
3. 了解身份证号码最后一位的含义，以及根据身份证号码最后一位数字验证号码有效性的算法；
4. 根据上述算法，写出判断身份证号码有效性的公式；
5. 做出 PDF/PPT 文档用于辅助讲解；
6. 安排组员上台讲解。首先要把根据身份证号码最后一位数字验证号码有效性的算法讲清楚，再讲解根据上述算法设计出的公式各部分含义及计算步骤的分解。

## 13.8　翻转课堂 17：自动计算买赠活动应付款

请下载本书素材文件，打开如图 13－17 所示的表格。某甜品店正在开展“买三送一”促销活动，买三件商品可以送一件商品。该活动可以叠加，即买三送一，买六送二，买九送三……以此类推。当所送商品为 n(n≥1)件时，按价格最低的 n 件商品赠送。假设图中是某位顾客购买的商品列表(数据可能随时变化)，在 E2 单元格可以自动计算出该顾客的应付款。请写出 E2 单元格的公式。

|  | A | B | C | D | E |
|---|---|---|---|---|---|
| 1 | 条码 | 商品名称 | 单价 | 数量 | 应付款 |
| 2 | 5655435315 | 大菠萝包 | 1 | 19.9 | 65.7 |
| 3 | 9564564563 | 全奶早餐包 | 1 | 12.9 |  |
| 4 | 5456435144 | 唱片包 | 1 | 10.9 |  |
| 5 | 8498863145 | 蓝莓土司 | 1 | 32.9 |  |

**图 13－17　自动计算买赠活动应付款**

**任务难度:**★★★★☆

**讲解时间:**15 分钟

**任务单:**

1. 本题综合性较强,需掌握数组公式、SUMIF、SMALL、INT 等函数的用法并综合运用;

2. 分析并概括本题中买赠活动的规律,写出解决本题的算法;

3. 根据上述算法,写出公式,本题的答案可能不唯一,请尽可能写出不同的解题公式;

4. 做出 PDF/PPT 文档用于辅助讲解;

5. 安排组员上台讲解。首先要把买赠活动的规律及相关算法讲清楚,再讲解公式各部分的含义并分解公式计算步骤。

## 13.9 翻转课堂 18:理论与实践课时汇总

现有如图 13-18 所示的一份课时分配表。在表中的 B2:B21 单元格区域中,列出了各周上课的理论与实践课时分配数据。现欲在 D2 单元格汇总理论课时合计,D3 单元格汇总实践课时合计。请写出 D2 单元格的公式,并保证公式被填充到 D3 单元格仍然有效。

提示:本题中课时的具体数字是混在中文字符中间的且数字位数不等,要采取适当措施从中文字符中提取这些数字,这也是本题的重点和难点所在。

| | A | B | C | D |
|---|---|---|---|---|
| 1 | 周次 | 课时分配 | | 汇总 |
| 2 | 第1周 | 理论4课时 | 理论课时 | |
| 3 | 第2周 | 理论2课时 | 实践课时 | |
| 4 | 第2周 | 实践2课时 | | |
| 5 | 第3周 | 理论2课时 | | |
| 6 | 第3周 | 实践2课时 | | |
| 7 | 第4周 | 理论4课时 | | |
| 8 | 第5周 | 实践4课时 | | |
| 9 | 第6周 | 理论2课时 | | |
| 10 | 第6周 | 实践2课时 | | |
| 11 | 第7周 | 理论2课时 | | |
| 12 | 第7周 | 实践2课时 | | |
| 13 | 第8周 | 理论2课时 | | |
| 14 | 第8周 | 实践2课时 | | |
| 15 | 第9周 | 理论2课时 | | |
| 16 | 第9周 | 实践2课时 | | |
| 17 | 第10周 | 理论2课时 | | |
| 18 | 第10周 | 实践2课时 | | |
| 19 | 第11周 | 理论2课时 | | |
| 20 | 第11周 | 实践2课时 | | |
| 21 | 第12周 | 实践12课时 | | |

图 13-18 汇总课时

**任务难度:**★★★☆

**讲解时间:**15 分钟

**任务单:**

1. 掌握数组公式、SUMIF 等函数的用法;
2. 利用课余时间搜集资料,掌握在 Excel 公式中使用通配符的方法;
3. 通过搜集资料和自我学习,掌握从文本字符中提取任意位数字的方法;
4. 本题解法有多种,请探索本题的不同解法;
5. 制作 PDF/PPT 文档用于讲解;
6. 安排组员上台讲解本题,重点是解题思路和公式各部分含义的讲解。

# 第 14 章　自定义数字格式

使用公式与函数处理数据时，公式单元格和被处理的数据单元格通常情况下是不同的单元格，公式计算的结果不能覆盖原数据单元格。如图 14－1 所示表格的 A 列是学号，现在想在这一列的学号的前面都加上字母“RW”，比如将单元格 A2 的内容从“10381”变为“RW10381”。我们只能在 E 列的单元格中写公式完成上述操作，再将 E 列的公式结果复制过来，覆盖掉 A 列的原始数据。利用自定义数字格式，可以在不改动原数据的情况下改变数据的显示方式，在某些情况下可以在不使用公式与函数的情况下实现按条件修改数据格式的效果。

| | A | B | C | D |
|---|---|---|---|---|
| 1 | 学号 | 姓名 | 性别 | 本次收入 |
| 2 | 10381 | 胡彬彬 | 男 | 300 |
| 3 | 10382 | 黄筱筱 | 男 | -23 |
| 4 | 10383 | 季奔奔 | 女 | 987 |
| 5 | 10384 | 李宸 | 女 | -36 |
| 6 | 10385 | 陈可 | 男 | 0 |
| 7 | 10386 | 黄雷 | 男 | 0 |
| 8 | 10387 | 张以 | 男 | 未参加 |
| 9 | 10388 | 王寻 | 男 | 901 |
| 10 | 10389 | 王波 | 女 | -213 |
| 11 | 10390 | 秦浩 | 女 | 615 |

**图 14－1　未设置格式的表格**

## 14.1　认识自定义数字格式

我们在编辑 Excel 的表格时，其显示格式是 Excel 默认格式。如果我们在设计如图 14－1 所示的统计表时，想要 D 列在输入正数时显示绿色，输入负数时显示红色，输入“0”时显示蓝色，输入文本时显示洋红色，应如何设置呢？虽然可以使用条件格式来实现这样的设置效果，其实我们还有一种更简便高效的方法，就是使用自定义数字格式。

选中要设置格式的单元格区域，点击**开始**-**数字**组右下角的按钮，在弹出的**设置单元格格式**窗口中，选择**数字**标签页左侧最下面的**自定义**，在右侧的**类型**下的输入框内输入“[绿色];[红色];[蓝色];[洋红]”后回车，之后在上述区域输入数据时，就可以按照上述格式显示了。

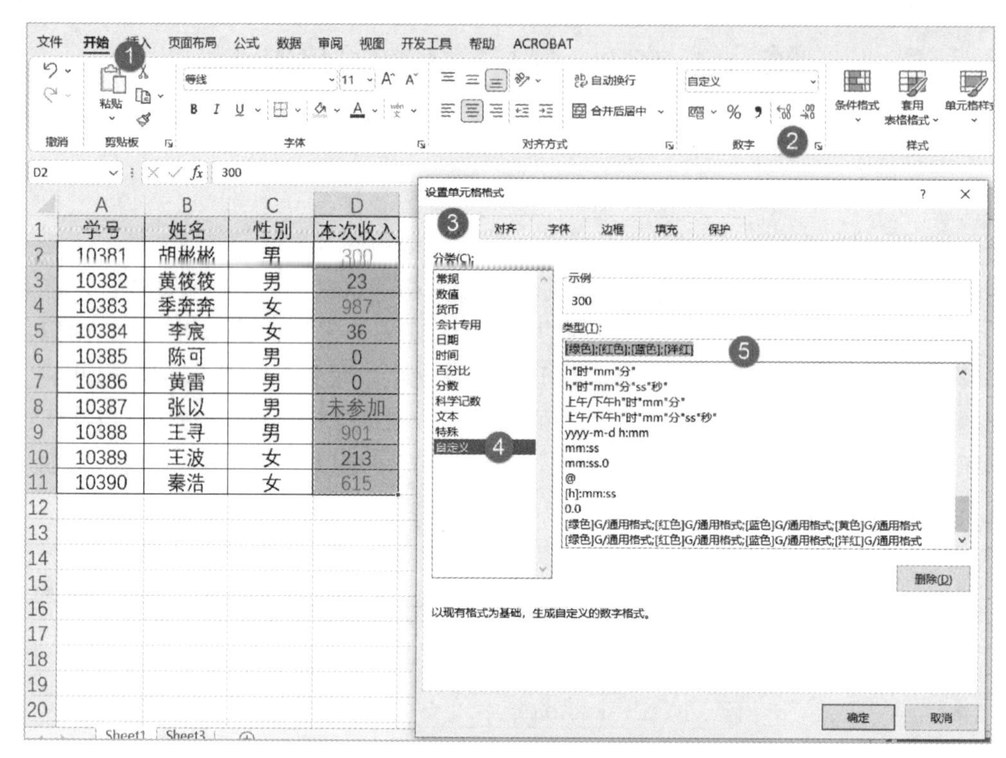


**图 14－2 设置自定义数字格式的步骤及显示效果**

这项设置虽然被称作“自定义数字格式”，但是其作用效果却并非只针对“数字”，而是对所有数据类型的数据都有效。此外，“自定义数字格式”只是为单元格中的数据穿上了“格式的外衣”，却不会修改数据本身。当 Excel 使用单元格的数据进行计算时，还是使用最“原始”的数据进行计算。

**例 14－1** 我们在 A2 单元格中，输入数据 230.7896，之后设置 A2 单元格的格式为“0.0”让其显示一位小数(0.0 是自定义数字格式代码，其含义在后面介绍)，显示为 230.8，但是编辑栏上显示的数据仍为 230.7896，在 B2 单元格输入公式“＝A2＋10”，对 A2 进行加法计算，回车后显示的计算结果为 240.7896，可见 Excel 是使用 A2 单元格中的“原始数据”230.7896 进行计算的，230.8 只是显示出来的结果，并不是 A2 单元格的“真实数据”。自定义数字格式作用后的显示内容可以体现在打印输出的结果中。

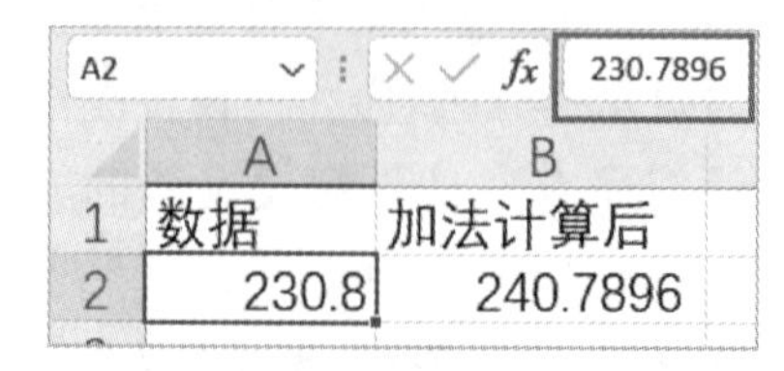


**图 14－3 自定义数字格式并不会修改数据本身**

## 14.2　自定义数字格式代码的编写规则

要使用自定义数字格式，需要编写自定义数字格式代码。在使用函数时，如果不严格按照语法使用会报错，自定义数字格式代码则不同。如果没有严格按照自定义数字格式代码的语法规则编写代码，Excel 会自动帮我们调整、精简或补齐代码。图 14－4 所示的是我们在本章开始时所列举的代码，按下**设置单元格格式**窗口的**确定**按钮后，选中应用了此段代码的单元格，再次打开**设置单元格格式**窗口，我们会发现代码变成了如图 14－5 所示的内容，这是因为 Excel 自动为我们补齐了代码。类似的情况还有当我们键入文本没用使用半角双引号括住时，Excel 会自动为我们加上；如果我们写的代码存在冗余，Excel 会自动按照简写规则精简等。所以当我们看到自己键入的代码变样了以后，也不要惊讶。这很可能是 Excel 在自动为我们调整代码。

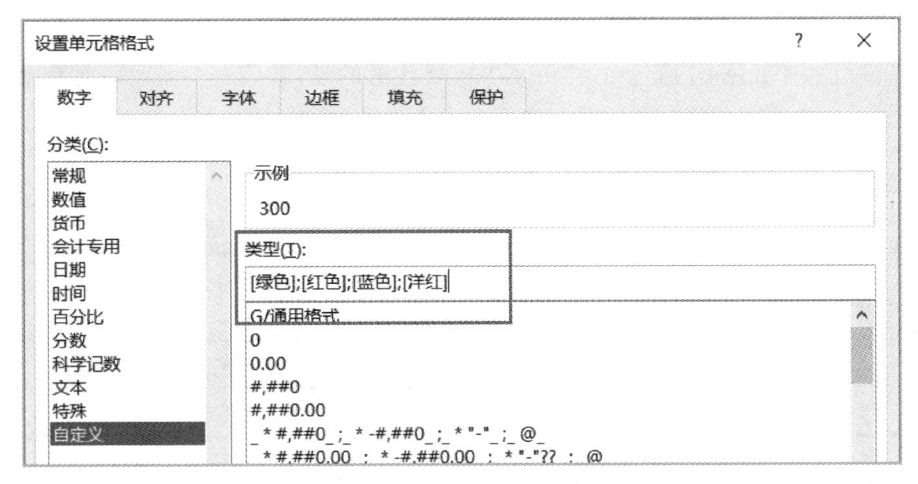


图 14－4　用户键入的自定义格式代码

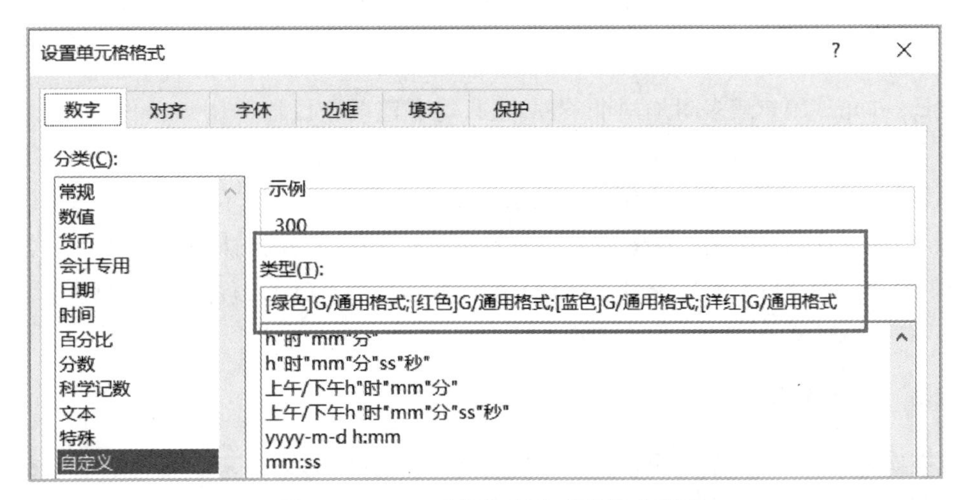


图 14－5　Excel 纠正后的自定义格式代码

当然这种能被 Excel 自动“纠正”的代码，只是 Excel 可识别的“非本质性错误”，如果完全违背了代码的编写规则，Excel 还是会提示错误的。

### 14.2.1 无附带条件的代码编写规则

无附带条件的代码编写规则为：以半角分号分隔出 4 个区段，构成了一段完整的自定义格式代码。在每个区段中所编写的代码作用于与其相对应的数据类型。当单元格中的数据为正数时，适用第一区段的格式代码；当单元格中的数据为负数时，适用第二区段的格式代码；当单元格中的数据为零值时，适用第三区段的格式代码；当单元格中的数据为文本时，适用第四区段的格式代码。

| 无附带条件的代码编写规则 |
| --- |
| ＜正值＞;＜负值＞;＜零＞;＜文本＞ |

在 14.1 所举的例子中就使用了这样的代码，让我们在录入数据时，输入正数显示绿色，输入负数显示红色，输入“0”时显示蓝色，输入文本时显示洋红色。因此其格式代码为：“[绿色];[红色];[蓝色];[洋红]”。需要注意的是，最后一个区段后面是没有任何符号的，一个完整的格式代码只包含 3 个半角分号，分出 4 个区段。

### 14.2.2 带条件的代码编写规则

若要指定仅在数字满足指定条件时应用的数字格式，需要用半角方括号括住条件，条件后跟其他代码。条件由一个比较运算符和一个数值组成。

| 带条件的代码书写规则 |
| --- |
| [条件 1];[条件 2];条件 1 和条件 2 以外的情况;文本 |

**例 14－2** 如果在录入学生成绩时，90 分及以上用绿色显示；60 分及以上到 89 分用蓝色显示；60 分以下用红色显示，如果没有分数用文本备注出来用黄色显示，则自定义格式代码可写为：[绿色][＞＝90];[红色][＜60];[蓝色];[黄色]

Excel 允许用户最多附加两个条件，且只能在前两个区段中附加条件，第三个区段自动以“除条件 1 和条件 2 以外”的情况作为其条件值。所以上面的例子中，第三个区段并不附加条件，而除去条件 1 和条件 2 的情况，就是分值在 60 到 89 这个区间的情况，满足此条件的都以蓝色显示。多于 2 个条件的格式代码都是错误的，如代码：[＞10]0.00;[＜10]0.000;[＝10]＃;是错误的，正确的代码为：[＞10]0.00;[＜10]0.000;＃;即不必在第三区段上附加条件。

### 14.2.3 代码省略规则

在实际应用中，很多情况下不必严格按照 4 个区段的结构来编写代码，Excel 允许对代码的区段数适当省略。省略的情况也要分无附加条件的代码和带条件的代码两种情况。

对于无附加条件的代码，其省略规则如表 14－1 所示。

**表 14－1　无附加条件的代码省略规则**

| 区段数 | 代码结构含义 |
| --- | --- |
| 1 | 格式代码作用于所有类型的数据 |
| 2 | 第 1 区段作用于正数、零值和文本，第 2 区段作用于负数 |
| 3 | 第 1 区段作用于正数和文本，第 2 区段作用于负数，第 3 区段作用于零值 |

对于带条件的代码，省略后的区段可以少于 4 个，但不能少于 2 个。

**表 14－2　带条件的格式代码省略规则**

| 区段数 | 代码结构含义 |
| --- | --- |
| 2 | 第 1 区段作用于满足条件值 1 的情况，第 2 区段作用于其他情况 |
| 3 | 第 1 区段作用于满足条件值 1 的情况，第 2 区段作用于满足条件值 2 的情况，第 3 区段作用于其他情况 |

注意：最后一个区段后面不要加分号，否则会多出一个区段。如果一个区段的代码为空，表示这个区段的内容为隐藏。如果要屏蔽用户输入的所有数据，可以书写如下代码“;;;”，即三个连写的半角分号。三个分号分出 4 个区段，涵盖了所有的数据类型。而这 4 个区段都没有代码是空区段，表示隐藏，因此无论在单元格中输入什么内容，都不会显示出来。请注意，空区段是没有任何字符的，三个分号是连写的。有的读者朋友喜欢在分号前面加一个空格，严格来说这样写就不是空区段了，因为空格也是一个字符，只是它不显示出来而已。请思考一个问题，这样的隐藏是否能够做到真正隐藏单元格中的数据，如何看到用户输入的数据？

## 14.3　常用格式代码符号及其含义

上一节介绍格式代码的编写规则，是从代码整体结构的角度加以介绍，关注的是“宏观世界”。而代码都是由一个个具有特定含义的符号组成的，这些符号是什么含义？应该如何使用？这些问题关注的是“微观世界”，也是本节的主要内容。在**设置单元格格式**窗口中的**数字**选项卡的**分类**列表中选择一个类别（除自定义以外），再切换到**自定义**类别，则右边**类型**里显示的代码，就是最后一次所选择类别的代码。如图 14－6 所示，在**设置单元格格式**窗口中选择**百分比**类别，在右边设置**小数位数**为 2，再切换到**自定义类别**，则右边**类型**里显示的代码为“0.00%”，就对应于显示 2 位小数的百分比的格式设置。

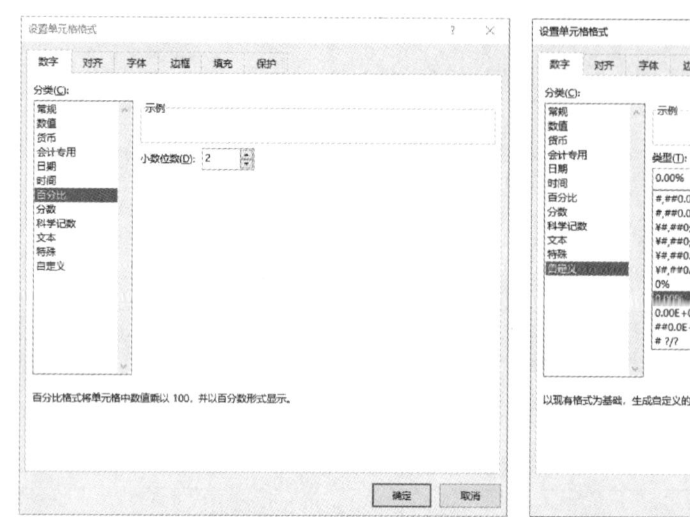


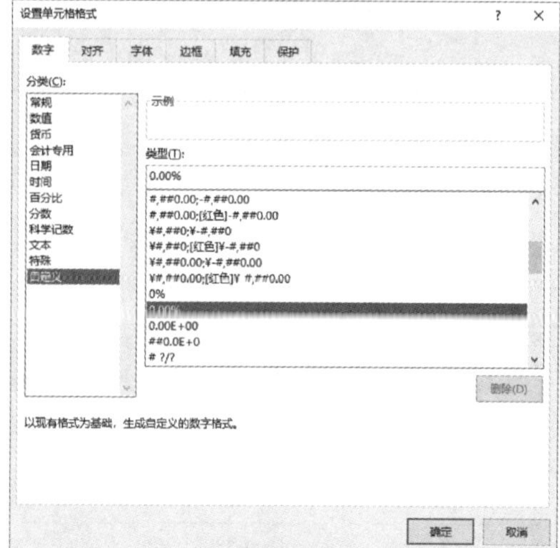


图 14－6　切换类别到自定义可以显示之前类别对应的代码

因为通过切换类别让 Excel 显示的代码肯定是最标准的，我们也可以通过这个方法学习 Excel 格式代码的用法。在编写格式代码时，也可以用这个方法，让 Excel 自动创建“基础”代码，然后我们在此基础上根据需求修改为我们需要的代码，这比直接从头开始写代码要方便得多。

下面将介绍一些常用的格式代码组成符号及其用法。

### 14.3.1　G/通用格式

G/通用格式是最常见的代码符号，对应于**设置单元格格式**窗口中的**常规**分类。我们可以先选择**常规**分类，再选择**自定义**分类，可以看到**自定义**分类里显示的是“G/通用格式”。因此 G/通用格式就是以常规的数字显示，数据原来是什么就显示什么，这是最“忠于原著”的显示。如 100 显示为 100；13.1 显示为 13.1。

### 14.3.2　“＃”数字占位符

“＃”是数字占位符，一个“＃”就代表一位数字。“＃”所占据的数字位数上，只显示有意义的零而不显示无意义的零。小数点后的数字位数如果多于“＃”的数量，则以“＃”的数量为小数点后的位数进行四舍五入。例如，设置格式代码为“＃.＃＃”，在单元格中输入 12.7 后显示为 12.7；输入 15.1167 显示为 15.12。小数点前面的数字位数如果多于“＃”的数量，则按实际输入的数字显示。

### 14.3.3　“0”数字占位符

“0”是另一个数字占位符。一个“0”代表一位数字。它表示如果单元格的数字位数大于占位符个数，整数部分按实际数字显示，小数部分按占位符的个数四舍五入；如果小于占位符的个数，则用 0 补齐。例如，设置格式代码为“00000”，在单元格中输入 1234567 后显示为 1234567；输入 123 显示为 00123。又如，设置格式代码为“00.000”，输入 102.23 显示为 102.230；1.1 显示为 01.100。

### 14.3.4　“?”数字占位符

“?”是第三种数字占位符。一个“?”代表一位数字。它的功能是在小数点两边以空格替换无意义的零，它和“0”占位符的区别是，“0”占位符用 0 补齐不足的位数，而“?”是以空格补齐不足的位数。由于空格的不可见性，可以利用“?”占位符实现按小数点对齐数据。如图 14－7 所示，设置 A 列的自定义数字格式代码为“?.??”，录入数据后可以实现小数点对齐。为了便于对照，在 B 列对应单元格中列出了在 A 列实际录入的数据。

| | A | B |
|---|---|---|
| 1 | 显示数据 | 实际录入 |
| 2 | 12.3 | 12.3 |
| 3 | 12.67 | 12.67 |
| 4 | 136.1 | 136.1 |
| 5 | 137.89 | 137.891 |

图 14－7　利用“?”占位符设置小数点对齐

### 14.3.5　“@”文本占位符

“@”是文本占位符，一个“@”代表了当前单元格内的文本，可以重复调用。可以利用“@”在单元格键入的内容之前或之后自动添加固定内容的文本，使用的自定义格式为“文本内容”@，或@“文本内容”。如将单元格的自定义格式代码设置为“徐州工程学院@”，则之后在单元格中输入“人文学院”，按下回车键后将显示“徐州工程学院人文学院”。因为当前单元格中的内容是“人文学院”，“@”就相当于当前单元格的文本“人文学院”，而“徐州工程学院”是自定义格式代码中的固定文本，位于“@”之前，故将“徐州工程学院”显示在“人文学院”之前，合并显示为“徐州工程学院人文学院”。需要强调两点：第一，当前单元格的内容仍然是“人文学院”，“徐州工程学院人文学院”只是显示的内容；第二，“@”是文本占位符不是数字占位符，不能代表数字，应注意区分。

### 14.3.6　“%”百分数显示符号

该符号的功能是以百分数的形式显示数据。如果数据已经存在，在此之后通过设置自定义数字格式让其以百分比格式显示，则“%”前面的数字会乘以 100。例如，单元格中已经存在数字 3，这时设置自定义格式代码为“0%”，则单元格会显示 300%。如果先设置了“百分比显示”的自定义格式，之后再录入数据，则直接在数据后面加上“%”。例如，对一个空单元格设置自定义格式代码为“0%”，然后在此单元格中录入“3”，按下回车键后将显示“3%”。

### 14.3.7　“*”重复符号

“*”的含义是重复下一个字符，直到填满当前单元格。例如，设置格式代码为“@*☆”。”输入“HELLO”后显示为“HELLO☆☆☆☆☆☆”。若要让在单元格中输入的任意内容，都用“*”作为掩码，则自定义格式代码可设置为“**;**;**;**”，即4个区段的代码都是“**”。前面一个“*”是重复符号，后面一个“*”是要被重复的字符。

### 14.3.8 “,”千位分隔符。

该符号的作用是自动为每3位数字加一个半角逗号“,”。例如，设置自定义数字格式代码为“#,###”，在单元格中输入12345显示为12,345。如果在“,”后面留空，则每出现一个“,”表示把原来的数字缩小1000倍。例如，设置自定义格式代码为“#,”，输入10000，显示为10；设置自定义格式代码为“#,,”，输入1000000，显示为1。如果想要在单元格中输入1000000后，显示为“1百万元”，可以设置自定义数字格式代码为“#,,百万元”。

### 14.3.9 颜色符号

颜色符号需要用半角方括号括住。其功能是用指定的颜色显示单元格的内容。在中文版Excel中，有八种颜色可以直接用汉字表示，它们是：红色、黑色、黄色，绿色、白色、蓝色、蓝绿色和洋红。其余的颜色需要用数值的格式表示，其格式为：[颜色N]。这种方法是调用调色板中的颜色，N是1～56之间的整数。例如“[颜色3]”表示调色板上第3种颜色。按照代码编写规则，颜色符号应放在各区段代码的最前面。但在实际操作中，即使没放在最前面也不会报错，因为Excel会自动将颜色符号调整到最前面。

### 14.3.10 数字大小写符号

以下三个符号需要用半角方括号括住，放在相应符号的前面。

[DBnum1]：显示中文小写数字，例如“123”显示为“一百二十三”。

[DBnum2]：显示中文大写数字，例如“123”显示为“壹佰贰拾叁”。

[DBnum3]：显示全角的阿拉伯数字与小写中文单位的结合，例如“123”显示为“1百2十3”。

至此，我们介绍了三种需要用半角方括号括住的符号，分别是“条件”“颜色”和“数字大小写”。在实际编写代码时，用方括号括住的符号没有顺序先后的要求，即这些符号放在其他符号的前面或后面都不会报错，因为Excel会自动调整符号顺序。

### 14.3.11 常用日期代码

日期代码是不区分大小写的。常用日期代码的用法如下：

YYYY：以四位数字(范围是1900～9999)显示年份。

YY：以两位数字(范围是00～99)显示年份。

M：以一位数字(1～12)显示月份。

MM：以两位(01～12)显示月份。

MMM:使用英文缩写显示月份(Jan~Dec)。

MMMM:使用英文全拼显示月份(January~December)。

MMMMM:使用英文首字母显示月份(J~D)。

D:以一位数字(1—31)显示日期。如代码“YY-M-D”将2021年10月7日显示为21-10-7。

DD:以两位数字(01~31)显示日期。如代码“YYYY-MM-DD”将2021年1月9日显示为2021-01-09。

DDD:用英文缩写显示星期(Sun~Sat)。如代码“DDD”将2021年10月10日显示为“Sun”。

DDDD:用英文全拼显示星期(Sunday~Saturday)。如代码“DDDD”将2021年10月10日显示为“Sunday”。

AAA:日期显示为阿拉伯数字n(n为星期值)。如代码“AAA”将2021年10月10日显示为“日”。

AAAA:使用汉字显示日期的星期,如“星期三”。如代码“AAAA”将2021年10月10日显示为“星期日”。

学习完本章后请完成以下练习:

1. 设置数字格式为正数常规显示;负数常规显示,颜色为红色,带负号;零值不显示。

2. 输入任意固定电话号码,自动调整为区号带括号电话号码格式,如输入“051683105461”按回车键后,显示为(0516)83105461的形式。

3. 任意输入8位日期数字,按回车键后自动显示为“年-月-日”的格式。如把“20050512”显示为“2005-05-12”。

4. 大于0的数字显示“男”,等于0的数字显示“女”,小于0的数字不显示。

5. 不等于0的数字显示为“Y”,等于0的数字显示为“N”。

6. 在单元格键入数字时,按回车键后正数自动居左显示;负数自动居右显示;隐藏0值;文本正常显示。

7. 输入正整数n,显示“偏左n”;输入负整数−m,显示“偏右m”;输入0显示“平衡”,输入文本正常显示。

8. 输入数字0按回车键后显示“×”;输入数字1按回车键后显示“√”。

9. 设置以千元单位显示数字,且四舍五入保留两位小数。如:把“12345”显示为12.35千元。

10. 以中文小写/大写数字显示日期,如键入日期“2021/12/30”,按回车键后显示为二〇二一年十二月三十日/贰零贰壹年壹拾贰月叁拾日。

## 14.4 翻转课堂19:自定义格式符号的补充讲解

限于篇幅,还有一些常用的自定义代码格式符号的用法本书没有介绍。请选取5

个本书没有介绍过的自定义代码格式符号讲解其用法。本题可以分配给多个小组完成，但是组间要事先沟通协调，避免讲解内容的重复。

**任务难度：**★★☆

**讲解时间：**15 分钟

**任务单：**

1. 选取 5 个本书未讲解过的自定义代码格式符号作为讲解对象；

2. 收集资料，掌握这 5 个自定义代码格式符号的用法；

3. 制作 PDF/PPT 文档用于辅助讲解；

4. 安排组员上台讲解。首先讲解这些符号的含义，再举一到两个例子讲解这些符号的具体用法。

# 第 15 章　数据验证

有时，我们需要把设计好的表格发布给本单位各部门的人员，让他们按照表格要求填写信息，填好后我们再进行汇总。但是收集来的数据，往往填的五花八门，不符合要求，为下一步的数据汇总带来困难。利用 Excel 的数据验证功能，可以有效地避免上述问题。数据验证功能允许 Excel 表格的设计者使用预先设计的数据录入规则约束和规范用户录入的数据，以保证用户录入的数据符合要求。在 Excel 2010 及以前版本中，该功能被称为“数据有效性”。

## 15.1　数据验证设置的一般步骤

首先，选中需要设置数据验证的单元格(区域)。在**数据**选项卡下选择**数据验证**选项，会弹出“数据验证”设置窗口，如图 15 - 1 所示。依次设置验证条件、输入信息、出错警告即可，如有必要可以设置输入法模式。

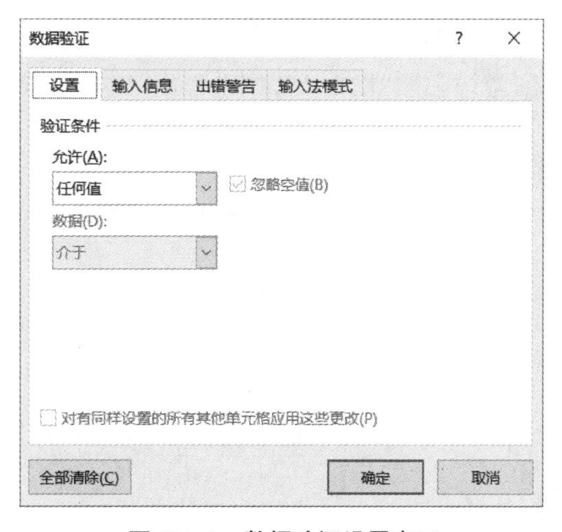


**图 15 - 1　数据验证设置窗口**

## 15.2　数据验证的条件设置

条件是数据验证的根基，只有设置了条件，数据验证才能有效发挥约束录入数据的作用。数据验证的条件也可以理解为数据录入的规则。当用户录入的数据符合条件时，Excel 接受用户的录入；如果不符合条件，将弹出出错警告(如何设置出错警告将在 15.4 一节中进行介绍)。数据验证的条件在**数据验证-设置-验证条件**下的**允许**下拉列表里设置，共有 8 个类别。选择“任何值”表示不设置条件。以下介绍常用的条件设置。

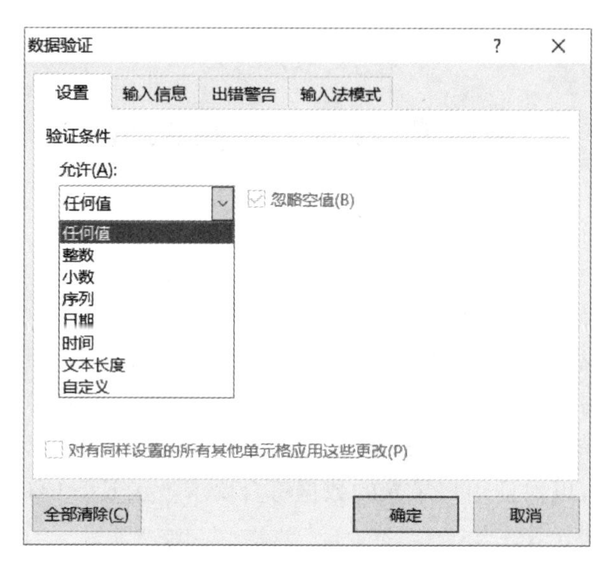


图 15 - 2　数据验证的条件设置

### 15.2.1　整数

Excel 只接受指定范围的整数的输入。例如输入月份时，只允许输入 1～12 月的月份值，可以选择存放月份信息的单元格，进行如图 15 - 3 所示的设置。如果输入的整数不在这个范围(比如 13)，则会弹出“出错警告”。

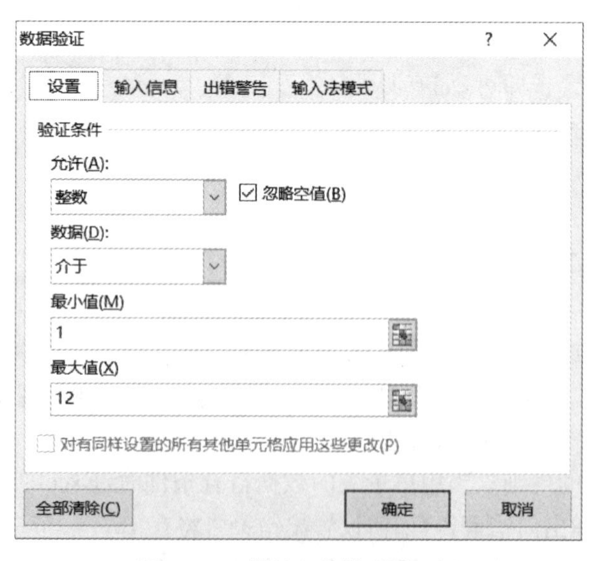


图 15 - 3　整数条件的设置示例

### 15.2.2　小数

限制单元格只能输入小数(包括整数)，具体用法与“整数”类似。

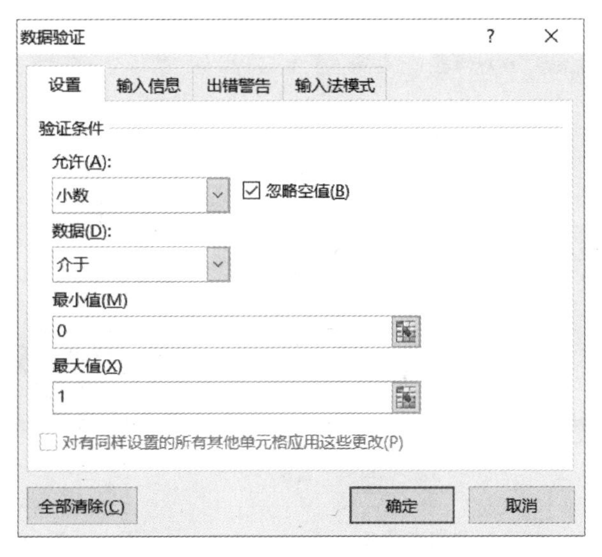


图 15-4　小数条件的设置示例

### 15.2.3　序列

使用序列，可以为用户提供一个下拉列表，引导用户在其中选择一个选项。这样做既可以方便用户，又可以避免用户输入其他信息。创建序列可以使用单元格引用或者直接键入序列两种方法。

要使用单元格引用创建序列，先在一片空白单元格区域键入序列的内容，如图 15-5 中在 G1:G6 区域创建了一个某高校各二级学院的名称序列。在**数据验证**设置窗口中选择**序列**，勾选**提供下拉箭头**选项，在下方的**来源**处引用 G1:G6 区域，按**确定**按钮，即为相应单元格创建下拉列表。

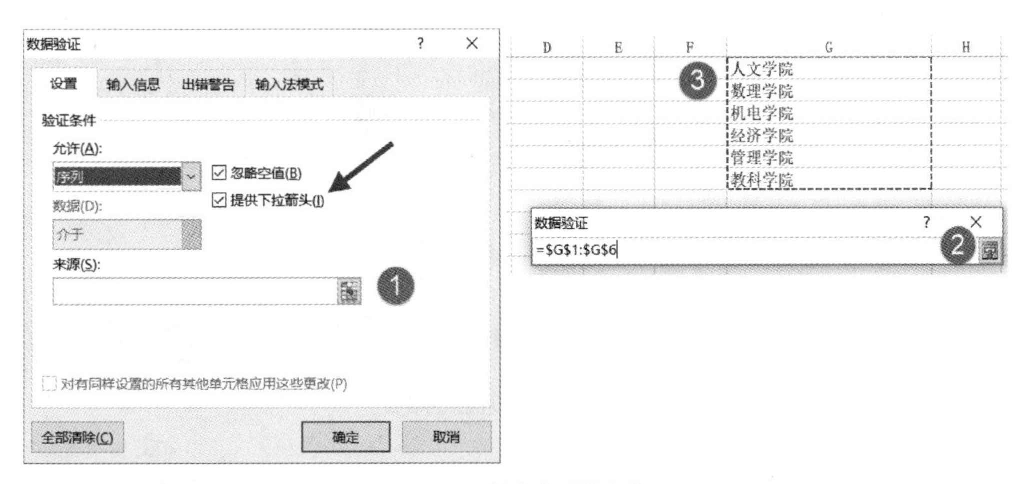


图 15-5　创建序列的步骤 1

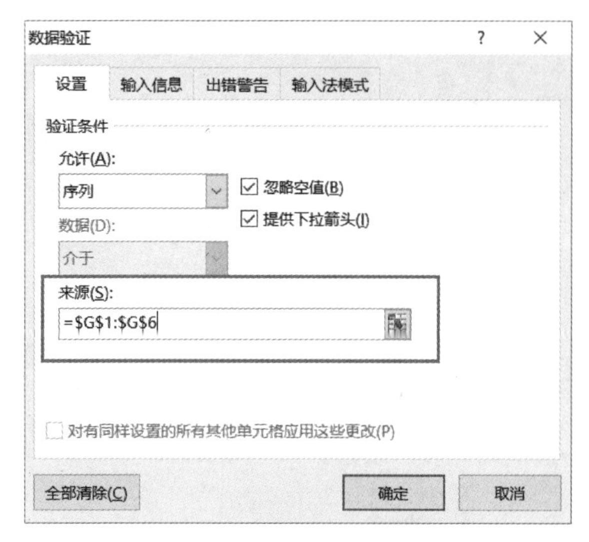


图 15－6　创建序列的步骤 2

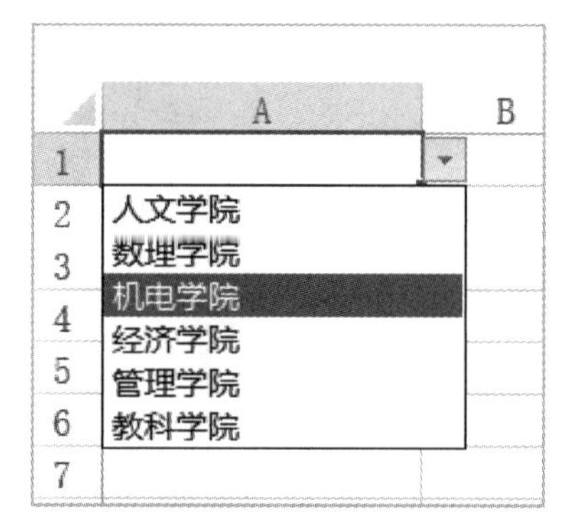


图 15－7　创建序列的步骤 3

为了美观,可以将提供列表项的单元格放在较远的单元格区域或其他工作表中。

若要通过直接键入的方式创建序列,可以在**来源**处键入需要的列表项。请注意,文本不需要用双引号括引,各选项之间用半角逗号分隔。具体操作步骤如图 15－8 所示。

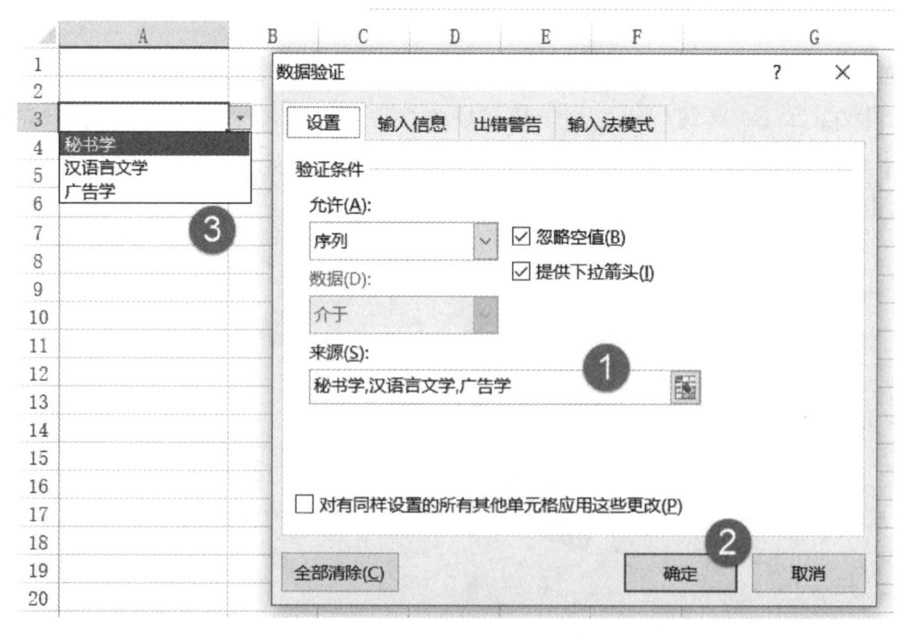


图 15－8　直接键入序列

### 15.2.4　文本长度

该类型用于限制用户录入文本的长度。例如限制输入手机号码时,文本长度必须为 11。可以按图 15－9 所示的方式进行设置。

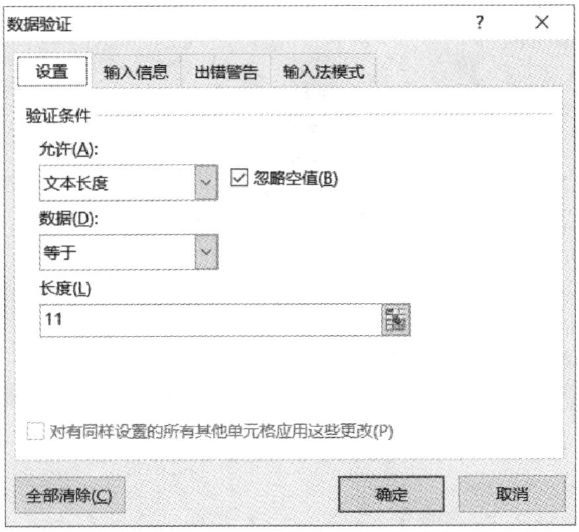

**图 15－9 文本长度条件的设置**

设置后，如果在单元格中输入的手机号码不是 11 位数字，则会弹出出错信息。

### 15.2.5 自定义条件

当上述几种类型的条件都不足以表达当前数据验证需要设置的条件时，可以使用自定义条件来设置。自定义条件是使用公式进行表达和描述的。当公式的结果返回逻辑值 TRUE 或非零数字时视为满足条件；公式计算出其他结果视为不满足条件。

当我们选择一个单元格区域，对这个区域应用自定义条件的数据验证时，我们键入的公式是以被选中区域的活动单元格（高亮显示的那个单元格）为对象设计的，按**确定**按钮后，Excel 会自动把该公式应用到其他单元格上。公式中的引用如果为相对引用，会根据引用规则自动调整，因此我们在键入公式时需要考虑引用的类型问题。

**例 15－1** 我们设计一个信息统计表，让用户去填写他们的联系电话，联系电话可以是一个 11 位的手机号码，也可以是一个 8 位的本地固定电话号码。为了防止用户填错信息，我们要对用户填写的数据进行验证，因此要设置一个条件。

选中 C2:C11 的区域，可以看到这个区域的活动单元格为 C2。一般情况下，我们选中一个区域后，这个区域的左上角单元格是该区域的活动单元格，自动以高亮的方式显示。本例中 C2 就是活动单元格，我们在设计自定义条件的公式时，就以 C2 单元格为对象进行设计，因此我们在**数据验证**设置窗口的**公式**一栏填入公式“=(LEN(C2)=8)+(LEN(C2)=11)”。公式中的比较运算表达式“LEN(C2)=8”和“LEN(C2)=11”只要有一个返回 TRUE，则公式会返回一个非零值。若都不满足，公式返回一个零值，因为“FALSE＋FALSE＝0”。因此这个公式就表达了上述条件。

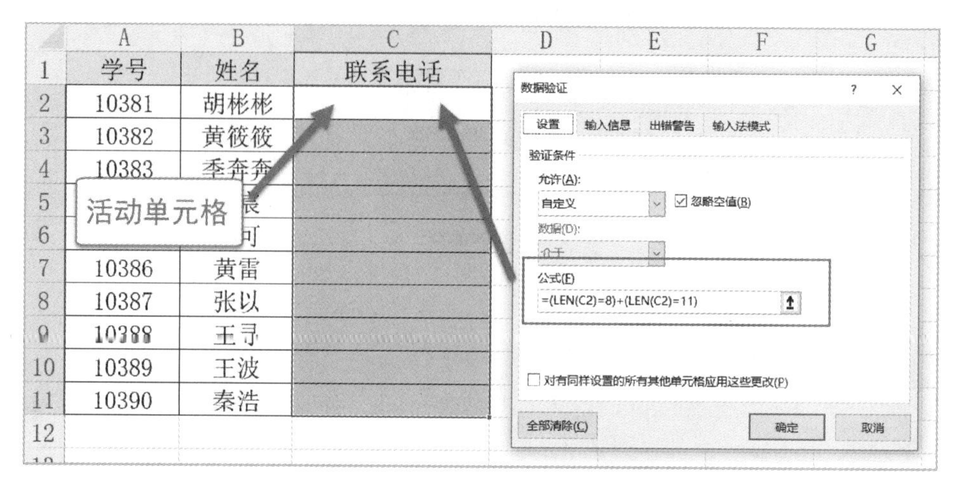


图 15－10　以活动单元格为基准设计公式

按下**确定**按钮后，Excel 会自动把公式应用到选中区域的其他单元格中，同时对其中的相对引用和混合引用进行调整。我们可以随机选择刚才选中区域中的任意单元格，再次打开**数据验证**设置窗口，可以看到公式已经自动变成适用当前选中单元格的公式了，如图 15－11 中的 C2 已经被自动调整为 C4。

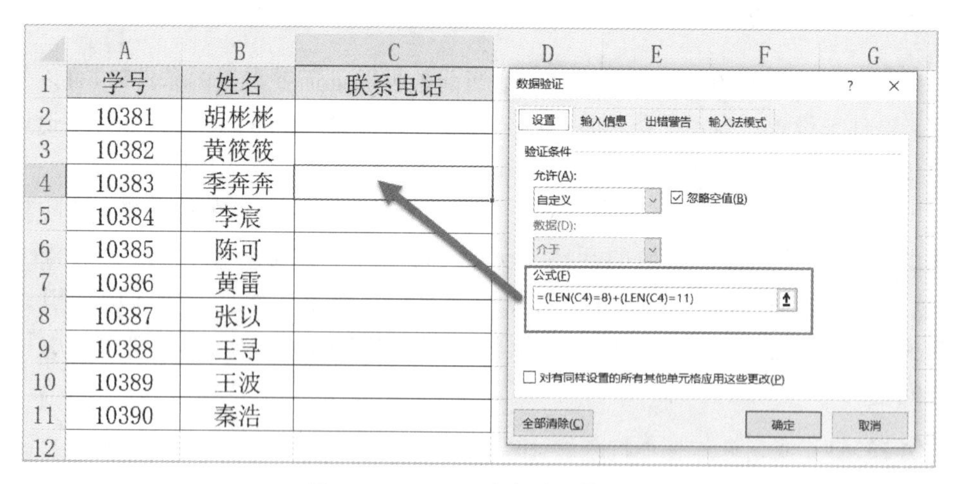


图 15－11　Excel 会自动调整公式

此外，还有“日期”和“时间”的条件设置，只需要指定起止日期或时间即可，用法与“整数”“小数”类似，不再赘述。

## 15.3　设置输入信息提示

为了防止用户输入无效数据，可以在用户输入数据时即时给出引导信息。可以利用**数据验证**设置窗口的**输入信息**选项卡进行设置。在例 15－1 中，我们要求用户输入自己的电话为一个 11 位的手机号码，或是一个 8 位的本地固定电话号码。我们已经以此为条件设置了数据验证的规则，下面可以根据此规则设置用户输入数据时的提示信息。选中 C2:C11 的区域，在**数据验证**设置窗口的**输入信息**选项卡中进行如图 15－12 所示的设置。

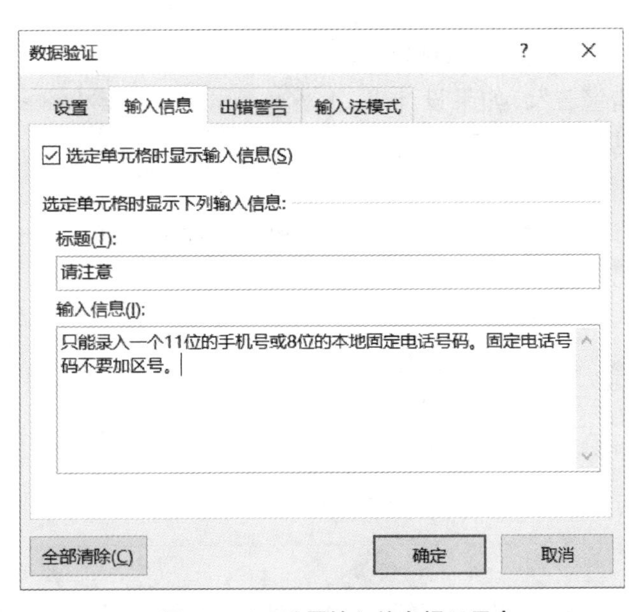


**图 15－12　设置输入信息提示用户**

按下**确定**按钮后，只要用户在录入数据时将光标点进设置了数据验证的单元格，都会弹出提示，以引导用户正确填写信息，如图 15－13 所示。

| | A | B | C |
|---|---|---|---|
| 1 | 学号 | 姓名 | 联系电话 |
| 2 | 10381 | 胡彬彬 | |
| 3 | 10382 | 黄筱筱 | |
| 4 | 10383 | 季奔奔 | |
| 5 | 10384 | 李宸 | |
| 6 | 10385 | 陈可 | |
| 7 | 10386 | 黄雷 | |
| 8 | 10387 | 张以 | |
| 9 | 10388 | 王寻 | |
| 10 | 10389 | 王波 | |
| 11 | 10390 | 秦浩 | |

请注意
只能录入一个11位的手机号或8位的本地固定电话号码。固定电话号码不要加区号。

**图 15－13　用户点击单元格会收到提示**

## 15.4 出错警告

在设置了数据验证的条件之后，当用户在指定的单元格中输入了无效数据时，Excel 会给出“出错警告”。如果设计者没有定义“出错警告”的内容，Excel 将弹出系统默认的“出错警告”，如图 15－14 所示。按照图 15－15 所示的步骤，可以打开**出错警告**设置界面。

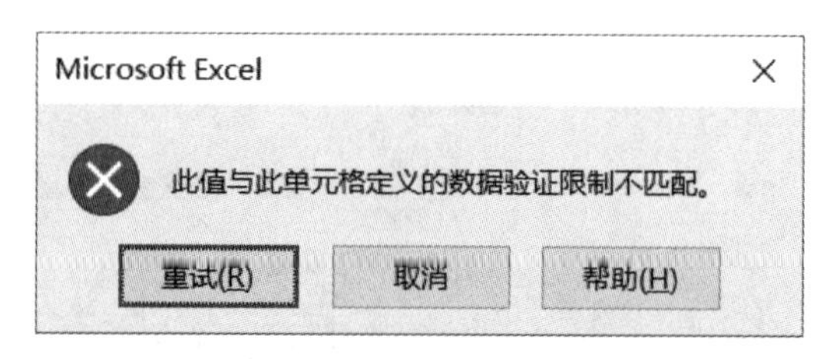


**图 15－14 Excel 默认的“出错警告”提示**

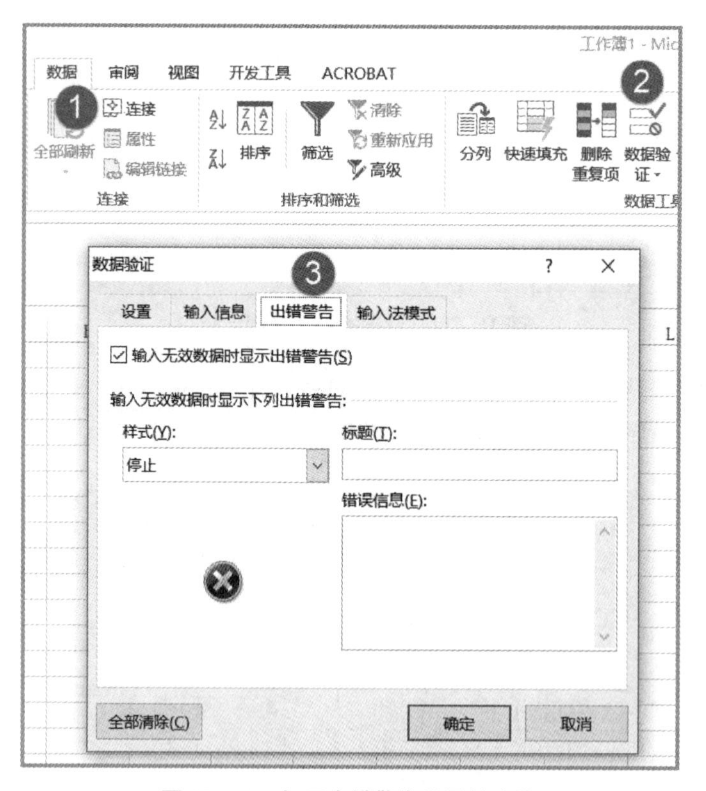


**图 15－15 打开出错警告设置的步骤**

“出错警告”有以下三种样式，各样式对错误数据的容错强度有差别，也有不同的提示音和按钮选项。

### 15.4.1 停止

在**数据验证**设置窗口的**出错警告**选项卡的**样式**下拉列表中选择**停止**样式，可在**标题**和**错误信息**里填上表格设计者自定义的内容。当用户输入“非法”信息时会弹出提示，如图 15－16 所示。提示窗口的图标为一个红叉，**标题**和**错误信息**的内容会应用到弹出的“出错警告”窗口中，从而形成自定义的“出错警告”提示。

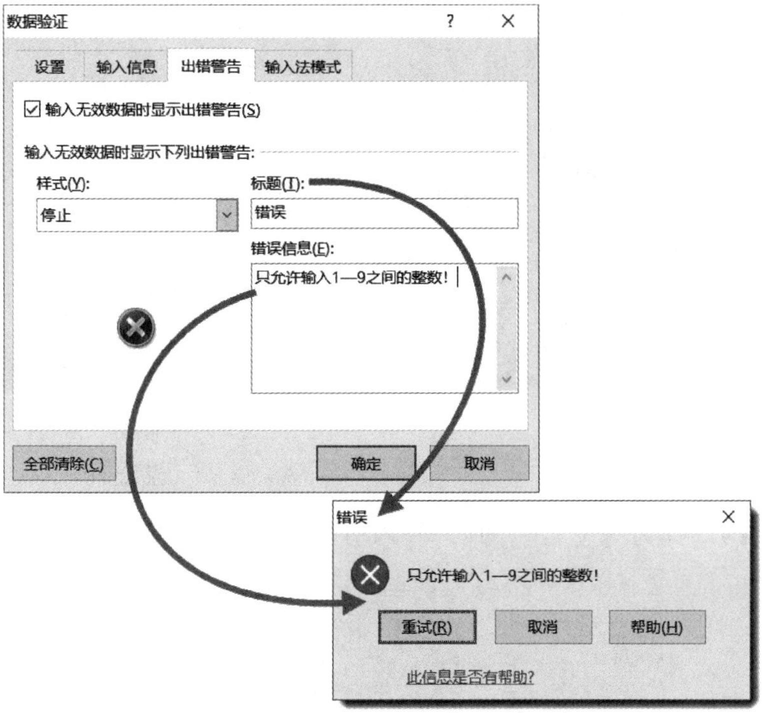

**图 15－16 “停止”样式的出错警告**

在“停止”样式下，用户录入错误数据时，只能选择“重试”以重新录入数据，直至数据合法为止，或点击**取消**按钮取消当前数据的录入，Excel 不会接收“非法”数据。

## 15.4.2 警告

该样式的图标是一个黄色三角感叹号，设置方法与“停止”相同。

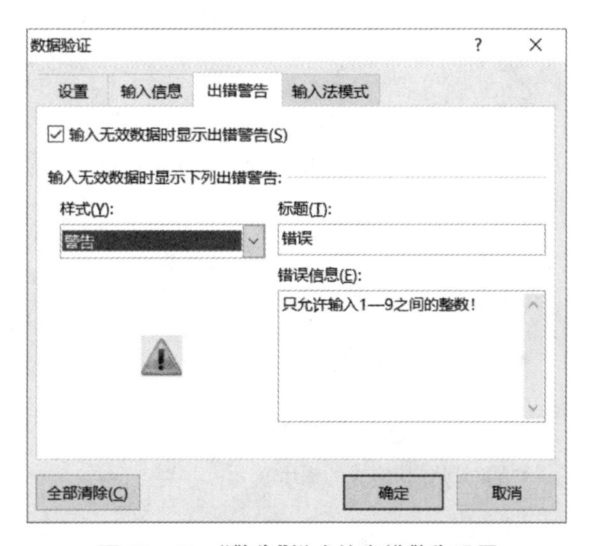


**图 15－17 “警告”样式的出错警告设置**

当用户录入“非法”信息时,提示窗口如图 15－18 所示。

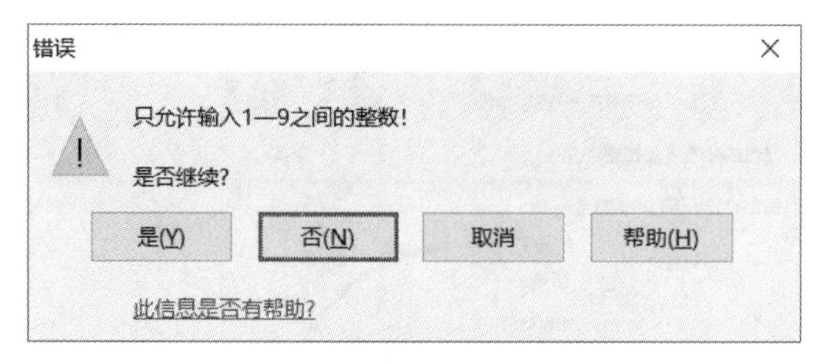


**图 15－18　录入错误数据时“警告”样式的提示**

这种模式下,如果用户选择“是”按钮,Excel 将接收用户输入的错误信息至单元格。

### 15.4.3　信息

该样式的图标为一个蓝色的圆圈,内有字母“i”,是“信息”一词的英文单词“information”的首字母。设置方法与“停止”相同。

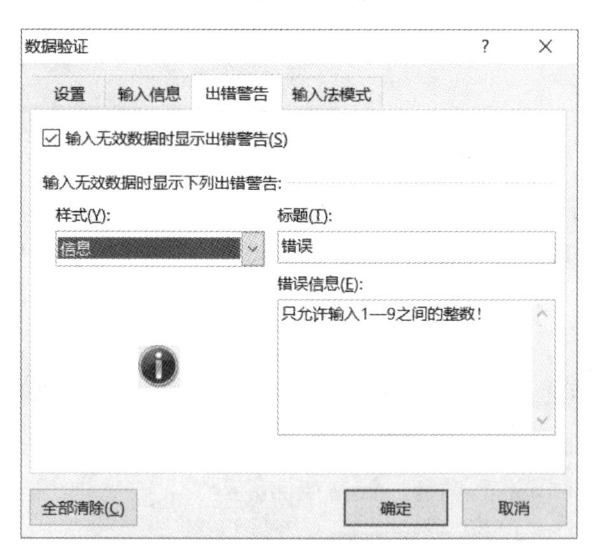


**图 15－19　“信息”样式的出错警告设置**

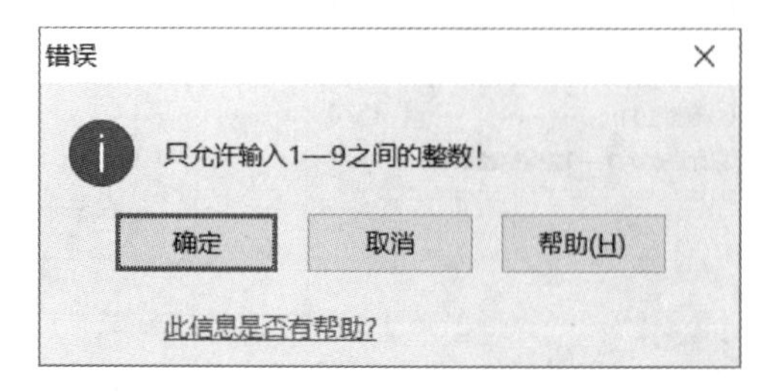


**图 15－20　录入错误数据时“信息”样式的提示**

当用户录入“非法”信息时,提示窗口如图 15－20 所示。

这种模式下,Excel 同样允许用户继续输入错误信息至单元格,只是界面更加简洁,提示音也更加柔和。

# 第 16 章　条件格式

条件格式即根据用户设定的条件，以指定的格式凸显符合条件数据的格式设置方式。从 Excel 2010 开始，条件格式的设置窗口与之前版本有很大区别。

## 16.1　条件格式的设置方法

选中要设置的单元格(区域)，在**开始**标签页下点击**条件格式**按钮，在下拉菜单中选择适当的菜单项后设置条件和满足该条件时的单元格格式。一旦单元格的内容符合设置的条件，其内容会更新为条件格式中预先设置的格式。

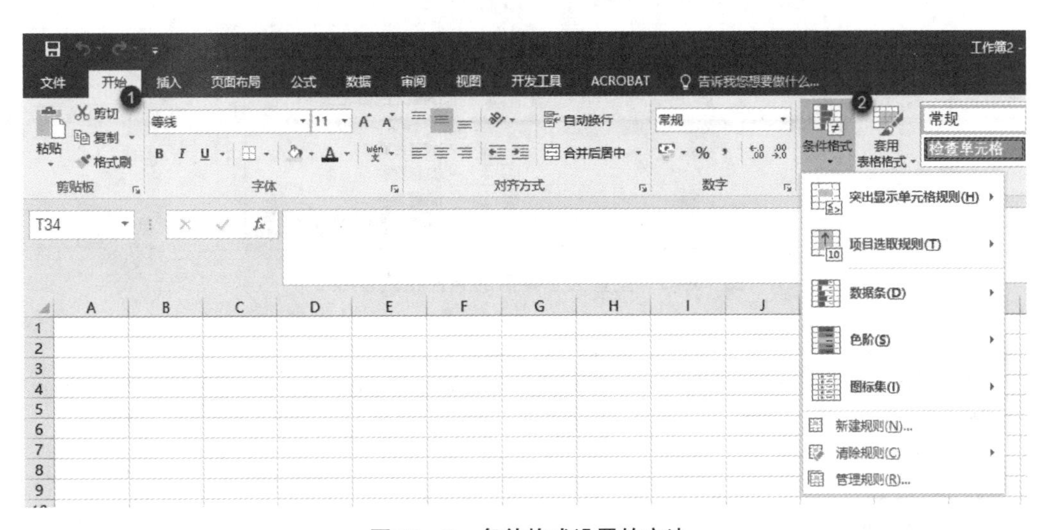


**图 16－1　条件格式设置的方法**

**例 16－1**　如果要在图 16－2 所示的表格中，将语文成绩为 85 分(含)以上的单元格设置成浅蓝色底纹和白色文字，可以按如下步骤操作：(1) 选中所有的语文成绩单元格，点击**开始**标签页下的**条件格式**按钮，在弹出的菜单中选择**突出显示单元格规则**下的大于选项；(2) 在弹出的对话框中在**为大于以下值的单元格设置格式**的文本框中填入 84，在右侧的**设置为**下拉列表中选择**自定义格式**，如图 16－3 所示；(3) 在弹出的**设置单元格格式**设置窗口中，将填充色设置为浅蓝色，将字体颜色设置为白色，如图 16－4 所示；(4) 点击两次**确定**按钮，完成设置，效果如图 16－5 所示。

图 16－2　设置大于某值的条件格式步骤 1

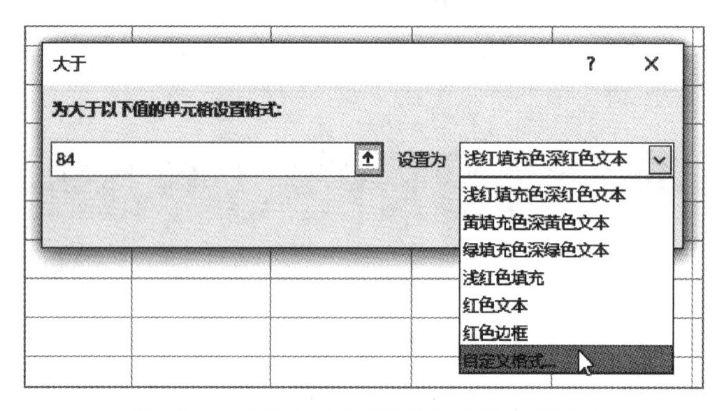

图 16－3　设置大于某值的条件格式步骤 2

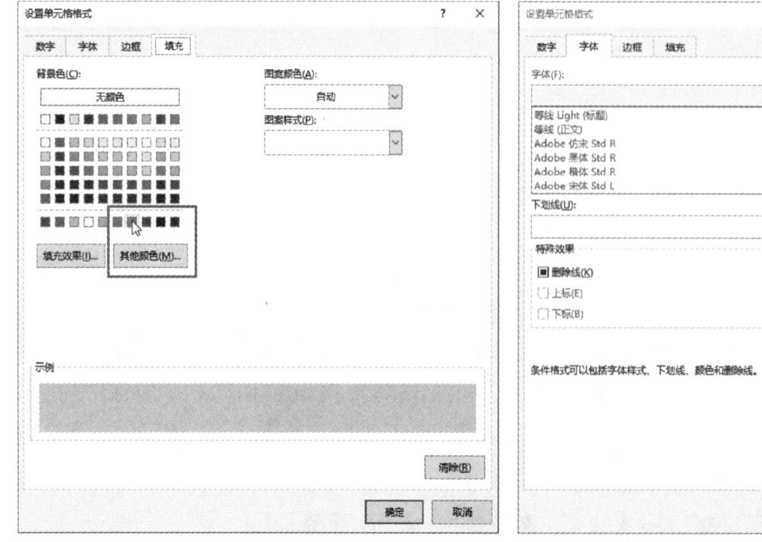

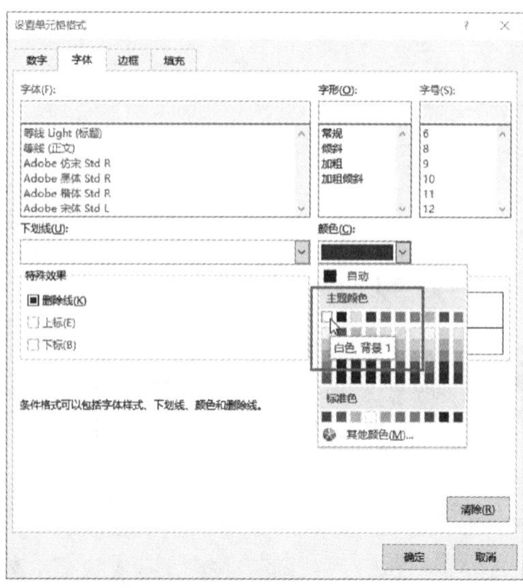

图 16－4　设置大于某值的条件格式步骤 3

|  | A | B | C | D |
|---|---|---|---|---|
| 1 | 学号 | 姓名 | 性别 | 语文 |
| 2 | 10381 | 胡彬彬 | 男 | 85.0 |
| 3 | 10382 | 黄筱筱 | 男 | 71.0 |
| 4 | 10383 | 季奔奔 | 女 | 71.0 |
| 5 | 10384 | 李宸 | 女 | 70.0 |
| 6 | 10385 | 陈可 | 男 | 75.0 |
| 7 | 10386 | 黄雷 | 男 | 72.0 |
| 8 | 10387 | 张以 | 男 | 92.0 |
| 9 | 10388 | 王寻 | 男 | 68.0 |
| 10 | 10389 | 王波 | 女 | 67.0 |
| 11 | 10390 | 秦浩 | 女 | 62.0 |

**图 16－5　设置大于某值的条件格式步骤 4**

本例演示的是设置当值大于某一指定值时的条件格式设置方法，其他条件格式的设置方法与本例大同小异。虽然可能在选项上有所差异，但基本步骤和设置思路是一致的。

## 16.2　条件格式选项说明

### 16.2.1　快捷设置

条件格式的菜单项被两条分隔线分成三部分，其中前两个部分的设置都是快捷设置，用户可以根据自己的需要快速设定条件，使用比较简单，读者朋友可以自己尝试。

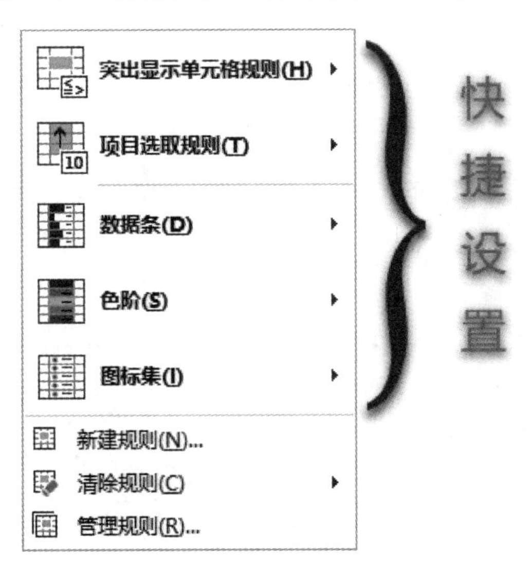


**图 16－6　条件格式中的快捷设置**

### 16.2.2　规则设置

点击图 16－2 中的**新建规则**选项，有如下 6 种规则选项：

1. 基于各自值设置所有单元格的格式。

选择规则类型(S):
▶ 基于各自值设置所有单元格的格式
▶ 只为包含以下内容的单元格设置格式
▶ 仅对排名靠前或靠后的数值设置格式
▶ 仅对高于或低于平均值的数值设置格式
▶ 仅对唯一值或重复值设置格式
▶ 使用公式确定要设置格式的单元格
编辑规则说明(E):
基于各自值设置所有单元格的格式:
格式样式(O): 双色刻度
最小值
最大值
类型(T): 最低值
最高值
值(V): (最低值)
(最高值)
颜色(C):
预览:
确定
取消

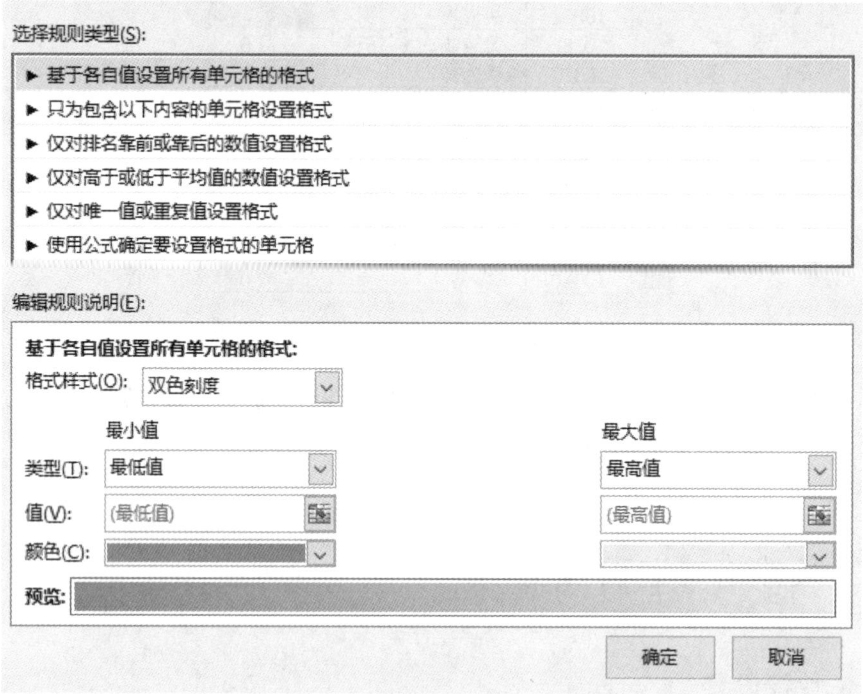

图 16－7　基于各自值设置所有单元格的格式

2. 只为包含以下内容的单元格设置格式。

新建格式规则
选择规则类型(S):
▶ 基于各自值设置所有单元格的格式
▶ 只为包含以下内容的单元格设置格式
▶ 仅对排名靠前或靠后的数值设置格式
▶ 仅对高于或低于平均值的数值设置格式
▶ 仅对唯一值或重复值设置格式
▶ 使用公式确定要设置格式的单元格
编辑规则说明(E):
只为满足以下条件的单元格设置格式(O):
单元格值
介于
到
预览:
未设定格式
格式(F)...
确定
取消

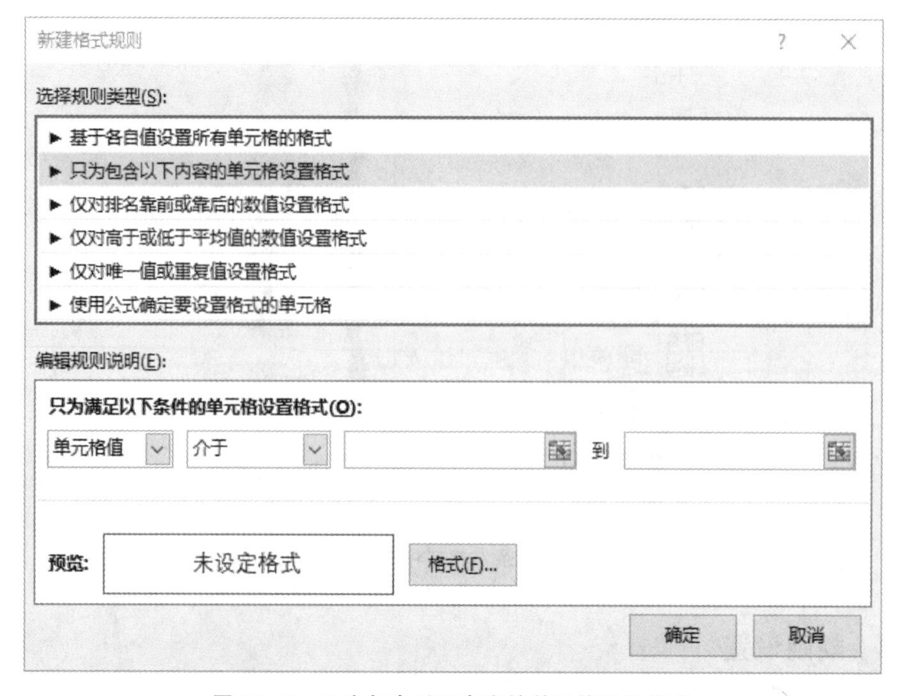

图 16－8　只为包含以下内容的单元格设置格式

3. 仅对排名靠前或靠后的数值设置格式。
4. 仅对高于或低于平均值的数值设置格式。

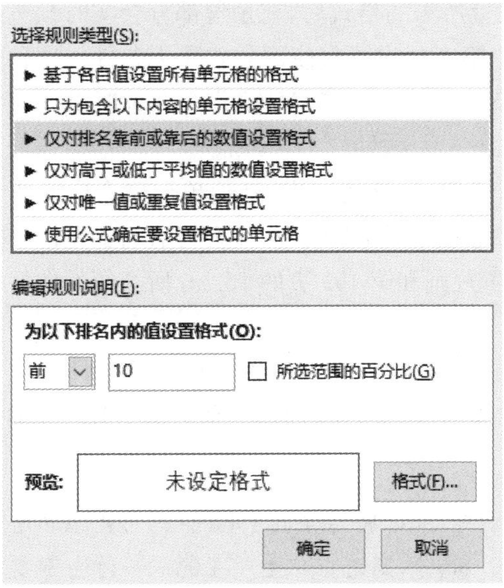

图 16－9　仅对排名靠前或靠后的数值设置格式 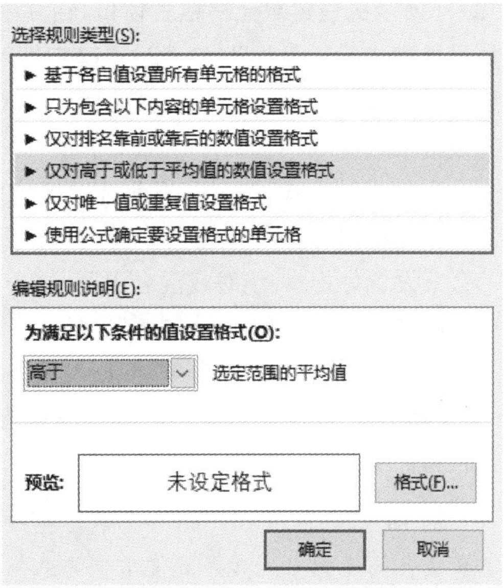　图 16－10　仅对高于或低于平均值的数值设置格式

5. 仅对唯一值或重点值设置格式。
6. 使用公式确定要设置的单元格。

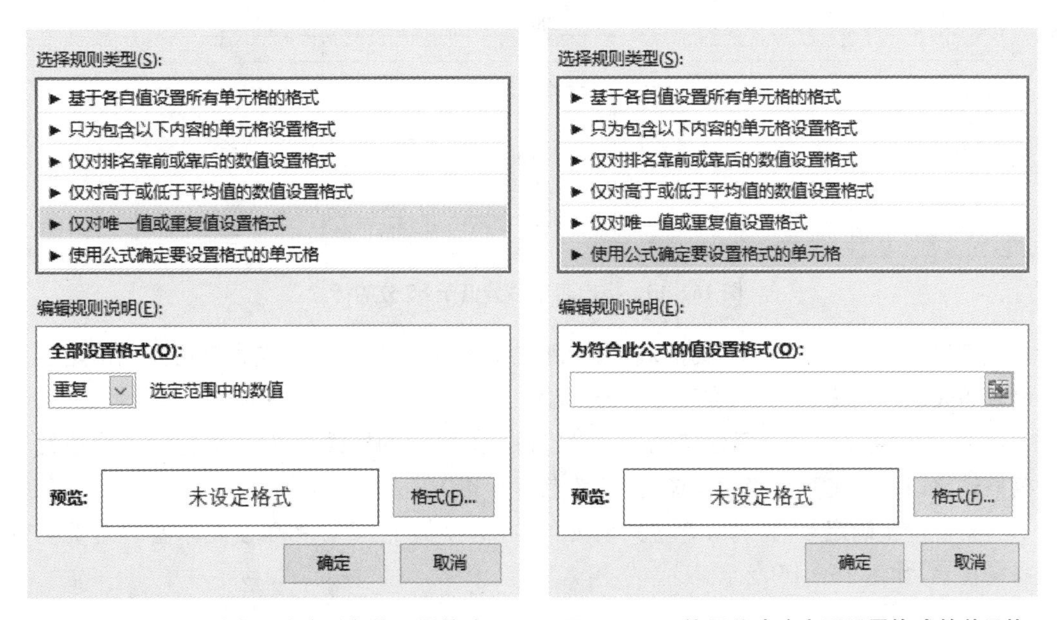


图 16－11　仅对唯一值或重复值设置格式　图 16－12　使用公式确定要设置格式的单元格

在以上规则设置选项中，前 5 种相对简单，设置的基本流程是：在**编辑规则说明**部分的下方有一条浅灰色的横线，横线上方的选项用于设置条件，根据相应说明与提示进行设置；横线下方的选项用于设置满足条件时的格式，点击右侧的**格式**按钮，会弹出图 16－4 所示的**设置单元格格式**窗口，在其中设置所需的格式后，在**预览**部分会实时预览所设置格式的显示效果，满意后点**确定**即可。第 6 种设置需使用公式作为条件。这种设置方法最灵活，可以通过公式表达更加复杂的条件。在使用公式作为条件时需要注意以下两点：

1. 在设计公式时，应以当前选中区域的活动单元格为基准，其他单元格会自动将活动单元格中的公式填充过来，这时就需要考虑引用类型的问题，需要将活动单元格中的公式设置好相对、绝对或混合引用，这个设置规则和第 199 页的 15.2.5 所介绍的数据验证的自定义规则有“异曲同工”之处；

2. 公式的计算结果为 TRUE 表示条件成立；计算结果为 FALSE 表示条件不成立；计算结果为数字的，按照数字转逻辑值的规则进行转换，即非零值视为 TRUE，零值视为 FALSE。

**例 16－2**　在图 16－13 所示的学生成绩表中，要求将总分低于 85 分的学生记录用黄色底色高亮标出。如果某位学生的总分低于 85 分，则这位学生所在的这一行全都要用黄色标出来。

| | A | B | C | D | E | F | G |
|---|---|---|---|---|---|---|---|
| 1 | 办公自动化成绩表 | | | | | | |
| 2 | 学号 | 姓名 | 性别 | 平时分(30%) | 实验分(30%) | 期末考试分(40%) | 总分 |
| 3 | 10381 | 胡彬彬 | 男 | 28 | 28 | 39 | 95 |
| 4 | 10382 | 黄筱筱 | 男 | 29 | 26 | 21 | 76 |
| 5 | 10383 | 季奔奔 | 女 | 22 | 27 | 26 | 75 |
| 6 | 10384 | 李宸 | 女 | 28 | 20 | 32 | 80 |
| 7 | 10385 | 陈可 | 男 | 29 | 28 | 28 | 85 |
| 8 | 10386 | 黄雷 | 男 | 24 | 28 | 40 | 92 |
| 9 | 10387 | 张以 | 男 | 23 | 23 | 27 | 73 |
| 10 | 10388 | 王寻 | 男 | 27 | 28 | 31 | 86 |
| 11 | 10389 | 王波 | 女 | 30 | 20 | 32 | 82 |
| 12 | 10390 | 秦浩 | 女 | 21 | 28 | 21 | 70 |

**图 16－13　标出表中总分低于 85 分的行**

我们可以选中 A3:G12 的区域，打开**新建格式规则**设置窗口，点击**使用公式确定要设置格式的单元格**选项后，在下方的**公式**输入框内键入公式“= IF($G3<85,TRUE,FALSE)”，如图 16－14 所示。点击**新建格式规则**设置窗口右下角的**格式**按钮，在弹出的**设置单元格格式窗口**中指定单元格的填充色为“黄色”，如图 16－15 所示。

点击两次**确定**后，完成条件格式设置，所有总分低于 85 分的学生记录都被用黄色高亮显示，如图 16－16 所示。

图 16-14 键入公式

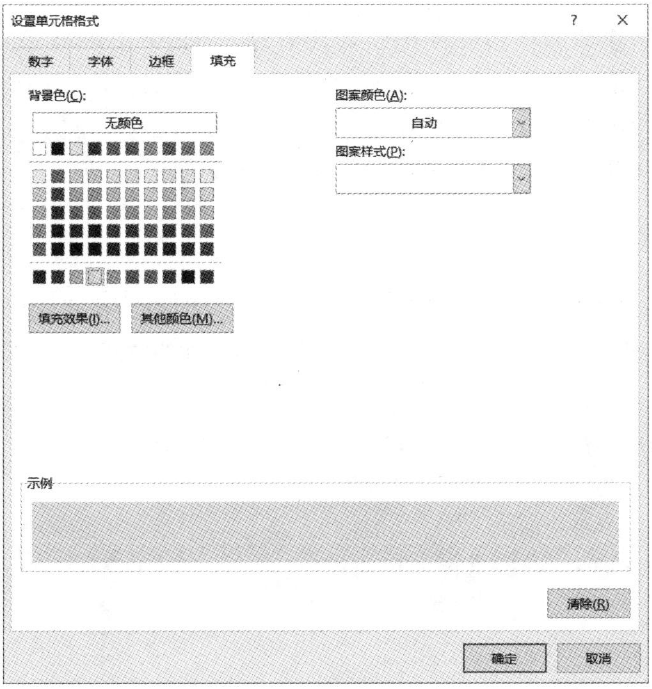

设置单元格格式

数字 字体 边框 填充

背景色(C):

无颜色

填充效果(I)... 其他颜色(M)...

图案颜色(A):

自动

图案样式(P):

示例

清除(R)

确定 取消

图 16-15 设置指定的格式

| | A | B | C | D | E | F | G |
|---|---|---|---|---|---|---|---|
| 1 | 办公自动化成绩表 | | | | | | |
| 2 | 学号 | 姓名 | 性别 | 平时分(30%) | 实验分(30%) | 期末考试分(40%) | 总分 |
| 3 | 10381 | 胡彬彬 | 男 | 28 | 28 | 39 | 95 |
| 4 | 10382 | 黄筱筱 | 男 | 29 | 26 | 21 | 76 |
| 5 | 10383 | 季奔奔 | 女 | 22 | 27 | 26 | 75 |
| 6 | 10384 | 李宸 | 女 | 28 | 20 | 32 | 80 |
| 7 | 10385 | 陈可 | 男 | 29 | 28 | 28 | 85 |
| 8 | 10386 | 黄雷 | 男 | 24 | 28 | 40 | 92 |
| 9 | 10387 | 张以 | 男 | 23 | 23 | 27 | 73 |
| 10 | 10388 | 王寻 | 男 | 27 | 28 | 31 | 86 |
| 11 | 10389 | 王波 | 女 | 30 | 20 | 32 | 82 |
| 12 | 10390 | 秦浩 | 女 | 21 | 28 | 21 | 70 |

图 16－16　设置完成效果

本例中我们首先选中了 A3:G12 的区域，对这个区域进行条件设置。这个区域被选中后，活动单元格为 A3。根据之前介绍的规则，我们键入的公式应以 A3 为对象进行设计，Excel 会自动把这个公式应用到所选区域的其他单元格上，并自动调整单元格引用。针对 A3 单元格设计的公式为“=IF(G3<85,TRUE,FALSE)”，其含义是如果 G3 单元格的值低于 85，就返回 TRUE，否则就返回 FALSE。即 A3 单元格的格式是否使用条件格式所指定的格式，取决于 G3 单元格的值。但是这个公式只适用于 A3 这一个单元格，考虑到我们点**确定**后，Excel 会把公式自动应用到其他单元格中，如果将这个公式应用于 A3 同一行的其他单元格，则公式中的单元格引用 G3 会发生变化，会自动变成 H3、I3、J3……显然这种引用的变化是不能适用于本例的情况的，因此我们要将 G3 的列标锁定，将其变成“$G3”；再考虑将公式填充到 A3 下方的单元格的情况，公式中的单元格引用 $G3 会变成 $G4、$G5、$G6……这种引用的调整是符合题目要求的，因为 A3 下面的行是否适用条件格式所指定的格式，取决于它们同一行上 G 列的单元格的值。故 G3 的行标不能锁定，公式中的单元格引用 G3 应为混合引用“$G3”的形式。所以，条件公式应为“=IF($G3<85,TRUE,FALSE)”。

### 16.2.3　管理规则

设置好的规则可以修改和删除。点击**开始**标签页的**条件格式**按钮后，选择弹出菜单的最后一项**管理规则**，会打开如图 16－17 所示的**条件格式规则管理器**窗口。

条件格式规则管理器　?　×

显示其格式规则(S):　当前选择

新建规则(N)...　编辑规则(E)...　删除规则(D)

| 规则(按所示顺序应用) | 格式 | 应用于 | 如果为真则停止 |
|---|---|---|---|
| 公式: =MOD(S... | 微软卓越 AaBbCc | =$A$2:$G$20 | ☑ |
| 公式: =MOD(S... | 微软卓越 AaBbCc | =$A$2:$G$20 | ☑ |

确定　关闭　应用

图 16－17　条件格式规则管理器

其上方的**显示其格式规则**下拉列表有多个选项，如图16－18所示。选择**当前选择**选项，下方只会列出当前选中的单元格（区域）所包含的条件格式规则；选择**当前工作表**选项，下方会列出当前工作表中所包含的所有条件格式规则；如果当前工作簿文件还有其他工作表，则还会以其他工作表的名称作为列表项，选中以某工作表名命名的选项后，下方会列出被选中的工作表中所包含的所有条件格式规则。

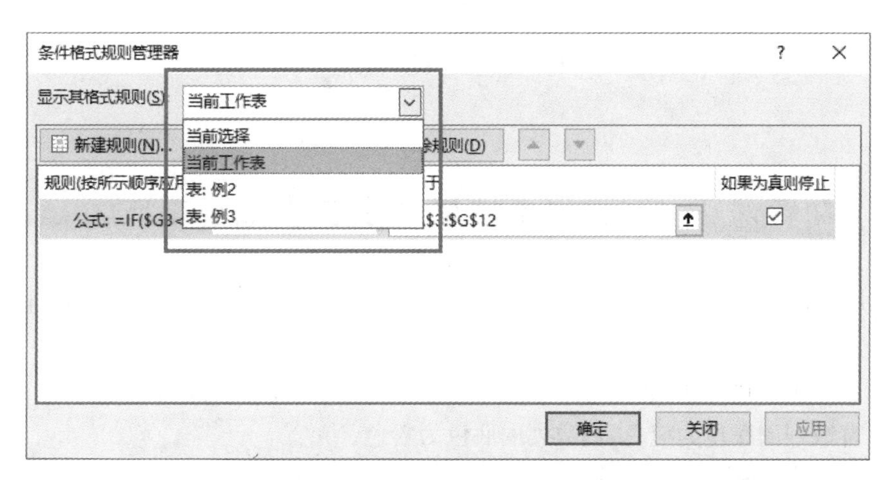


**图16－18 “显示其格式规则”下拉列表**

**显示其格式规则**下拉列表下方有三个按钮，分别是**新建规则**、**编辑规则**和**删除规则**。点击**新建规则**按钮，会弹出**新建格式规则**设置窗口。**条件规则管理器**窗口中间的区域列出了已存在的规则，单击其中一个，再点击**编辑规则**按钮，会弹出**编辑格式规则**设置窗口，此窗口与“新建格式规则”设置窗口几乎一模一样，可以在其中修改当前的规则设置，如图16－19所示。

点击**删除规则**按钮，会删除选中的规则，应用了此规则的单元格会恢复到应用条件格式之前的格式。

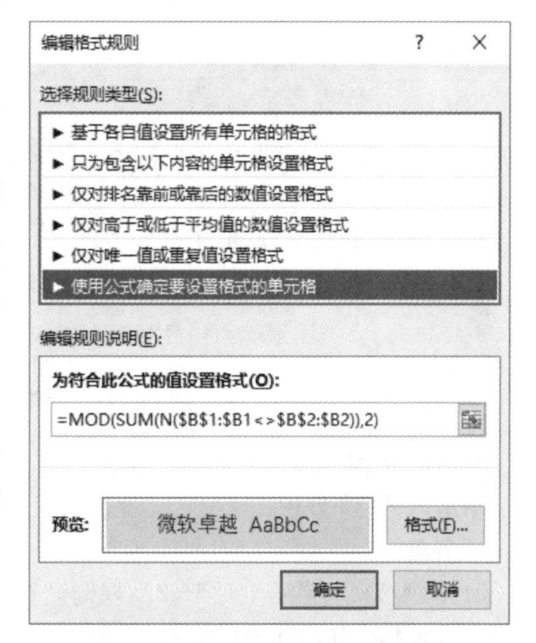


**图16－19 编辑格式规则设置窗口**

## 16.2.4 清除规则

选择图16－6的**清除规则**选项，会弹出的二级菜单，如图16－20所示。点击**清除所选单元格的规则**选项，会清除选中的单元格（区域）所包含的条件格式规则；点击**清除整个工作表的规则**选项，会清除当前工作表中的所有条件格式规则。应用了条件格式规则的单元格会恢复到之前的格式。

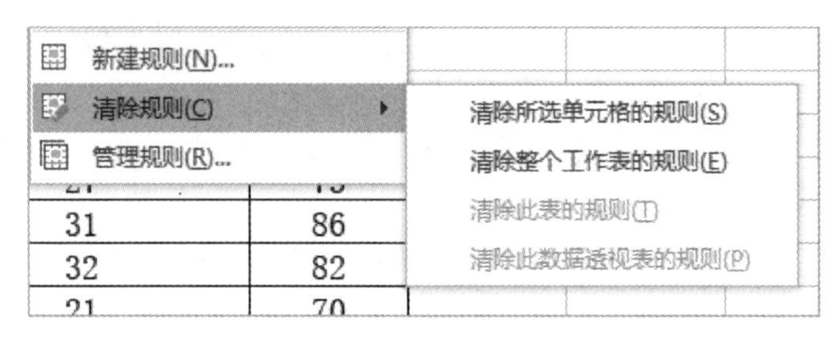


图 16－20　清除规则

## 16.3　翻转课堂 20：利用条件格式设置乘法表格式

利用条件格式为本书第 79 页“5.10 翻转课堂 5：制作九九乘法表”一节中制作的乘法表加上边框和底纹。具体要求如下：

1. 仅为乘法表所在的单元格加上边框和底色，乘法表以外的区域不做任何格式上的更改；

2. 奇数列的底色为蓝色，偶数列的底色为粉色。

完成的效果如图 16－21 所示。

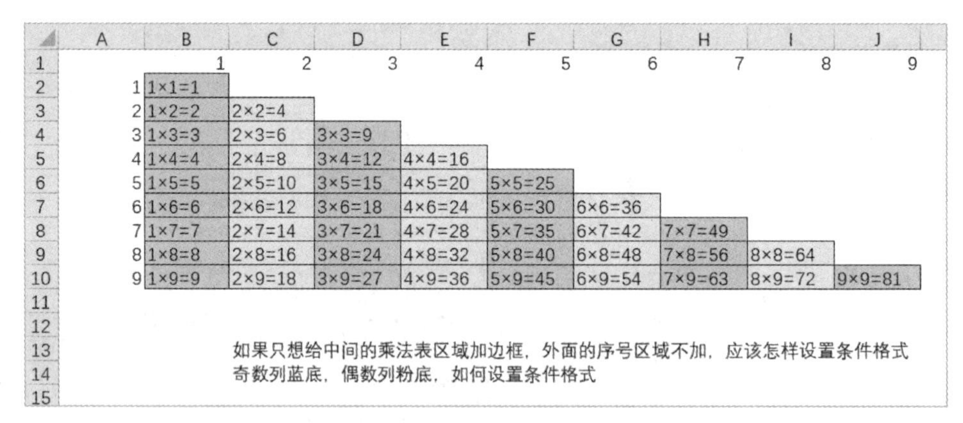

| | A | B | C | D | E | F | G | H | I | J |
|---|---|---|---|---|---|---|---|---|---|---|
| 1 | | 1 | 2 | 3 | 4 | 5 | 6 | 7 | 8 | 9 |
| 2 | 1 | 1×1=1 | | | | | | | | |
| 3 | 2 | 1×2=2 | 2×2=4 | | | | | | | |
| 4 | 3 | 1×3=3 | 2×3=6 | 3×3=9 | | | | | | |
| 5 | 4 | 1×4=4 | 2×4=8 | 3×4=12 | 4×4=16 | | | | | |
| 6 | 5 | 1×5=5 | 2×5=10 | 3×5=15 | 4×5=20 | 5×5=25 | | | | |
| 7 | 6 | 1×6=6 | 2×6=12 | 3×6=18 | 4×6=24 | 5×6=30 | 6×6=36 | | | |
| 8 | 7 | 1×7=7 | 2×7=14 | 3×7=21 | 4×7=28 | 5×7=35 | 6×7=42 | 7×7=49 | | |
| 9 | 8 | 1×8=8 | 2×8=16 | 3×8=24 | 4×8=32 | 5×8=40 | 6×8=48 | 7×8=56 | 8×8=64 | |
| 10 | 9 | 1×9=9 | 2×9=18 | 3×9=27 | 4×9=36 | 5×9=45 | 6×9=54 | 7×9=63 | 8×9=72 | 9×9=81 |
| 11 | | | | | | | | | | |
| 12 | | | | | | | | | | |
| 13 | | | | | | | | | | |
| 14 | | | | | | | | | | |
| 15 | | | | | | | | | | |



图 16－21　为乘法表设置格式

**任务难度：**★★★

**讲解时间：**13 分钟

**任务单：**

1. 本题考察的是学生对 16.2.2 规则设置一节中所介绍的利用公式设置条件格式规则的理解程度和实际操作能力，请完成相关章节的学习；

2. 彻底弄懂使用公式作为条件时需要注意的两个问题；

3. 找出解决本问题的途径，并制作用于上台讲解 PDF 或 PPT 文档；

4. 上台演示九九乘法表格式设置的方法，重点讲解清楚条件公式的设计思路和各部分的含义。